The Astronomer's Chair

天文学家的椅子

19世纪的科学、设计与视觉文化

[加拿大]
奥马尔·纳西姆
Omar W. Nasim
著

高旭东
译

A Visual and Cultural History

中信出版集团 | 北京

图书在版编目（CIP）数据

天文学家的椅子：19 世纪的科学、设计与视觉文化 /（加）奥马尔 · 纳西姆著；高旭东译 . -- 北京 : 中信出版社，2025. 4. -- ISBN 978-7-5217-7371-2

Ⅰ. P12

中国国家版本馆 CIP 数据核字第 2025NG3853 号

天文学家的椅子——19 世纪的科学、设计与视觉文化

著者：　［加拿大］奥马尔 · 纳西姆

译者：　高旭东

出版发行：中信出版集团股份有限公司

（北京市朝阳区东三环北路 27 号嘉铭中心　邮编　100020）

承印者：　北京通州皇家印刷厂

开本：787mm×1092mm 1/16　印张：23.75　字数：264 千字

版次：2025 年 4 月第 1 版　印次：2025 年 4 月第 1 次印刷

京权图字：01–2025–1205　书号：ISBN 978–7–5217–7371–2

定价：78.00 元

献给我的妻子

目　录

序言

这本书产生于一系列充满好奇心的观察。作为一名科学史学家，我主要研究绘画和摄影在天文学中起到的作用。我注意到了一个在历史上反复出现却未被前人认识的主题：天文学家在操作望远镜时所使用的专用观测椅的各类示意图。自注意到它们起，我就发现它们其实无处不在。有些图展现的是一位天文学家坐在定制的椅子上；在另一些图中，这些定制的椅子上没坐人，但与其他先进的天文观测仪器放在一起。我找到了 14 世纪天文学家坐在各种各样仪器旁边的图像，但我注意到 19 世纪以后，在各种资料里，这类经过特别设计的椅子显著增多。我找到了数百张来自 19 世纪和 20 世纪的类似图像，发现图像的激增与天文学家自身对这种椅子的使用、设计和制造的日益关注是一致的。

我感兴趣的是，从社会文化的角度来说，这些图像和设计到底说明了什么。考虑到天文学家如此热衷于布置观测椅并在上面摆出姿势，我想知道他们究竟试图向观者传递何种信息，19 世纪的观者是如何解读这些行为的，天文学家自己是如何理解观测椅的功能和设计的，以及他们如何看待天文学乃至一般意义上的科学的文化地位。我发现的这些内容既令人惊讶又引人深思。通过把这些图像嵌入厚重的文化背景，《天文学家的椅子》一书将观测椅视为一种传统主题，认为其指向远非我们看一眼就能明白的那种事物。我还会用跨学科的方法，讨论一些学界已经关注的经典话题，如性别、历史主义、劳动、种族，并将其与“长 19 世纪”（long nineteenth century）的文化史联系起来。

虽然在开篇我会从一种更长时段的图像志（iconography）角度出发研究天文观测椅，但之后我将主要关注 19 世纪的图像。具体任务是重建一种有价值负载的传统视角，这种视角为当时欧洲和美国的中产阶层观者所接受。我还会拂去另一个视角上的灰尘，看看机械可调节的观测椅最吸引人的地方在哪里。我还想研究它们反过来为这种深深植根于图像的文化提供了哪些意义。一开始，我们会看到这些观测椅——包括它们独特的设计、技术性细节和使用者的别致姿态——是如何被置于资产阶级的视角和特定的历史以及帝国的框架中的。天文学家为了描述他们眼中的科学而准备了天文观测椅这样一个舞台，并在上面摆出各种姿势。于是，他们就可以在椅子和坐姿交织成的视觉、道德和认识经济的基底上，勾画出一种特定的理想状态下的科学。我会识别出这些经济结构中的线索，并追寻其从 19 世纪到 20 世纪的发展轨迹，希望能解码“什么样”的科学能被有意地展示和操作。

在接下来的内容中，我将仔细地重绘那个特定时代的坐姿的道德面貌，以阐明天文学图像所蕴含的更广泛的文化意义。我尤其关注那些天文学家和中产阶层观者在面对观测椅时能够产生一致感受的理想状况。我仔细研究了那些共通的内容，比如，在那个时代，不论是对天文学家还是对资产阶级来说，“舒适”的观念都是非常典型的。这不是在问观测椅是不是真的舒适，而是在探讨，人们如何以及为什么会认为它是舒适的，尤其是，这种评价与人们对一般意义上中产阶层家具的评价、展示和接受方式有何联系。因此，我不会追问天文学家及观者的共识怎样才会破裂，哪怕这个问题也非常重要。本书试图做出初步阐释，为此，我仍然将重点放在更广泛的主题、叙事和假设上。因为当我们认为两者达成一致是理所当然的时候，这些主题、叙事和假设仍然具有典型性和代表性。我研究的这些更广泛的叙事和假设，与历史、自我和他者（other）有关，我希望探讨它们如何影响了整个19世纪的天文学家形象，并确定这些叙事在20世纪头20年具体是如何瓦解的，其影响因素包括天文台的创新，以及关于自我、设计和历史的一些新理论的产生。

尽管我确实展示了很多椅子的细节，但作为一项一般性的研究，本书的主题并不是具体的观测椅。这项研究也不是天文学史上观测椅的清单或目录。尽管其原始研究及发现与天文学史有一定的关联，但《天文学家的椅子》首先是一部文化通史，它与天文学等科学中椅子的表现形式有关，尤其关注视觉（有时也包括文本）表现形式。也就是说，这是一项关于视觉文化的研究。19世纪的人在面对新设计的机械椅时，有意描绘并阅读了与历史有关的资料。本书推动了关于这些史料的解释。我试着剖析在德国和法国，特别是在英国和美国传播得相当广的图像是如何应运而生的。我的任务是根据一组与现代性和帝国相关的文化符号来解释这一现代景观。

与此同时，我不仅尝试运用我的解释阐明这些图像本身的作用，而且从技术设备和表述行为的姿势的角度分析观测椅的设计。因此，这项研究成果从文化基础的角度，不但澄清了观测椅作为一种设计产品自身的属性，而且解释了观测椅是一种为科学观测而诞生的特制器材。我将这些服务于特定任务的椅子的图像及其功能联系起来，并试图表明，天文观测的认识论既与身体舒适度、姿势有关，又与知觉联系在一起。因此，在已经有学者揭示出身体不适感对“男性气质的科学”十分重要的情况下，这项研究既是一种对比，也是一种补充，我展示了舒适感如何也被认为与男子气概的某些理想状态有关。这一点是通过观测椅图像和实物的去殖民化来实现的，这让我找到了另一个与 19 世纪欧洲男子气概进行对比的要点：被阉割的东方人（the emasculated Oriental）。因此，本书是在回应近来人们的呼吁，即不仅要对我们的历史书写进行去殖民化，而且要对构建历史的博物馆藏品和图书馆档案去殖民化。

我将天文观测椅置于这种混合视角进行考察，能为更加成熟的 19 世纪科学、设计、文化和帝国的历史叙事与文献记录贡献一些新的内容。虽然读者会在书中读到几种关于这一时期的标准观点，但我的跨学科和综合性尝试旨在为未来的科学史和设计史研究开辟并激发出新的领域和方向。比如说，对“他者”具体结构的认识，不仅事关科学仪器、实践和人物，也涉及表现、劳动和姿势等后来被认为可行的认识论路径。我将那些著名的历史事件并列在一起并重新进行编排，我往往采用原创研究与理论综合的方法，以获得不同的视角。我希望能够通过椅子及其图像这种看似平凡的视角，来增进我们对于 19 世纪的理解。我将展示这些实物和图像是如何作为一种指示性网络（indexical nets），帮助我们找到从康德到病人之椅，从科学探险到牙医的椅子，从历史主义到温莎的椅子，从殖民主义到扶手椅上的科学，从精能[①]到启蒙运动，从资产阶级的餐厅到盘腿的东方人等一系列观点、范畴和臆断。这部著作揭示、列举并追踪了大量关键线索，正是这些线索将天文观测椅的意义编织成了一个现代性的文化象征。

然而，《天文学家的椅子》远不是一项面面俱到、一网打尽的研究。毋宁说，这是一个简短的开始，旨在激发在该领域进一步的调查工作。在其有限的范围内，这篇篇幅达到一本书的论文提供了一些参考意见，旨在进一步推动科学史学家和设计史学家在一些共同领域的前沿研究：科学史上的家具和设计，天文观测椅的图像史，以及除了天文学家，其他领域的科学家的身体劳动是如何被表征的，事关在天文台以外各种科学空间中科学家的身体与家具的关系。本书可以被认为是对以上诸多主题的反映，也是对更深入研究的邀请。我希望它能作为未来进一步探索的路线图，它所通向的是一个人迹罕至但内容极其丰富的知识领域。

最后，我非常高兴地感谢我在写这本书时有幸遇到的一些同事。当我开始出现急性“椅子发烧友”的征兆时，我在肯特大学的同事，尤其是贝姬·希吉特、夏洛特·斯莱和菲尔·斯莱文，都给了我宝贵的鼓励和建议。当我转任德国雷根斯堡大学现在的职位时，这种“发烧”已经变成慢性的了。我要感谢我的同事马库斯·哈恩，他用富有营养的对话支持了我的研究，对这本书贡献良多。还是在这里，我的研究生们在 2017 年的硕士研讨会上听到了初稿的内容。他们坦诚的反应帮助我澄清了我想表达的内容。我

① 对于“energy”一类的词，译者一般直译为“能量”。尤其强调男性主义科学的部分，译文会根据语境翻译为“精能”以示性别区分，并凸显其作为内在精神能量的特征，请读者朋友注意。——译者注（如无特殊说明，脚注均为译者注）

想特别感谢那些为这本书的研究和出版做出贡献的学生：托尔斯滕·本德尔、马克西米利安·布吕克纳、桑德拉·约内、保罗·席林格和金–杰拉尔丁·舒伯特。

这本书的初稿还被寄给了一些同事，我想在此感谢他们的专业知识和智慧：谢蒂尔·法兰、安克·特·黑森、伯尼·莱特曼、格蕾丝·李–马菲、罗宾·雷姆、克里斯蒂安·赖斯与西蒙·谢弗。我想对他们所有人提供的见解、批评和评论表示由衷的感谢。我要特别感谢迈克尔·哈格纳，他仔细阅读了这部作品的早期版本，给出了犀利的评论。这迫使我重新思考了一些部分，进而激发了其他部分的写作。我想借此机会感谢那些匿名的评审人，他们对我施加了必要的压力，促使我进一步强化论点。我想感谢麻省理工学院出版社（MIT Press）的编辑杰米·马修斯，他从头到尾都坚定地支持这本书的出版。我要感谢约翰·奈特，他的编辑令文本增色不少。我还要感谢西蒙·布里坦帮助我校稿。以上所有人都帮助丰富了本书的内容，但不用说，在书中你发现的所有错误都是我自己造成的。

我对椅子的热情看来也感染了其他人。我最想感谢那些特意与我分享各种有趣椅子图像的人：鲍勃·阿盖尔、卡塔琳娜·比克、菲利普·科德斯、戴维·德沃金、贝姬·希吉特、克里斯汀·纳瓦、肯尼思·S. 拉姆斯泰、西蒙·谢弗和苏珊·斯普林特。在这方面对我帮助尤其大的是丹尼尔·贝尔塔基。在为其博士论文挖掘档案时，他让我了解了他碰巧遇到的所有观测椅。我也要感谢英国皇家天文台高级策展人路易丝·德瓦伊，她和我（以及丹尼尔）在基德布鲁克的仓库里度过了一个难忘的下午，我们在那儿仔细察看了一组历史悠久的观测椅。我在英国皇家天文台遇到任何关于椅子的问题时，路易丝都是可靠的咨询对象。

我曾被邀请在工作坊、研讨会和学术会议上宣读这本书的部分内容。它受益于所有这些不同听众的关注和参与。第一次是在慕尼黑大学的会议上，斯蒂芬·卡默在那里组织了写作研讨会。在慕尼黑，这本书的核心论点第一次被展示给和我一样热爱家具和知识的人。随后，我在安克·特·黑森于柏林举办的一场饶有趣味的知识史研讨会上展示了这些材料。安克在会上给出的细致调整建议激励了我，促使我更加进取。在哥本哈根，我遇到了一个相当宝贵的机会，以演示文稿的形式，将研究成果投到了城市天文馆的巨幅银幕上。我要感谢卡斯普·里斯比耶格·埃斯基尔森和马斯·克林组织了这个奇妙的活动。最后，在美国圣母大学举办的第十四届天文学史研讨双年会上，我很荣幸地在开幕演讲上展示了这项工作。在那里，我的天文学史同事热情而幽默地参与了我的研究：像我一样，他们也开始感到观测椅随处可见了。

最后，我要向我的妻子表示衷心的感谢。她的支持和热情存在于本书的每一页上。与埋头写书的学者一起生活，哪怕是在最好的时候也不容易，更何况在 2020 年将近三分之一的时间里，我们都过着隔离生活。但多亏了妻子的耐心、幽默和慷慨，我们家不仅成了滋养这本书的地方，还成了滋养更多事物的地方，包括松鼠、鲻鱼、煎锅和斯卡布罗集市的……欧芹、鼠尾草、迷迭香和百里香。我愿把这本书献给娜塔莉。

奥马尔·纳西姆

2020 年 9 月，于慕尼黑

悉尼天文台为大赤道仪配备的椅子，由 C. 贝利斯（C. Bayliss）拍摄。该照片印在硬纸板上，大约制作于 1880—1890 年。（图片来源：Museum of Applied Arts and Sciences, New South Wales, Australia.）

第一章

导论：天文观测椅及其诸多场域

在摆姿势的过程中，我设定了一个自我；这一瞬间我为自己又创造了一副身体；进而，我将自己转化为一幅图像。

——罗兰·巴特（Roland Barthes），《明室：摄影纵横谈》（*Camera Lucida*）①

必先有知，次知如何而看，继而遗忘部分之知识，然后可以观。欲观者，必要习得受指引之准备。

——路德维克·弗里克（Ludwik Fleck）②，《欲看，欲观，欲知》（*To Look, To See, To Know*）

当你读到这段话时，你可能正坐在某种椅子或其他类似的东西上面。或许你并不在乎椅子的款式，只觉得它能托住你就行了。但如果你的注意力不是刚刚被吸引到你的椅子上，你大概率不会对此多想，而是会继续读下去。椅子就是这样一种不太显眼的支撑物，

① 罗兰·巴特（1915—1980），法国著名哲学家，结构主义文艺理论家，也是一位文化符号学者，著名作品有《神话学》（*Mythologies*，1957）、《符号帝国》（*The Empire of Signs*，1970）等。在文化艺术出版社 2003 年出版的译本中，引文被译作："我摆起姿势来，我在瞬间把自己弄成了另一个人，我提前使自己变成了影像。"

② 路德维克·弗里克（1896—1961），微生物学家，强调科学知识演化与积累的集体思想属性，如今被学界广泛认为是当代科学社会学的重要创始人之一。

它们很像你脚下的地板，或者你周围的墙壁，它们往往会融入周围的背景，这样你就可以继续进行阅读或做其他事情。偶尔，人们无意中注意到椅子，通常都是因为椅子的功能不佳，或引起了相当多的烦恼，以至于分散了人们对手头任务的注意力。但是，如果我们以系统的眼光看待椅子，认真地把它们当作历史研究的对象，这就会为我们打开一个完整而有意义的世界。那些被认为司空见惯的事物，往往可以讲出丰富的故事。椅子就是其中的一种。

在现代世界，椅子无处不在。我们可以在家里、在办公室、在工厂、在大学、在电影院和咖啡馆里，找到各种各样的坐具。在不同情况下，椅子的设计、位置、功能和它所提供的姿势，都有助于划分空间并符合一种特定空间的要求。例如，客厅的安乐椅很少会出现在厨房或工厂的地板上，摇椅则很少能与学生的桌子搭配使用，剧院肯定不允许观众坐理发师的椅子。每种椅子都在我们的社会中被赋予了一个特定的名称和位置。它作为一种社会和文化的标志，界定了不同类型的现代空间，以及权威和礼仪的场域（loci）。同时，它规定了适当的身体动作、相应的职业，以及符合道德要求的行为。想想看吧，当师生在报告厅那种大型空间上课时，使用研讨小课的椅子会多么不便，因为他们的身体、行为和方向都会是不协调的。如果我们有意混合一下不同椅子，即使用折中的办法把20世纪60年代复古客厅的豪华沙发和咖啡馆里的巴洛克式侧椅（无扶手单人椅）搭配起来，这些空间的特征就会被我们重新阐释，因为混搭的椅子构成了另一套相关标志，诸如后现代主义运动等。盖伦·克兰兹（Galen Cranz）、克莱夫·爱德华兹（Clive Edwards）、汉乔·埃克霍夫（Hajo Eickhoff）、安妮·马西（Anne Massey）等设计史学家和家具史学家的研究，还有维托尔德·雷布琴斯基（Witold Rybczynski）的新近研究，都大大增进了我们对于椅子功能的了解，包括不同历史背景下的椅子如何适应或调整相应的社会文化空间，以及这些家具实际上蕴含着的非常丰富的意义，等等。不论是出现在何种场景中，比如在家、在办公室、在博物馆、在杂志的图片上、在墙边或花瓶旁，椅子蕴含的意义都远超我们的想象。[1]

同时，座椅这种家具也遍布于各类科学场所。在现代实验室里，可调节的凳子和椅子已经普及开来，在户外工作的科学家可能会坐在可折叠的露营椅上；当然，科学家在连续不断地使用电脑时，还可以使用符合人体工程学的办公椅。除此之外，还有更专业的椅子，比如牙科或妇产科的椅子。在全世界各大学里，有成百上千张象征着成就和地位的教授专属座席。科学家站在椅子旁边或者坐在椅子上面，再由画家为自己画肖像，这种传统有悠久的历史，注定进入庄严的科学殿堂。在科学史上，一些椅子作为使用者地位的象征，甚至成了被崇拜的对象。例如伏尔泰那带有烛台架和书柜的阅读椅，本杰明·富兰克林那内置台阶的图书馆椅（library chair），达尔文那带轮子的扶手椅——它至今仍在英国肯特郡达尔文故居的家庭办公室里展出。这些文物被收藏在博物馆或纪念馆里，每年都有成千上万人前来参观。对于观者来说，它们闪烁着历史和文化的光辉——这正与我们现代社会中科学的地位息息相关。

让我们再看看史蒂芬·霍金的轮椅。2018 年，这位著名的天体物理学家去世了。他的轮椅原本要被送去伦敦科学博物馆，后来却在伦敦佳士得拍卖行以 39 万美元的价格成交，最终为私人所有。[2] 另一把为私人所有的著名椅子制作于 19 世纪早期的某个时候，它的木材取自伍尔索普庄园（Woolsthorpe Manor）里那棵传说中果实砸过牛顿的苹果树。[3] 在从世俗到神圣、从物质到象征、从真实到神话等诸多层面上，这些引人注目的椅子都需要被科学史承认和理解。[4] 作为一名科学史学家，我深受文化史学家关于设计和家具研究的启发。我希望以天文观测椅为例，用科学史的方法探究这些有专门用途的椅子在一个特殊的历史背景下，如何与各种具体的意义相互联系，尤其是它们自身表征了何种含义。本书聚焦于一系列天文观测椅及其文化和历史意义，探索其所反映的 19 世纪视觉、道德和认识经济。

椅子：一个老话题

天文观测椅本身有很长的历史。当我开始展开研究的时候，我被历史记录中大量的视觉表征震惊了。这些记录显示出天文学家坐在某种座椅类型的家具或其他东西上。我们发现了一块至少可以追溯至 14 世纪中期的六边形浮雕，它最初是安德烈亚·皮萨诺在其工作室里为佛罗伦萨的“乔托钟楼”设计制作的（图 1.1）。浮雕板现今收藏于佛罗伦萨大教堂歌剧博物馆，刻画的是传说中西方天文学的奠基人吉奥尼图斯（Gionitus），他坐在桌子前，一边操作象限仪，一边做着笔记。还有一幅作于 1493 年的版画，描绘的是 9 世纪巴格达天文学家法尔加尼（al-Farghānī，800/805—870），该版画收录于法尔加尼一部重要著作的拉丁文译本中。在画中，法尔加尼坐在长凳上，旁边是一个矮小的隐士。[5] 我们还能看到一幅阿

图 1.1　这是最初在佛罗伦萨的安德烈亚·皮萨诺的工作室里制作的浮雕，展示了吉奥尼图斯进行天文观测的场景。13 世纪的佛罗伦萨学者布鲁内托·拉蒂尼（Brunetto Latini）认为吉奥尼图斯是挪亚的第四个儿子，也是天文学的奠基人。这块浮雕板现在收藏于佛罗伦萨大教堂歌剧博物馆。

尔布雷希特·丢勒于 1504 年为《论星球运动的科学》（*De scientia motus orbis*）一书所作的卷首插图，该书是 8 世纪波斯–犹太天文学家马沙阿拉·伊本·阿塔里（Māshā'allāh ibn Athari）的阿拉伯语天文学著作的拉丁文译本。卷首插图描绘马沙阿拉[6]坐在一把奇特的、可能是定制的椅子上，手拿地球仪和圆规（图 1.2）。还有一些泥金装饰手抄本收录了天文学家观测坐像，比如《托勒密：带有美德和徽章装饰框的伟大作品集》（*Ptolemaeus: Magna Compositio, Zierrahmen mit Tugenden und dem Wappen*，1465）一书的卷首图片。[7] 在这幅画上，托勒密手里拿着罗盘，像王座上的国王一样。但这类图片中最有名的当数那幅 1598 年描绘第谷·布拉赫的版画，画中

MESSAHALAH DE SCI
ENTIA MOTVS ORBIS
Aeris Ignis Aque & telluris qualis imago
Quis numerus ſpheris ſideribuſq; modus
Aurea cur totiés cõmutat delia vultus
Hic Meſſala meus rite docere parat

图 1.2　丢勒为《论星球运动的科学》(1504) 一书所作的卷首插图。该书为波斯–犹太天文学家马沙阿拉 · 伊本 · 阿塔里 (740—815) 的阿拉伯语著作的拉丁文译本。它描绘了天文学家坐在一把特制的椅子上。(图片来源：Typ 520.04.561, Houghton Library, Harvard University, via Wikimedia Commons.)

的第谷端坐在汶岛上他那座著名天文台的正中央①（图 1.10）。

除了约翰内斯 · 维米尔（Johannes Vermeer）于 1668 年创作的布面油画《天文学家》（*The Astronomer*），以及 E. 德 · 布罗诺伊斯（E. de Boulonois）创作的描绘德国耶稣会天文学家克里斯托弗 · 克拉乌（Christopher Clavius）的复杂版画以外，17 世纪出现了大量

① “著名天文台”指第谷主持兴建的天堡（Uraniborg），也译“乌拉尼堡”“天文岛”。

描绘使用望远镜进行观测的天文学家的图像。我们也许会想到作于1676年的描绘英国皇家天文台八角形房间的著名画作。18世纪，这样的图像越来越多。其中一幅著名作品绘于1735年，画中，丹麦天文学家奥勒·罗默（Ole Rømer）坐在一个有软垫的低凳上，用他的新式子午望远镜（meridian telescope）进行观测。一幅精妙的美柔汀（mezzotint）铜版画（1771）描绘了奥地利天文学家马克西米利安·黑尔（Maximilian Hell）坐在他的仪器旁边，穿着他温暖的拉普兰冬季华服的场景。关于托马斯·菲尔普斯（Thomas Phelps）和约翰·巴特利特（John Bartlett）的美柔汀铜版画（1778）展示了他们两人工作的场景：一个通过望远镜观察，另一个坐在观测椅上做笔记。在画家查尔斯·W. 皮尔（Charles W. Peale）的那幅布面油画（1796）中，美国天文学家戴维·里滕豪斯（David Rittenhouse）身边的桌子上放着一部望远镜。我们可以无限量地增加这些例子，因为当我们走近19世纪时，此类图像的数量开始大幅增加，天文观测椅的数量也是如此（图1.3）。

通过这些历史悠久的图像，我们可以看到天文学家有时坐在专门的椅子上，有时坐在简单的凳子上，有时坐在长椅上，有时甚至坐在象征性的王座上。我们需要敏锐地把握这些图像的多样性及其不同的社会文化背景，然后开始书写涉及科学图像、科学劳动的本质，以及特定历史时期天文学家的人格等内容的图像史（iconographic history）。[8] 当然，我们可以认为，这些图像在历史上的轨迹不断延伸，构成了一个独特的欧洲研究主题。但本研究不希望事无巨细地呈现并检视这些图像的整个历史，因为这需要一项范围更广、结论性更强且颇具野心的图像研究。在本书中，我会把自

图 1.3　詹姆斯·巴塞尔（James Basire）的一幅版画作品，描绘了约翰·李博士（Dr. John Lee）在哈特韦尔宫天文台（Hartwell House observatory）的中天①观测室工作的场景，威廉·亨利·史密斯（William Henry Smyth, 1788—1865）经常来这里进行社交和观测活动。[图片来源：*Ædes Hartwellianæ; or, Notices of the Manor and Mansion of Hartwell* (London, 1851).]

己的研究限定于整段历史的一张“快照”上。我将投身于一种学术史上的首次尝试，即专注于阐明椅子在 19 世纪天文学和设计学中的诸多表征的文化意义。毕竟，我在这里所制作的“椅子索引”中的实物和图像，是另一个时间和地点留下来的印迹。接下来，我们的任务便是思考如何去解码这些印迹。

① 原文为“transit”，直译为“过境”，在天文学语境下译作“中天”，指太阳或其他恒星乃至小行星等天体经过观测者的子午圈，天文学家会在此期间测量、校准地方时或者进行其他工作。

透视一把椅子

在我们开始研究天文观测椅之前，很重要的一点是激发那种可以认识到更广义的“椅子”的想法：椅子不仅是那些可以用来坐的具体用具，还包含任何可以被如此理解、解码的事物。为了更好地搜索它们的印迹，让我们暂且后退一步，欣赏一下椅子曾经和可能被观看的方式。

想到椅子时，各种坐具可能就会在你的心灵之眼前列队行进：你会看到父亲最喜欢的那把椅子，他一直喜欢那样坐着看电视，这把椅子仍然带着他抽卷烟时的强烈气味；你会看到第一次在任天堂游戏机上通关《马力奥兄弟》时自己坐的沙发；你会看到家里每个人都抢着坐的客厅的那把椅子；你还会看到那种在客人到来之前总是用床单或塑料套盖住的特殊沙发。家庭的舒适感和亲密的回忆就这样被紧系在椅子上。而其他人可能会在他们的脑海中看到专业设计师设计的椅子，比如勒·柯布西耶（Le Corbusier）的躺椅、查尔斯和雷·埃姆斯（Charles and Ray Eames）的扶手椅和单椅、宜家公司的日本设计师中村登设计的波昂扶手椅（POÄNG armchair），或者 2008 年被巴塞尔市禁用的那种无处不在的整体式塑料椅子。这些都是象征着 20 世纪特点的代表性设计，更不用说那些曾被盲目追捧、现在褒贬不一的商业物品了。还有的人可能会想起凡·高的乡村椅、沃霍尔（Warhol）对电椅的艺术演绎，或者热门电视剧《权力的游戏》中的铁王座等标志性的椅子形象。所有这些椅子都代表了具有文化意义的多种理念和愿景，它们能在许多层面上产生共鸣。但是，无论你脑海中浮现出来的是哪一种椅子——无论它是虚构的，是标志性的，是一幅画、一段记忆、一件博物馆展品，还是自己家里的东西——很明显，这把椅子都承载了更多的内涵，而不是一件简单的了无生气的家具。

在有些语言中，甚至权威也与椅子（chair）联系在一起。在英语中，人们会把“主席”称为“chairperson”，主席“主持”（chairs）会议。“椅子”既可以用来表达桌旁的位置，也是一种名称、一种符号，它既是名词也是动词。国会和陪审团主席代表了现代美国政治体系中属于各自领域的权威中心。学者能担任的最高职位之一是大学的讲席教授（chaired professorship），这种职位有时以杰出的个人、组织或企业的名字来命名。例如，在不列颠群岛，第一个得到王室赞助（或称任命）的讲席教授是1497年在阿伯丁大学设立的医学“钦定教授”（Regius Professor）。这一传统延续至今。2016年，英国女王为了纪念她登基60周年，宣布了12位新的“钦定教授”席位。有人认为，“教授”一职的设立大概是受到了罗马天主教里面象征着教宗绝对地位的“宗座权威”（ex cathedra）的启发。这在当时对培养“学术感召力”（academic charisma）至关重要，它意味着不断涌现的研究型大学成为知识权力中心这一现象在中世纪欧洲实现了普遍化。[9] 作为保障权威持续存在的象征，人们一直对椅子怀有敬畏之情，有时对它甚至有点反感。当然，这取决于观察者相对于椅子的社会地位或意识形态。

比如说，不同的文化都会用“王座”（throne）来代表神圣或世俗的权威。不仅如此，王座在几个世纪以来都同时兼具象征和具体的意义。[10] 想想看吧，今天的观众一见到19世纪中期英国的奥斯汀·亨利·莱亚德（Austen Henry Layard）在尼姆鲁德和尼尼微发掘的浮雕，就能从此类艺术品的表现形式中察觉到权力发生的场域（图 1.4），这是多么了不起！浮雕表现的是新亚述国王亚述纳西尔帕二世（Ashurnasirpal Ⅱ）坐在他的王座上，出席近 3000 年前的具有宇宙意义（神圣意义）和政治意义的仪式。仆人和两个带翅膀的人簇拥着他。这一图像来自一块浅浮雕（约前 865—前 860），它原本是国王用来放置自己王座的那个房间的雕刻饰带的一部分，但自 1850 年以来它和王座一直在伦敦的大英博物馆展出。在它们被移到那里后不久，著名的德国建筑师和理论家戈特弗里德·森佩尔（Gottfried Semper）就在这家博物馆里仔细研究了王座，只为在其代表作《论技术与构造艺术的风格，或实用美学》（*Der Stil in den technischen und tektonischen Künsten oder praktische Aesthetik*，1860—1863）中对王座进行描述。这部著作对王座进行了形式分析，说明了纷繁复杂的艺术史上所有重复出现的主题的原始根源，并提供了一种关于风格研究的理论方法，一种关注形成过程的历史，以及一种关于符号形式及其起源的复杂理论。[11] 作为 19 世纪

图 1.4　奥斯汀·亨利·莱亚德在今伊拉克摩苏尔附近发掘的大型浅浮雕（236.22cm × 200.66cm）。它表现的是新亚述国王亚述纳西尔帕二世在一个法庭仪式上，踩着脚凳坐在他的王座之上。[图片来源：Austen Henry Layard, *The Monuments of Nineveh, from Drawings Made on the Spot* (London, 1849), plate 5.]

一条最为复杂且最具影响力的设计史和设计理论轨迹，森佩尔的案例表明，坐具所表达的丰富含义有时可以通过多种有力的知识途径来加以揭示。

但是，相比于公元前 9 世纪，森佩尔所揭示的这些重要含义是否更符合他自己所属的世纪，就是另外一回事了。作为人们获得更多认识的来源，各种座椅家具经常以这样或那样的形式被收藏在世界各地的博物馆中不足为奇。

我们这里所讨论的“椅子”不仅仅是简单的椅子。我们将通过椅子自身的意义背景，去观察它们如何被用于从心理方面到制度性、标志性再到系统性和科学性等几重目的。在接下来的内容中，我把所有这些方面都简化成一种作为图像和实物的椅子的研究。但是，我并不会对这些天文观测椅一个一个地单独分析，而是去展示它们是如何以带有丰富信息和启发性的方式相互影响、相互渗透的。椅子也是让我们看见一段全球史的窗户。事实上，我认为椅子是约翰 · 特雷施（John Tresch）提出的“物化宇宙论”（materialized cosmologies）的一个例子，它规定了人们接近天界（heavens）的途径哪些是合法的，哪些是不合法的。[12]

图像与实物

《天文学家的椅子》一书聚焦 19 世纪，因为与其他时期相比，19 世纪各种天文观测椅图像的数量急剧增加。[13] 我希望通过理解 19 世纪天文观测椅图像前所未有地增多这种现象，来阐释特别是在现代性的背景之下科学和设计之间的关系。而除了在这一时期流传的许多图像之外，在 19 世纪的头几十年之后，天文学家还相对大量地设计了有特殊用途而且往往可以机械调节的椅子，以便通过望远镜观测天体。天文学家对作为家具和仪器的观测椅表现出了前所未有的浓厚兴趣。当然，在 19 世纪以前的几个世纪里，人们也有他们自己的天文观测椅。但到了 19 世纪，人们以天文学研究为目的，花在设计和改进专用椅子上的时间、思考和金钱比其他任何时候都多。天文学家所关注的是，当观测者的身体与望远镜和天界运行发生联系时，椅子对于观测者的身体应当起到的作用。他们的这种做法是符合 19 世纪的中产阶层特有的价值观的。

虽然在 18 世纪就有专门用于天文观测的有趣椅子，比如船椅（marine chair，图 1.5）就是一种便于观测者通过观测木星的诸卫星来确定海上经度的椅子，但是观测椅作为一种天文学的专业设备，到 19 世纪 20 年代才真正出现。[14] 天文学家、家具商、木匠一起进行了创新设计。他们在新式望远镜和天文台的建造方案中纳入了机械椅。他们并没有考虑过为自己的设计申请专利（这与当时其他专用椅和机械椅的设计形成了鲜明对比），反倒很乐意与其他天文学家分享这些作品。他们不但会在期刊和手册上宣传自己的创新成果，还会在公开发表的信函和私人通信中推荐，甚至在学会会议上展示尺寸缩小后的模型。在 19 世纪，天文学家还会有意识地努力改进以前的设计，从而为改进他们共享的前人遗产做出贡献。这些做法尽管带有自身的路径依赖性，但为观测椅的未来发展提供了信息，对望远镜和天文台的设计也有重要意义。

19 世纪，对观测椅的展示越来越多，这种有关观测椅的兴趣

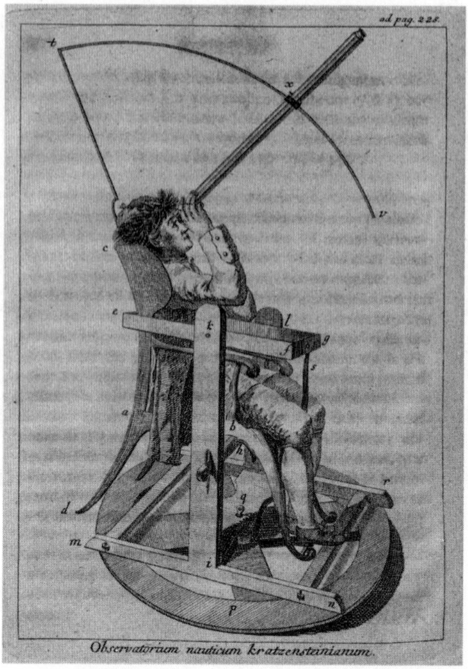

图 1.5　一种有专门用途的船椅，设计目的是帮助海上的观测者用望远镜观测木星及其卫星，以确定经度。这把椅子是德意志的博学之士克里斯蒂安·戈特利布·克拉岑斯坦（Christian Gottlieb Kratzenstein, 1723—1795）于 1757 年设计的。这张图片源于其著作《用于观测木星卫星掩食现象的海上鞍形坐具》(*Sella marina observandis eclipsibus satellitum Jovis accommodata,* 载于 *Acta Literaria Universitatis Hafniensis*, Copenhagen, 1778)。

热潮似乎颇具感染力。从 19 世纪初到 20 世纪，对天文学家和他们的新奇坐具的各种展示不仅仅在专业期刊和专著上出现，还大量见于被广泛阅读的大众杂志和报纸上。被拍照时，天文学家们会对着镜头摆姿势，有时就坐在他们最喜欢的观测椅上。但有时人们也会展示一些空置的天文观测椅，椅子旁边是最先进的望远镜（图 1.6）。这些图像有时会被做成幻灯片，以供公众消费和接受教育。天文观测椅的出现与一个世纪的进步有关，并与其他技术奇迹一起

图 1.6 悉尼天文台（1862—1930）内部的照片，展示了与赤道仪配套的两种不同的“英国式”座椅。（图片来源：Photographer unknown. Museum of Applied Arts and Sciences, New South Wales, Australia.）

被展示出来。它们被导游定为必看之物，并在大众书刊上登载的著名天文台虚拟之旅中被详细介绍。观测椅甚至还在主要的文学作品中客串，比如它出现在了托马斯·哈代、安德烈·洛里和儒勒·凡尔纳等人的作品中（图 1.7）。人们还可以在明信片和名片上发现坐在观测椅上的天文学家形象。这种史料来源的广泛性和图像的多样性是本研究的中心，接下来我会展示很多说明性数字，并将其整合进下文的叙事中。

同样，天文观测椅可以被纳入科学和科学家的插图和肖像画之中。因此，我们可以用天文观测椅来解读科学这种文化现象的共同图景。卢德米拉·约尔丹（Ludmilla Jordanova）是一位关注科学与

图 1.7　一位天文学家坐在巴黎天文台的一把观测椅上。这是莱昂·贝内特（Léon Bennett）为凡尔纳的《机器岛》所作的插图（Paris: J. Hetzel, 1895, 249）。

医学的视觉文化史学家，她简明地总结了当前学者对于这类肖像画采取的视角："肖像画是在复杂过程中被冻结的那些瞬间；因此，它们揭示的是社会性的协商，而不是个体性的特征。"[15] 对待今天的肖像画，历史学家和观者确实应当采取这种视角。但是，她关于"个体性的特征"的说法并不适用于过往的时代，正如我们将看到的，当时那些科学家的图像确实有意向 19 世纪的观者展示些什么，特别是这些科学家的性格和他们的职业。在一项如今已成为经典的研究中，艺术史学家玛丽·考林（Mary Cowling）表明，这一时期的观者基于一些普遍的预设，特别倾向于将那些视觉类的表现形式看作“个性”和“类型”的符号。考林写道：“发现这些预设到底是什么，可能有助于我们用时人的眼光来接近这些人物，并让我们再一次阅读和理解它们。”[16]通过天文观测椅的案例，我希望具体展现的正是图像的力量，那些图像向观者揭示了关于科学、历史、劳动和社会的内容。尽管通常在历史记录中很难找到观者对专用椅子的反应，但我依然将会在文化史（同时也是物质史和视觉史）的基础上重建这些反应的轮廓。因此，接下来的内容不是简单的图像志研究，而是一种图像学（iconology）研究：我不会对图像进行分析性的描述，而是试图为来自特定时期的一组常见图像，提供从丰富的历史语境中提炼出的文化特异性和社会构成性资源，从而综合地解释这些图像。[17]观测椅的图像对它们所处的时代、科学，以及参与其中的个人都有所揭示。

然而，本书也会把观测椅当作一种为特定用途和目的而设计的实物。《天文学家的椅子》一书受到了社会学家马塞尔·莫斯（Marcel Mauss）提出的“身体技术”（techniques of the body）观点的启发，根据这一观点，天文观测椅不仅是天文学仪器，而且是文化表现和象征，后者还与资产阶级关于姿态和礼仪、种族和性别、帝国和历史等的诸多观念产生了共鸣。[18]考虑到资产阶级观者被景观文化所深刻影响的程度，我们需要将天文观测椅放回观者的视野中，并去解读他们可能会感知到的东西。作为体现当时时代意义的古物，观测椅的研究可以为我们提供一个全新的角度来探讨并构想天文学史。事实上，无论它们被历史学家如何忽视，这些椅子都是一种关键的“天文观测技术”（observatory technique），它们在物理上支持了许多与使用望远镜的工作相关的其他技术，甚至使后者成为可能

（比如有关校准、测量、定位、制图、拍照、识别、跟踪、校正的技术）。[19] 可以肯定的是，观测椅是一种元技术（meta-technique），它为借助望远镜进行良好观测提供了物质和视觉上的基础。因此，我运用媒介史学家伯恩哈德·西格特（Bernhard Siegert）使用的一个有效且实用的概念：观测椅都是“文化技术”（cultural techniques），因为它们通过一些过程性的手段，比如具体历史时期中的“坐”和“观测”等扩展的行为和仪式，在某种程度上，从物质方面界定了哪些做法属于可以被科学接受的天文观测，哪些做法不属于，哪些是恰当的，哪些不是。[20]

通过将观测椅及其图像融入一个充满活力的时期及其视觉文化，我会把它们当作科学史和家具史研究的丰富资源，从而赋予其新的活力。根据研究维多利亚时代的杰出历史学家阿萨·布里格斯（Asa Briggs）的说法，像椅子这样的实物是意义的“使者”（emissaries），我们可以借助它们来重建过去的时代——准确地说，是其他“可理解的宇宙”（intelligible universes）。[21] 接下来，我将会以明确一系列内容为任务，包括明确影响作为**实物**的观测椅的设计及功能的一些价值、范畴和前提，探讨观测椅作为**图像**的表征意义，这类图像是生产出来供欧美中产阶层观者（包括科学家和天文学家）消费的。带着对设计视觉文化和科学视觉文化的跨学科思考，我将更关注图像。但与此同时，我会先从这些观测椅图像的文化功能开始观察和理解，再对作为设计对象和观测仪器的观测椅进行评论——至少会揭示观测椅作为图像和实物的一些基本特征。对视觉文化的一种解释是对人类视觉经验和视觉表达的研究，在这层意义上，我们将会看到，观测椅的图像及其实际操作，既能帮助我们理解天文观测的视觉经验，又能为理解家庭、天文台和帝国等层面的帝国愿景（imperial visions）提供许多启示。天文观测椅体现了全球性的结构。一些全球史学家对未经批判的“流动性与移动性执念”（obsession with mobility and movement）投入大量精力并十分依赖它，而我会努力在发掘全球性结构的同时不落入这一窠臼。[22] 事实上，我将质疑这些在当代全球史编史学方案中发挥很大作用的假设，我认为它们沾染了 19 世纪“动态”帝国主义的要素，对此必须进行调查，而不能视其为理所当然。

表征之场

W. J. T. 米切尔（W. J. T. Mitchell）将图像学研究扩展到审视图像和文字。本书受此启发，将结合图像和实物进行图像学的综合研究。[23] 我不会去审视图像和实物的相互关系（例如能指和所指的关系），而会着重关注它们在表征之场（representational field）内的**共同基础**：这种共同基础是一个充满文化、历史和社会资源的宝库。在这里，不论是图像还是实物都可以共享其假设、分类或意义的集合，以处理并呈现给观者。表征之场从自己的时代调动资源和惯习，尽管它们也可以无意识地与其他时代联系在一起。例如，这本书提到的 19 世纪表征之场有一个基本资源，它是一种特殊的启蒙历史主义（Enlightenment historicism）——一种阶段史学或猜测史学——尽管热度已过、逐渐消退，但它形塑了资产阶级的家具。无论是在家里还是在天文台，这些家具都曾经被观看、展示和设计。

于是，这种观看和制造的行为都适应那时的文化和历史。

我致力于描绘由图像和实物所共享的具有社会文化属性的表征之场。[24] 毕竟，天文观测椅不论作为一幅图像还是天文台里的一种实物，它们被感知的方式都会与特定时间里特定阶层的人们主导的惯习所塑造的一系列意义产生共鸣。换句话说，观者和使用者共享一个场景，场景本身是由一组共同的历史、资源和关系实现的。我会表明，这些带有条件和价值负载的感知与叙事同样宣告了天文观测椅的功能和设计。这部文化史将会研究潜藏在当时的表征之场的效应——一种暗中达成共识的视觉制度。我们的研究方式不会去关注具有因果性的关系或影响，而会关注使某些特定意义而不是其他意义成为可能的先决条件。但是，不能仅仅因为我们不去处理因果解释，就认为这些场域及其相关的含义没有产生有形的影响。我们将看到天文学家的手势和其他身体表现是如何被这个场域塑造的。事实上我认为，当时的观测行为因此被赋予了结构和说服力。为这一场域的轮廓及其作用力绘制线索正是本书的主要目标之一。

这并不是说要减少或消除图像和实物之间的差异。每个图像和实物都保持了它们自己的属性、形态和媒介，这对于两者来说都是一样的。但在这本书涉及的层面上，图像和实物在一个相互表征的场域中互相联系的基础所在，是我最渴望挖掘的地方。一系列价值和假设都在这个表征之场中沿着力线的方向游走，这是通过多种经济因素的交叉（intersecting economies，或称之为“交叉经济”）实现的——包括视觉经济、道德经济和认识经济等诸多方面。在有关历史的非均质场（non-homogeneous field）中，这种交叉经济流动循环，为价值和假设的传播与延续、供给与需求提供了基本而普遍的框架。这些经济因素不仅仅是在自我、家庭、阶级、性别和国家等多种表征意义的层面上运作；最有趣的是，从我们的研究目的来看，它们的运转还走出了国界，走到了资产阶级幻想中存在于异国他乡的、往往是没有椅子的“他者”面前。这时，表征之场发生了转变，以促进另一种相遇（encounter），或者说，帮助另一个与自我对应的“他者”形成。像观测椅这样的文化技术可以划分、构成和区分多种他异性（alterities）：“文化技术总是要考虑到它们所排斥的东西。”[25] 面对这种相遇和排斥，一个场域可以有很多方式来调整自己。这一点将会主导我们的讨论：一种历史化和辩证性的论证，以及一种自我的共同构成——包括其图像和在一个场域中的位置。这一场域的特征可以通过帝国主义与历史主义这两个关键元素（或者说力线）来进行标记。尼古拉斯·米尔佐夫（Nicholas Mirzoeff）就曾解释过视觉性（visuality）和反视觉性（countervisuality）的辩证法。而我这里所说的“表征之场”或者说宇宙论（cosmology），证明了视觉性和反视觉性两者的运行，让所谓“西方”及其凌驾于他者之上的权力所彰显的优越性显得“自然”且不可避免，同时也在诸如椅子及其图像等平常事物中得到复制和表达。[26]

在接下来的内容中，我想重现并明确这个 19 世纪场域的一些关键且基本的元素——特别是观者的眼睛——以捕捉其文化意义。（事实上，重现是必要的。因为我假设，这一时期围绕观测椅来塑造视觉文化的可用场域已不再属于我们当下。这也难怪，尽管这些椅子已经静静地躺了这么久，但科学史学家和家具史学家都几乎没有注意到它们。）但是，在作为图像和实物的观测椅被接纳和认识的同时，这一场域中的元素将反过来被证实、传播，甚至规定。我不会声称自己的研究是详尽或全面的，而是会识别并追踪那些我选择的主要特征或线索，以为天文观测椅提供一个时代性的镜头，它可以帮助我们绘制资产阶级观者、设计师和使用者的一些地方性、中间性凝视（gaze）的视觉框架。如此一来，我首先想了解的是，至少在某些方面，天文学是如何与种族和舒适感、性别和帝国主义等联系在一起的，进一步详细观察观测椅本身的设计和功能及其给予观测者身体的可见姿势——而不是停留在许多历史学家已经巧妙展示的那种全球联盟和殖民网络的层面。我的目的是展示中产阶层的感知、表现和解释框架是如何被天文学的自我呈现和自我形象吸收的，在这个框架中，科学劳动、人物和参与到工作中的身体（working bodies），其历史化表征都受到了框架的影响。所有这些综合性的记录都在天文观测椅上得到了体现，并能在其上找到具体的例证。[27]

从家庭、东方到场域之中

为了解码观测椅在 19 世纪天文学中作为文化现象的地位，我将它们定位在更广阔的知识和社会背景中，这将有助于理解观测椅的两种功能：作为循环流动的工具和图像。我认为在表征之场的层面上，资产阶级的“舒适”感可以将以上两种功能联系起来。本书以天文观测椅为例，反映了身体的舒适感与认识论之间的重要关系。为了看到这一点，我们进入中产阶层家庭进行考察，特别留意普通的家用椅子，以发现并理解其组织结构。毕竟，这些椅子也和天文台的专用椅子共享着同一个场域。家庭室内环境中的椅子定义了空间，创造并维持了社会中通常已性别化的等级制度，提供了一个展示正确或不当姿势的舞台。怀有共同信念、期望和惯习的中产阶层观者正热烈地解读、评判和监督着这个舞台（见第二章）。和其他家具一样，椅子象征着优雅，也同样象征着“文明”，它们是道德健康和“卫生”生活方式的标志，这对小资产阶级和资产阶级来说都很重要。

这些具体化的意义之所以引人注目，是因为椅子被历史化并由此被差序化的方式——更确切地说，是因为椅子被一种特定的历史观所构建和定位的方式。家用椅子和拥有新专利的机械椅一道被嵌入同样连续但传统的历史观中（这种历史观反映了启蒙历史主义，它将空间、时间和“种族”进行了等级化和差序化），而这些机械椅已经开始定义现代化的职业和专业了。也就是说，这时出现的各种各样的椅子被差序化了，并且进入了符合西方帝国霸权的进步主义历史之中。我让天文观测椅及其相应的姿势与新兴中产阶层的舒适感直接对话，从而揭示了一个共同的历史遗产，即大体上说，可以将天文学家用于特定任务的椅子，从外观上解释为更广泛的资产阶级自我形象的一部分。“舒适”被认为是资产阶级的一种美德，天文观测椅的设计、相应的姿势和展示方式都纳入了这种美德。

与此同时，不论是相对于贫困阶层、工薪阶层还是贵族阶层，西欧和北美的中产阶层观者都把自己和其他阶层对立并列，还将自己和另一种“他者”放在一起对比，从而用这种辩证法来塑造和巩固自己在历史上的地位和形象。也就是说，在他们的视觉、印刷、材料和设计文化中，他们遇到了前所未见的“东方”（the Orient），并在与之对比的过程中形塑且重塑着自我形象。特别是，他们面对的那种盘腿的人物或坐在沙发上，或坐在地上，这类姿势不仅是异域的，而且于他们自身而言是一种辩证性的对比。因此，就在西方天文学家坐在机械观测椅上的图像数量越来越多的时候，东方的天文学家也更多地被描绘成盘腿而坐的人物，供西方观者消费，这种现象并非没有意义。盘腿的姿势同样可以用资产阶级视角解释，也就是将自己的椅子进行历史化，而西方观者做出的评价，却只是削弱并阻碍了东方人在历史和科学中的道德地位，还由此造成了深远的影响（见第四章）。比如，我将东方的“他者”及其不用椅子的态度也纳入天文学史当中，并视之为天文观测椅从文化意义、设计意义到功能意义的构成部分。虽然这项研究考察的东方人物都是男性，但他们以盘腿坐姿示人，被西方观众认为是疯癫而柔弱的，从而促进了当时将女性与西方“科学男性”（men of science）进行对立的“合理”看法。通过承认这一点，并将西方“虚构的东方”织回历史记录之中，本书增加了对于这样一种事物的认识：在我们的历史行动者看来，天文观测椅是另一种与女性对立的存在。[28] 虽然在历史记录中存在妇女坐在观测椅上的图像，但在我们考察的这段时期里是相当罕见的。那些确实存在的图像让女性看起来不适于做天文观测工作，尤其是与男性相比（图 1.8）。[29] 虽然是间接观察，但我们对东方的进一步考察将帮助我们确定其中的一些原因。

此外，这项研究的成果之一便是探索了身体的舒适感和认识论之间的联系，尽管这种联系并不总能实现。正如一些人所表明的那样，一般来说需要付出艰辛的精神努力才能克服观测椅的不适感；然而，正如我将展示的，通过将设备专门化，人们也可以使用既机械化又舒服的椅子。[30] 换句话说，对痛苦的展示、承受

图 1.8　玛丽亚·米切尔在瓦萨学院天文台。这是一幅 19 世纪罕见的女天文学家坐在观测椅上的照片。由亨利·谢尔曼·怀尔于 1878 年拍摄，他在 20 世纪早期用它印刷明信片。经史密森学会美国国家历史博物馆医学与科学部许可复制。

身体上的不适、进行艰苦的观测活动并不是男性科学或英雄科学的唯一指标——尽管它们可能是最明显的指标。[31] 本书会关注观测者的身体在椅子上显而易见的被动性。通过考察观测椅及其在相关资产阶级环境下所提供的身体姿势，我们可以很清楚地看到，天文学家所参与的劳动不能被看作“扶手椅上的科学”（armchair science）——这一贬义短语的意义在 19 世纪中期的英国得到了巩固——不管这位仰卧的天文学家在我们看来有多懒散（图 1.9）。相反，从同时代人的角度来看，由于其内部蕴含有关种族和性别的躁动的精能，19 世纪中期的天文学家需要一些专用椅子为自己的任务提供管理服务，旨在动态地调节不适感引起的身心疲劳，以免其观测工作受到不良影响（见第五章）。换句话说，男性天文学家为了进行天文学研究，使用了一些能够利用并聚集“视觉精能”的方式；当时，西方人普遍认为东方人及东方盘腿科学家是缺乏这种

“视觉精能”的。正是在这些条件下，作为文化技术的观测椅被认为能够确保良好的观测。我们将看到，这些对立并列会为我们打下基础，让我们恰好能够识别观测椅为中产阶层观者提供的一些感知功能的关键部分，也就是说，西方人对固有的性别化（男性的）和种族化（欧洲的）精能的主动调节和管理，就是这样被铭刻在椅子的资产阶级舒适感和设计之中；我们可以推测，正是这些躁动不安的精能推动了现代世界及其科学和历史向前行进。观测椅的设计、功能和形象，在文化上受到了性别、种族和资产阶级舒适程度的制约。视觉经济也属于这些因素之一。

图 1.9　亨利·阿尔弗雷德·莱内汉（Henry Alfred Lenehan, 1843—1908）坐在他那把可调节的破旧椅子上使用子午环（transit circle）观测。他是悉尼天文台最重要的中天观测者之一。莱内汉还曾短暂担任该天文台台长。（图片来源：Museum of Applied Arts and Sciences, New South Wales, Australia，摄影者不详。）

几种场域的对比

我们即将开始一段非凡的旅程：从时尚的法国沙龙到过度拥挤的维多利亚式客厅，从芬芳的东方集市到烟雾缭绕的咖啡馆，从热闹的医药会议到寒冷的天文台。在此之前，我想通过几个例子来更具体地解释表征之场。在本节中，我将提供一些完全不同的快照，让我们一窥椅子世界的复杂性及椅子在科学史上的形象。一方面，这是一个为了激发科学史学家的兴趣和关注而设置的主题，这可能是他们第一次有兴趣在椅子这样日常而低调的物品中找到与他们的关注点相关的意义。但另一方面，正如许多研究设计的历史学家一样，对于那些习惯上认为家具可以制造文化意义和社会意义的人来说，本节研究同样会激发他们如此看待科学及其历史——在科学史上，各种各样的椅子（更不用说其他家具）在很大程度上被忽视了。仅仅在这一简短的部分中，我就需要在不同的动机和要素之间保持微妙的平衡——更不用说在本书的其余部分了。我这样做，只是想尝试用椅子彰显一个隐藏场域的不同方式，从而用一种丰富而合适的方法来揭示整个“可理解的宇宙”。因此在本书的结尾，读者会发现天文观测椅将被用来讨论后殖民主义、性别和科学是如何相互交叉的，从而进入一些角度更广泛且更新颖的讨论。

首先，我将列举来自不同时期、为不同目的而设置的观测椅的案例。进而我想强调的事实是，椅子及其相关的含义取决于特定的场域。或者更准确地说，这些默许并刻画了椅子特性的场景（更确切地说应该是场域）可以穿梭于不同的时间和地点，彼此之间也非常不同，这就让同一件家具的表面可以附着多种意义的集合。由椅子引出的各式各样的内容，包括椅子的设计以及椅子提供给人们的坐姿，都取决于它们所在的特定场域。作为通过普通镜头感知的实物或图像，椅子的重要意义不在于它们自身，而在于构成椅子的社会环境。但与此同时，我想强调的是，这里存在某种程度的延续性，我们应当认为它是累积且分层的，因为来自过去场景或场域的意义可能仍然沉积在后续的语境中。这些余留下来的事物是另一个时代及其境况的强大回声，它们或许会被持续压抑，又或许会在随后的某个时期重新抬头，并用属于这个时代的替代性框架来审视那些遗留下来的椅子和身体所引出的内容。

只因为本书的其余部分都将致力于探索这样一个作者已选定的表征之场（以 19 世纪欧洲和美国的中产阶层为例），那么对于读者来说，重要的就是要理解以上这些观点，至少应当简单扫一眼本章。尽管本书从 18 世纪开始书写，到 20 世纪之初结束，但我却始终专注于挖掘一个 19 世纪的场域，并与该场域内部构成的一套独特的、附加在场域内椅子上的内涵进行对比，这主要是为了解释，一个场域是如何与另一个场域相互结合的。采用这种方法无可避免的结果是，无论在图像层面还是在实物层面上，当我们越想用当时的眼光去理解这些椅子的本来含义，它们就会变得越奇怪和陌生。过去的历史的确是一个陌生的“异域”，然而其中仍然有很多我们可以识别出来的内容。

首先，让我们欣赏一下椅子上类似于**风格**的这么一种事物吧。这种风格能告诉懂得其语言的人很多信息。值得注意的是，例如，19 世纪早期谴责法国启蒙哲学家伏尔泰和埃米莉 · 杜 · 夏特莱（即夏特莱侯爵夫人，Marquise du Châtelet）通奸的批评家们提供的依据就是二人曾经一起居住在一座东方风格的庄园里。她的贵族丈夫对妻子的婚外情视而不见，也负担不起维护西雷庄园（Château de Cirey）的费用，因此他很乐意让伏尔泰为庄园内的华丽家具买单。[32]他们的生活方式使庄园被一位英国评论家描述为“自然神论者、无神论者和荡妇之巢”。这种追溯式评判损伤了法国启蒙运动及其思想家的颜面。[33]但这一结论引出了他们豪华房间的特点，即充满了“东方式的辉煌”[34]。伏尔泰在庄园的房间里采用了很多东方风格的装饰，也包括沙发。这是一种在法国贵族圈子里流行的家具，当时还被视作性感和东方主义之间具体和象征的交会点。（法语和英语的“沙发”都源自阿拉伯语单词“ṣuffa”，以指代类似沙发的家具。）这个交会点在当时的法国小说《沙发》（*Le Sofa*，1740）中得到了最生动的体现，这部小说的作者克雷比荣（Claude Prosper Jolyot de Crébillon）是伏尔泰在文学圈的一个熟人。小说的主人公阿曼泽是苏丹宫廷里的一个印度教教徒，他前世被梵天变成了沙发，这是对其堕落生活的惩罚；或者，正如他自己所说，因为他“对沙发上瘾了”。无论是在阿曼泽的东方困境，还是在伏尔泰的东方趣味中，我们都可以通过家具一窥当时的道德秩序是如何做筛选的。[35]

然而，回到西雷庄园，那里不仅拥有来自东方的沙发和风言风语中的禁断之恋，还拥有科学。用侯爵夫人的话来说，这座庄园是“哲学和理性之地”[36]。她和伏尔泰在那里建造了一间实验室，并为庄园的图书馆配备了近 4 万册藏书。他们还让望远镜等各种科学仪器环绕在他们周围。从科学上讲，他们在庄园度过的这四年是一段高产的时期。他们都为 1737 年举办的法国科学院论文竞赛而努力着，并最终提交了各自独立撰写的论文，主题为火的性质及其传播规律。尽管他们两人都没有获奖（大奖颁给了莱昂哈德·欧拉），但这确实让侯爵夫人成为第一位在这座著名科学院的年鉴上发表文章的女性。牛顿及其理论也一定在这对恋人的日常对话内容中占有一席之地。1738 年，伏尔泰的著名作品《牛顿哲学原理》（*Eléments de la philosophie de Newton*）出版了，他把它献给了侯爵夫人。侯爵夫人曾师从一些当时顶尖的数学家，她在数学上明显胜过伏尔泰，因此可以毫无疑问地说，伏尔泰的这部作品想必从两人的日常讨论中获益良多。随后，侯爵夫人在 1740 年出版了其《物理学原理》（*Institutions de physique*）一书。这是一部重要的著作，虽然是作为自然哲学的教科书而写的，但它本身是一部高度原创的综合性著作。她还第一次将牛顿的《自然哲学的数学原理》一书从拉丁语翻译成法语并最终出版。[37]

现在，人们可能会不无道理地发问：在这把椅子上到底发生了什么事？尽管我们确实可以把批评家对东方化的居住环境及其家具的谴责看作对两人科学研究的道德立场的抨击，但当我们对科学史挖掘得越多，就越远离像椅子这样稀松平常的事物，然后一头冲到伟大的人物、思想、科学仪器之中进行研究。可以肯定的是，在后者的许多方面都已有优秀的学术研究成果，包括学院的历史和科学仪器史等。夏特莱侯爵夫人、伏尔泰的传记和对其出版著作的研究在不断增加。到目前为止，科学史学家已经开发出了大量的工具，用来进一步研究西雷庄园这个远离巴黎大都市中心的科学场所。[38]但是，如果在特定时期装饰一个地方的家具设计能够引起人们对其拥有者如此强烈的反应，那么当科学与某种特定风格的家具一起出现时，观者也会被激起类似的反应吗？或者可以这么问：当科学家出现在设计独特的家具旁边时，科学家的人格也会处于危险之中吗？如果我们考虑到一个公认的事实，即公众对科学知识的价值判断往往在道德上与科学家人格有关，那么，举例来说，了解不同种类座椅家具的形象和功能，就能够直接帮助我们揭示特定时期人们所感知的科学的地位及其性质。

为了探究这一点，我有意从天文学历史中选取了两个例子进行对比，即第谷·布拉赫和乔治·艾里（George Airy）。首先，我将考虑一幅有可能是最著名的天文学家坐像，那是一幅 1598 年的版画。画中，著名丹麦天文学家第谷·布拉赫坐在其天文台里（图 1.10）。这幅版画是由三位艺术家的三幅图像组合而成的肖像画。在最显眼的位置上，你会看到一名助手被安排在桌子旁工作，他没有凝视天空，而是忙于计算或记录另外两个助手提供的读数——那两名助手一个位于墙上的大型仪器[①]前，另一个在一堆时钟的前面。实际上，布拉赫的天文台里可能有 4 张桌子和 6~12 个助手——有些人坐着，有些人站着。在这幅插图的背景中，我们可以看到 11 名助手。他们或在露天平台上操作着多台大型仪器，或在这座天文台地下室的炼金术实验室里工作。布拉赫自己则被如此描绘：他坐在这个传奇天文台的正中央，他穿着一件长及双脚的袍子，脚边还有他那条“忠实而睿智的狗”。他的右手指向天空或屋子中间的一个工具（这一点很难分辨），按布拉赫的解释，当时他的左手“放在桌子上，旁边是一本书和其他一些东西，就好像我在向我的合作者说明要观测什么，以及为了什么目的进行观测”[39]。布拉赫坐在一把椅子上，

① 这指的是第谷著名的墙式象限仪。

图 1.10　一幅彩色的手工木刻版画，图中的第谷·布拉赫坐在其天堡天文台的中央。[图片来源 : Tycho Brahe, *Astronomiae Instauratae Mechanica* (Wandesburg, Germany, 1598). Courtesy of SLUB Dresden.]

姿态庄严。这把椅子使他能够以最生动、最庄严的方式掌控天文台的一切事务。

图像中，布拉赫显眼的坐姿、他的长袍、他的狗和整幅图的威严感，将该天文台科研生产的贵族特征传达给当时的观者。因此，我们应当追溯历史。1576 年，丹麦国王资助布拉赫在汶岛上建立了当时最先进的天文台之一——天堡。布拉赫对汶岛的使用和他为了研究天文学而掌管一众助手和仆人的行为，是得到王室批准的。同样值得注意的是，与布拉赫形成鲜明对比的是，当时其他的欧洲天文学家任职于大学的数学系，他们属于一个社会地位与收入更低的群体。尽管大学的天文学家可以通过研究法学、神学，尤其是医学提高其工资和地位，但他们还是继续受到教学和实践方面的限制，这反过来又严重限制了对数学天文学的创新性研究。相比之下，布拉赫在天堡的座席是独立的，这使得他可以相对自由地对亚里士多德和托勒密的世界观提出异议，并且可以公开而有效地做些事情。布拉赫的椅子代表了一种新的天文学。现代早期天文学史的研究者罗伯特 · S. 韦斯特曼（Robert S. Westman）解释说，布拉赫的地位为“天文学研究创造了新的榜样和新的威望。第谷作为丹麦国王的贵族和封臣，他的周围有着一大群随从——不是由骑士和步兵组成的军队……而是熟练的数学家、观测者和仪器制造者。他的武器不是长矛和箭，而是他那巨大的观测仪器以及 1584 年之后配备的印刷机”[40]。我们这里考察的图像正是来自布拉赫自己的印刷媒体，它关于座席的声明有理有据，将布拉赫的高贵地位与当时大学里更传统的、社会地位更低下且受到限制的席位鲜明地对立了起来。它所彰显的权力和地位，对于当时科学尚在进行的转变来说是至关重要的。布拉赫是否真的拥有这把椅子是无关紧要的。相反，这显示了描绘天文学家坐在天文台椅子上的方式。通过一种基本的视觉文化，我们可以揭示关于科学及其表征之场的更广泛的历史特征。

让我们想想 19 世纪坐在皇家天文台里的乔治 · 比德尔 · 艾里爵士，他是一个可以和布拉赫比较的对象。艾里是格林尼治那座著名天文台的台长，美国天文学家玛丽亚 · 米切尔曾说艾里占据的是一个“王座”。我们立刻就能把她对艾里地位的描述和布拉赫的贵族椅联系起来。但在我们这样做之前，我们必须记住，尽管艾里在近50年的时间里担任的这个职位——其正式的名称是“皇家天文学家”——早在1675年就被英国王室批准设立了，但我们正在处理的是一个完全不同的背景。不像布拉赫的贵族椅，艾里的天文台“王座”正是现代以来世界最大帝国之一的中心。艾里以及他所有的助手和仪器以此为中心，为帝国海军和商业舰队、本国和殖民地的铁路和车站、电报线路和邮政服务持续提供时间和空间的参照，更不用说世界上还有其他许多天文台大量地依赖它的数据。玛丽亚·米切尔在参观格林尼治的皇家天文台时，延续这一观点：“艾里所坐的椅子处在世界经线的0°线上，他指挥着他周围的一小群观测者和计算机，而且当他对伦敦说‘现在是1点钟’时，伦敦就接受了这个时间……科学是一种悄无声息的动力/权力，这是一个国族进步的气息。”[41] 虽然天文台里没有类似“王座”的实物，但它依然会被同时代的人流畅地解读为不仅与帝国相关，而且与历史上关于科学“进步”和先进文明的特定观念有关；这些术语既是被19世纪的特定场域规定的，也是由这些场域提供的。

在天文台中

尽管这两种表征——一种是布拉赫的，另一种是艾里的——都以这样或那样的方式描绘了天文学家的椅子，但与他们同时代的观众对两者的理解却会产生很大不同。存在这种基本的可变性是由于不同的椅子在地理和历史上分别占据了不同的表征之场。每种椅子的基本场域都包含了一些特定条件，正是这些条件让人们对其的感知所附带的特定意义成为可能。在一个通常会存在大量图像的场域中，图像明显缺失的情况必然会引起我们的注意，成为考察的焦点。如果我们继续剖析艾里的“王座”所占据的场域，以及那些来自格林尼治皇家天文台观测椅的许多视觉表现和文本表现，一些让我们好奇的东西就会显现：实际上，艾里坐在天文台实际存在的大量观测椅上的图像并没有被公布。这一事实本身就说明了这个表征之场的某些问题。可以肯定的是，这位皇家天文学家一生中让人画过许多肖像画（如图 1.11），画中的他坐在工作室里的普通扶手椅上，或站在椅子旁。皇家天文台有数量可观的专业观测椅，但艾

图 1.11　在这张由 T. H. 马圭尔（T. H. Maguire）创作的画（1852）中，英国皇家天文学家乔治·艾里坐在工作室扶手椅上，手里拿着一个望远镜的目镜。（图片来源：Courtesy of Wellcome Collection.）

里的画像中没有一张显示他坐在专业观测椅上。然而，皇家天文台的许多观测椅在整整一个世纪中，确实不止一次以这样或那样的方式被绘制出来。但画中的人物并非皇家天文学家，而是在他们中间或旁边工作的天文台助手（图 1.12）。这种差异表明，在图像史上，表现实际工作场所里的科学家和坐在工作室扶手椅上的科学家，二者之间是存在区别的。前者这种情况很少发生，后者则通常伴随着一两个标志性的物品或象征着他们所从事的科学工作的配饰（比如书籍、目镜或显微镜等物品）。在科学史研究中，关于不同等级科学劳动的广泛观点现在得到了更多的关注。

缺少艾里坐在观测椅上的图像这一事实，在一定程度上证实了

图 1.12　在格林尼治皇家天文台的大赤道仪旁工作的助手们，画中还包括一个坐在椅子上进行观测的人。[图片来源：*Leisure Hour* 11 (1862): 40.]

我们已知的他明显轻视观测者劳动的情况。画中的艾里应当坐在何种椅子上，似乎是艾里自己有意做出的选择，这也暗示了在天文台及其文化的内部存在某种现实：地位和劳动分工。艾里曾写道，“这只是一个观测者的工作”，尽管它是必要的，却“是最像马在磨坊里的劳动，是人一想就可以明白的工作”。他还解释说，这是“最常见的劳动”，是“没有价值的”，直到成果可以被正确收集、统计、修正和化简，并为形成科学理论这一更高目的做好准备。[42] 当然，艾里是一个受过数学训练的理论家，因此，他那台著名的子午环只被他使用过一次也就不足为奇了。艾里的这台天文测量仪器是他自己设计的，唯一一次使用是在 1851 年 5 月 21 日。[43] 换句话说，他把使用观测仪器的工作留给了天文台制度中地位更低的其他人。尽管人们都知道他有散光（在 1824—1825 年，他针对左眼进行了一番自我实验，并使用柱透镜有效地解决了这个问题），但艾里的态度完全符合其根深蒂固的观念，即认为思维优于身体、知识优于工艺、脑力工作优于动手劳作、理论家优于观测者，这些观念在大型天文台的主导人身上一般很突出。

与工业化厂房里的劳动分工一样，天文台的劳动分工意味着严格的等级制度，可以根据职责、地点和方式来规定雇员的坐姿。就像当时其他的工业劳动场所一样，这些分工也会影响工人的身体健康。1838 年，时年 17 岁的埃德温 · 邓金（Edwin Dunkin）在艾里的指导下来到英国皇家天文台工作，并在那里工作了 46 年。邓金后来回忆起他作为人型计算机所忍受的“超负荷”时光，而这也真实地给他的身体造成了显著影响：“对于正在长身体的小伙子来说，我被关在桌子旁的时间太长了。”他接着写道：“的确，突然从事这种久坐不动的工作的影响……是显著的……我当时只有 17 岁，但我的成长突然停止了，后来我的身高也没有发生明显的变化。”[44] 在后来的几年里，邓金成功晋升，从而有机会在天文台尝试其他种类的椅子。他深情地回忆起观测椅的舒适，之前他在计算室里的感觉与此形成了鲜明对比。另一位天文台助手则提到，如果望远镜旁有一个观测者——他通常坐在一把观测椅上进行操作——那么在远处的办公桌前就有十个人与他协同工作。[45] 无论是艾里的“王座”、办公室椅，还是天文台里众多的专用观测椅，这些家具都被组合在一起，表达着天文台的劳动分工和相应的等级。

椅子体现了所谓的“归纳层次”（inductive hierarchy），这不仅对天文学至关重要，也是那个时期大多数其他科学的核心。事实上，天文学——连同它的方法和劳动实践——经常被视为其他科学的模型。[46] 然而，已有的视觉和文本资料着重表现的不是天文台的办公椅、办公桌，甚至不是艾里那众所周知的“王座”，而是天文观测椅，这种椅子丰富地描绘了整个 19 世纪及其后的历史。由于我的关注点在后者，因此我想添加另一种视角，这种视角和像艾里这样的精英天文台领导者自上而下的视角完全不同，而是与低等级观测者的身体劳动相一致，我会从天文台的设备（如椅子）及其公众形象中识别出与其相关的、19 世纪更广阔的社会文化发展背景。可以肯定的是，有人声称这一时期“对科学家工作的描述很少”[47]。然而，这里有一个不符合此类主张的明显例外，我们将看到许多通常没有被历史学家注意到的观测椅图像，同时也是男性在工作的形象。一旦我们认识到这一点，这些专用椅子就会为科学史学家和设计史学家提供宝贵的资源。“摆出一个姿势，”皮埃尔 · 布迪厄

（Pierre Bourdieu）写道，“这既意味着自己尊重自己，也意味着要求别人尊重自己。”我感兴趣的是解释这一时期构成这种尊重或缺乏尊重的首要因素。[48] 因为我的关注点自始至终集中在观测椅的图像上——注意，是观测者艰苦工作的场所里的椅子，而不是工作室里的扶手椅。我试图将“尊重”的核心精确锚定在劳动者身体的所在之处（即观测椅）。其实，这些图像的存在，在某种程度上已经指向了一个更复杂的故事以及观测椅的文化地位。事实上，这样的图像可以被认为是非常进步的。因此，我选择从观测椅的角度进行考察。

另一方面，艾里与椅子的官方友好关系不仅仅是比喻性的，而且也非常具体。艾里除了是一个世界级的天文学家和管理者，还是一位优秀的机械工程师和仪器制造者。他不仅设计了一些 19 世纪最著名的望远镜，还为它们制造了一些特殊的椅子。在担任皇家天文学家之前，艾里在 1838 年根据自己独特的设计，在剑桥大学造出了诺森伯兰望远镜（Northumberland telescope）。由于有独特的“英国式”支架，这架赤道式折射望远镜（equatorial refractor）需要一把独特的椅子（图 1.13）。艾里设计的观测专用椅可以在其微微弯曲的框架上凭借机械结构上升和下降，还可以让望远镜依靠轮子绕着圆形的路径旋转，这样观测者的眼睛就可以随时贴近望远镜的目镜。当望远镜转到指向天顶的位置时，观测者可以滑到框架底部的另一把椅子上平躺，却仍旧眼睛紧贴目镜。当望远镜指向地平线附近时，观测者就可以使用椅子框架一侧的梯子爬到他的座位上，来到已经远离地面的目镜跟前。这把观测椅的一个显著特点是，观测者不用离开椅子，就可以通过杠杆、滑轮、配重器、起锚机和其他结构来控制望远镜的许多运动。当我们查看这把机械可调节椅子的图片时，会发现它似乎完全融入了望远镜，而观测者则深入到了整台仪器的内部。

后来，作为英国皇家天文学家的艾里为皇家天文台设计了大赤道仪（Great Equatorial），该仪器于1860年完成制造。为此，他重新使用了和剑桥的望远镜所配观测椅一样的观测椅。关于大赤道仪及其观测椅，《本土英国人》（*The English at Home*）一书的法国作者写道："直到坐到天文观测椅上之前，我都对它一无所知。这把椅子能升高、降低和转动，它能自己调节自己，就如同它能够自发地适应观测活动的本质一样。"[49] 除此之外，艾里还对天文台中与

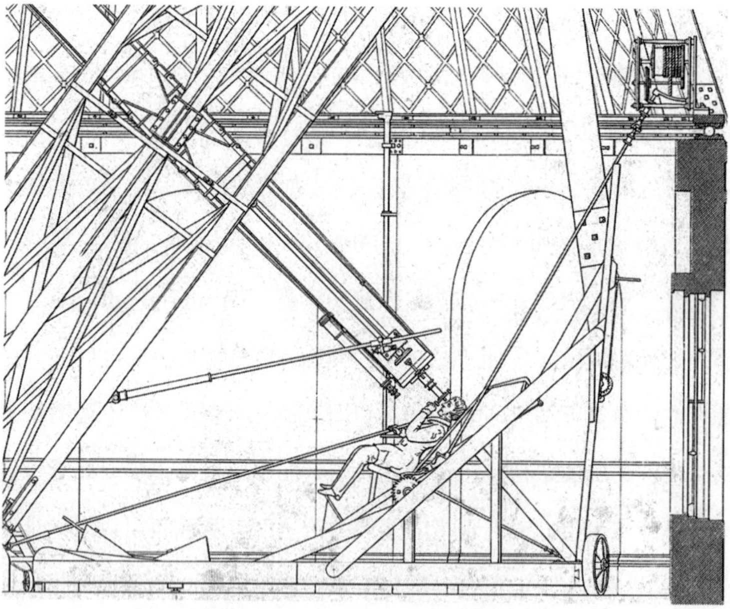

图1.13　剑桥天文台的诺森伯兰赤道式折射望远镜及其标志性的椅子均是由乔治·艾里设计的。[图片来源：James Basire的蚀刻版画的局部，摘自G. B. Airy, *Account of the Northumberland Equatoreal and Dome Attached to the Cambridge Observatory* (1844), plate XIX, figure 27.]

已有的中星仪（transit instrument）配套的观测椅做出了重要修改，包括他自己的著名的子午环所配的观测椅。由于这些仪器自身的特点，配套使用的观测椅与大赤道仪的观测椅相比位置更低，通常低到地面，沿着脚轮旁的子午线滑动（在这个例子中是本初子午线）。另外，这些椅子是可以调节的，这样观测者背部的角度就可以通过棘轮得到矫正（图 1.14）。这便是在英国皇家天文台中进行中天观测时使用的椅子，格林尼治标准时正是在这里被确定，最终被世界大部分国家采用。

然而到目前为止，艾里并不是唯一追求设计出适配的观测椅的人。事实上，他只是一个更广泛趋势的一部分。19 世纪，专门的天文观测椅数量激增：从亨利 · 劳森（Henry Lawson）的倾斜躺

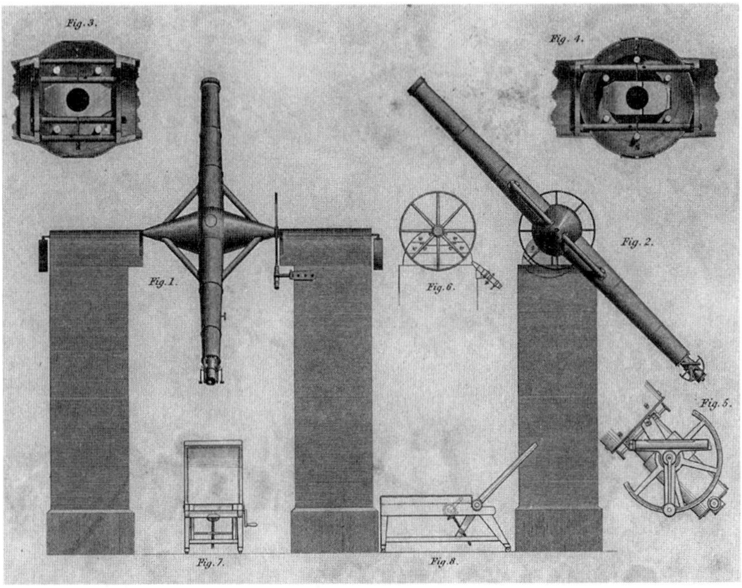

图 1.14　特劳顿 10 英尺（1 英尺约合 0.3 米）中星仪及其机械椅。[图片来源：J. Farey 绘，T. Bradley 刻板，出自 William Pearson, *An Introduction to Practical Astronomy* (London, 1829), plate 16.]

椅（Reclinia）到威廉·邦德（William Bond）在哈佛大学天文台的著名椅子，从J.斯珀林（J. Sperring）那把获奖的观测椅，到威廉·拉特·道斯牧师（the Reverend William Rutter Dawes）影响广泛的创造；从J.威尔逊（J. Wilson）的观测椅，到克诺贝尔（Knobel）的蓝图［后来被布朗宁（J. Browning）修改］；还有G. W.霍夫（G. W. Hough）和韦斯特雷克的椅子，英沃尔兹（Inwards）和埃尔克（Erck）的设计，以及瑞普索德（Repsold）为汉堡天文台设计的观测椅；等等。正如这些例子所揭示的那样，"椅子"的概念相当广泛，从上面提到的艾里制作的精巧装置，到椅子与沙发、椅子与梯子的混合装置，再到瑞普索德设计的整个机械平台。1825—1880年，人们对作为身体装置的观测椅有着浓厚的兴趣，这些椅子被描绘并被广泛地分享、传播。对这些椅子的布置和展示一直持续到20世纪。这表明，不仅生产者认为观测椅的大量存在是很重要的，而且这些椅子作为范围更大的文化消费的一部分，还成了一种"流行的"科学形象。作为文化人造物，这些椅子也与天文学家和公众的期望产生了共鸣。因此，相比于带着自上而下视角的大型国家天文台的领导者，我在这里更感兴趣的是解码现代中产阶层观者对观测椅的"解读"带来了什么。与此同时，通过这些视觉印象，我们终于可以理解观测椅的设计初衷——它作为用于天文观测的实物，以特定方式和观测者的身体产生了密切的联系。因为该实物和图像共享一个共同的表征之场，所以它显示了一种中产阶层常见的宇宙观。当本书谈到观测椅时，我模糊了实体家具和传播图像这两种不同信息寄存器之间的界限。这两者以强大且富有成效的方式交织在一起，其本身就是它们在19世纪独特场域的产物。

本章小结

接下来的部分会被分为四章和一个结尾（第六章），每一章都建立在其他章节的基础上。冒着考验读者耐心的风险，我在一开始不会重点关注天文观测椅（这要到第三章才会讨论），而会从分析 19 世纪家庭生活所用的椅子开始。第二章所展开和标记的关键部分是必不可少的，它不仅会在更广泛的文化背景下让观测椅的角色功能重新显现，还可以帮助我们认识到观测椅为何是该文化的直接产物。第二章还会将椅子置于资产阶级家庭的内部。随着家庭住宅被划分为越来越多的不同空间，椅子本身也不断地分化为多个种类，并成为在景观中划分空间和民族、构成并延续等级制度与秩序的有力工具。椅子是有标准和规范的。此外，这种差异性受到这一特定时期资产阶级的“舒适感”的引导，这种“舒适感”在人们对椅子的创新设计，以及坐在椅子上的体态和形象中被热切地表达出来。考虑到 19 世纪人们对坐具的社会和文化期待，难怪他们要额外区别所谓的现代和前现代、原始和文明，并予以表达。因此，甚至在我们谈论天文观测椅之前，第二章就需要提供基本的背景内容，即在这一时期，椅子和它们提供的坐姿是如何被体验和看待的。也就是说，椅子这种工艺品的存在保障了礼仪、卫生和个性，正如它们在差序化的启蒙历史主义中验证了何为文明。

在这种进步主义历史观的等级之巅，我们看到了现代人舒适地坐在为不同的任务和职业而专门设计的机械椅上。因此，第三章我们就开始探讨为现代世界特别设计并被授予专利的机械椅（如著名现代建筑历史理论家齐格弗里德·吉迪翁所言）。正如家庭空间和座椅家具的差异化特征一样，执行特定任务的椅子结合了专门的机械部件，以实现一系列新的运动，这些运动反过来又划分了新兴的空间和新兴的专业、职业。随着机械差异化的运动被分解、原子化和细化，中产阶层的舒适感进入了外科手术室、水疗中心、牙科诊所、火车车厢、办公室、现代避难所和天文台当中。其中一些领域的专业化与特定的机械椅的发展是一致的，这些椅子成了新兴职业的标志，最著名的例子便是理发师和牙医。因此，机械椅就像其他的手艺工具一样，不仅成为新职业的特征，而且还成了专业化的设备。作为文化技术，它可以将某个行业的熟练者与非熟练者区分开来。正是在这种背景下，现代天文学家的观测椅首次出现了。这些专门为操作望远镜而设计的机械椅，也符合我们现在称为现代性特征的、更大众的文化和社会力量。我们可以看到机械的运动以及它们所提供的舒适感和姿势，是如何以这种形象进入天文台并在其中完成天文学相关工作的。更具体地说，资产阶级的舒适感开始为观测椅和新的望远镜定义新的设计。然而，天文观测椅并不是一个休闲的地方，而是一个带有男子气概的劳动场所。也就是说，抛去其外表不论，天文学家躺在观测椅上的照片显示他们在努力工作。虽然这在今天可能不再是不言而喻的，但我们的任务是理解这种科学劳动的种种表征。

为了正确看待这种现代的劳动形式，我们将在第四章转向一个基本的对比，这将帮助我们发现观测椅的一个基本特征，若不进行对比，这一特征可能并不明显。如果说，欧洲和美国使用特定类型的椅子及其姿势，是为了引出特定阶层使用者的特定文化价值观和理想，那么，属于同一阶层的观者在印刷品或现实生活中遇到与自己的姿势完全不同的“他者”时，他们看到了什么？基于 19 世纪欧洲人和美国人的游记，我收集并整理了他们对盘腿东方人形象的反应。这样做有助于我们获得一个非常普遍且一致的东方人的形象，以及附着在这种“民族姿势”（national posture）之上的一系列含义。接着，我们将用这些比喻来解读一位法国艺术家的重要版画作品，这幅作品正是为19世纪上半叶的西方观者制作的：作品展示了一位盘腿而坐的东方天文学家。借此，我们不仅学会了用19世纪观者的眼睛来“解读”这些版画，我们还了解到，对西方观者来说，盘腿姿势可以引出关于东方科学和天文学的哪些内容。很明显，这些内容与西方对于东方科学和天文学的编史学观点密切相关。通过这种“三角定位”，我们可以看到东方科学家陷入了一种前现代的境况，被认为具有一种与生俱来的、柔弱无力的姿势，并且没有足够的精能来逃进现代的“进步”潮流中。于是，这位盘腿天文学家的劳动在视觉上受到了西方人的质疑。我们重建了资产阶级观者认为没有椅子的、盘腿而坐的“他者”身上缺失的元素，在明显的对比之下，我们看到的是资产阶级观者认为自己身上存在这些元素，而且这些观者就坐在天文观测椅等服务于特定任务的机械椅上。于是，我们的关注点得以再次强化。我会在最后一章将这些现代精能融入其背景加以考察，以理解它们在天文观测椅的设计和图像中起到的作用。

与东方化姿势的对立并列提供的见解可以帮助我们看到并分离出与西方天文学家的专用椅相关的两个关键特征，这些内容会在第五章呈现。第一个特征是被西方人认为可以推动殖民、工业、经济和科学进步的那些躁动的精能。对比的方法可以让我们更好地关注到，当时的西方人普遍臆想自己拥有丰富的、与生俱来的精能，这种精能被各类评论家性别化和种族化了，但这种现象在英国尤甚（即该章的重点）。“英国精能”（British energy）被认为可以跨越阶级得到共享，在帝国与其代理人之间，在不同世代之间，遍布全球各地的殖民地，甚至在包括天文学在内的科学领域中共享。这种“精能”实际上是维多利亚时期一种有意被男性化的科学特征。通常西方人会将所谓的懒惰归因于“他者”，与此形成鲜明对比的是，精能会给疲劳赋予一种独特的含义。第二，当我更具体地讨论观测椅时，我将指出，从设计它们的天文学家的角度来看，如果没有这种躁动的精能，观测椅明确规定的天文学功能将无法想象。舒适的观测椅被设计出来，目的是驾驭和指导现代男性的精能。但它们同时也被认为是一种抑制和减少疲劳的手段，而疲劳又恰好是现代工作和精能制度的“天敌”。值得注意的是，这比“疲劳科学”（sciences of fatigue，这是文化史学家安森·拉宾巴赫的观察）的提出早了两代人的时间，比 20 世纪中叶所谓的人因学（human factors）或人体工程学（ergonomics）恰好早了一个世纪。在这些方面，观测椅是用望远镜进行精确科学观测不可缺少的工具。综合考虑精能和设计这两点的结果是，尽管表面看似一样，但坐在舒适椅子上的天文学家图像根本就不是对“扶手椅上的科学”的描述——至少不是我们今天理解的“扶手椅上的科学”所要描述的——而是为了展示一种积极的劳动，其中包括动态的机械装置，它将种族化的身体整合到男性主义科学（manly science）之中。但是到了 19 世纪 80 年代，情况又将改变，液压和电力驱动的平台、控制中心和升降层等创新出现，配合天文台和巨型望远镜，一起被沿用到了下一个世纪。于是，人们又逐渐从外部寻找精能的来源。

最后，本书第六章转向了弗洛伊德的精神分析椅。鉴于前几章提到的表征之场，我们在分析这件著名家具及其对现代主义身体的影响时获得了一个独特的优势。我在为弗洛伊德的治疗椅的图像、功能和设计提供情境化的解释时，是以本书中已概述的元素或宇宙论为基础的，这种宇宙论会将历史主义、东方主义、家具和能量联系起来。我认为弗洛伊德的精神分析椅就源于这种宇宙论，并以改良的形式呈现，它是一个东方化的观测椅。它没有将丰富洋溢的精能向外导向天空（及其时间深度），而是将被压抑的能量——弗洛伊德的患者与19世纪末的特征——导向人的精神（及其时间深度）。因此，这种对科学活动中的一件家具（如天文观测椅）的分析，也可以在科学史和艺术史的其他领域引出对家具的见解。但这种方式也鼓励我们，不仅要重新思考精神分析椅中的文化史，也要重新思考天文学中的文化史。

詹姆斯·内史密斯所画的自己位于帕特里克罗夫特（Patricroft）的家庭住所。[图片来源：James Nasmyth, *Engineer: An Autobiography*, ed. Samuel Smiles (London, 1883), 328–329.]

第二章

家庭、等级与历史

椅子提供的舒适感已经超越了舒适本身，它产生的是一种重要的情感影响。单是椅子的发现就足以在古代和现代之间制造一条不可逾越的鸿沟。

——1909 年 11 月 13 日，约翰·梅纳德·凯恩斯（John Maynard Keynes）致剑桥使徒社的同伴

这种扶手椅不仅仅是一把简单的椅子。它的购买者必须感受到自己应该与一个技术社会相结合……是这把扶手椅使他成为工业社会中的一名公民……今天，所有的社会结构都正在通过这把扶手椅的各种品质表现出来。

——让·鲍德里亚（Jean Baudrillard），《物体系》（*System of Objects*）

在伏尔泰《哲学辞典》（*A Philosophical Dictionary*）一书关于“仪式”（Ceremonies）的条目中，他指出，在路易十四统治时期，“扶手椅、安乐椅、凳子、右手和左手，在很长一段时间里一直都是重要的政治性事物，[例如] 我们在 [奥尔良公爵] 夫人的回忆录中看到，这位庄严贵妇人生的四分之一都在为一张安乐椅

而痛苦。在宫里的某间套房中，你是坐在椅子上，坐在凳子上，还是根本不能坐呢？在这个问题上，我们有足够的理由让宫廷卷入一场阴谋之中”[1]。在法国国王的宫廷里，坐在哪里是一个永久的问题，它可能会让朝臣们陷入“道德的痛苦”。问题是如何选择一把椅子——只有在被允许坐下之后——它既要与国王和王室处在合适的相对位置上，又要适合这个场合。虽然并不总是生死攸关，但在宫里一双双眼睛的注视下，朝臣们的不慎选择可能意味着他们苦心经营的地位的终结。椅子体现了社会和道德上的等级制度。正如奥地利的安妮（莫特维尔夫人，Madame de Motteville）在说明奥尔良公爵夫人的困境时所说："一定不能忘记的是，当我们坐下的时候，如果有座位的话，必须坐在一个不如［国王的］座位上。扶手椅、安乐椅和长凳（joynt-stool）之间有很大的区别。第一个由地位最尊崇者坐，其次是第二个，凳子是三者中地位最低的。”[2]可见，座位的选择是由嵌入座椅类型中的等级意识决定的。这是一个家具的宇宙，家具有属于自己的标志及象征的文化系统，还有属于自己的符号学。路易十四宫廷的仪式规范，甚至细致到了规定一张普通凳子的等级的程度。[3]椅子不仅象征着权力，还象征着等级制度和秩序。

本章会探讨18世纪晚期，但主要探讨19世纪时椅子是如何构建人际关系的。椅子的使用方式蕴含着诸多象征和结构，不仅反映了更广泛的文化和社会力量，而且也有助于形塑和维持这种力量。正如在路易十四的宫廷里所表现出来的那样，椅子的重要意义可能会在多个层面上发挥作用。尽管这种关系在19世纪就表现出了一些新的含义，但欧洲的椅子在这一时期仍象征秩序和等级制度，并且这种表现越来越集中于中产阶层家庭，而不是在君主的宫廷里。椅子和坐在椅子上的身体，如何被越来越多的人看作特定意义的标志，取决于资产阶级观者对椅子作为实物和图像的看法。在这段文化史与视觉史中，椅子被深深嵌入 19 世纪社会某一阶层的观念、价值观和表现——它们偶尔被表达，但大多数情况下得不到表达——无论是在家庭里，在各种印刷材料中，还是在公共空间和展览里，总之在资产阶级存在的各种场景安排中，这部分社会属性对表演者（行为人）和观者而言，都承载着极其重要的意义。一个人如何坐（姿势）、坐在哪里（椅子），对中产阶层观者来说都是有意义的标志，这种标志被附加了关于进步与文明、性格与道德的景观。在我们谈论天文观测椅之前，我们首先需要了解这种椅子在更普遍的欧洲文化中的位置。本章探讨了从 18 世纪法国贵族沙龙到 19 世纪英国中产阶层客厅之中坐具的符号学意义，目的是梳理出椅子的使用者、使用地点和使用方式，以及使用风格中体现的假设。在一个动荡世纪的许多转变中，我们能捕捉到英国、德国和美国等地新兴中产阶层设计和使用椅子的变化，这种转变同样揭示了其不断变化的价值观和假设。我们在这些背景下捕捉到的椅子将是本书其余部分的基础：一种特殊的资产阶级舒适观、关于历史和文明的启蒙观和等级观、与现代性相关的专业化和差异化，以及对于一种看客文化（spectator culture）来说，椅子及其提供的姿势如何被解码和解读出依附于不同经济条件的意义。本章将为我们面对 19 世纪的天文观测椅提供必要的文化资源。

差异化的家庭

18 世纪和 19 世纪，不同类型的座椅家具的使用量和生产量都在迅猛增长。其中一个原因是——至少是在英国住宅的布局中——人们对于更多差异化房间的需求日益增长。尽管按照不同的功能来增加房间的趋势在 17 世纪晚期的法国就已经开始（法国人认为这一趋势是他们自己独特的艺术），到了 18 世纪中叶，英国贵族已经让他们的乡村住宅、别墅和庄园接纳了这种潮流。虽然人们期望英国绅士在这些事情时遵循法国的时尚，但对我们的研究目的来说，重要的事实是，到了 19 世纪早期，迅速崛起的英国中产阶层家庭也开始接受同样的趋势。[4] 事实上，到了 20 世纪中叶，中产阶层住宅的典型特征之一便是，住宅可以依据不同且明确规定的目的和任务被划分为多个房间。除了仆人的房间、厨房、卧室和其他功能空间之外，新建的城市联排式住宅会将餐厅和客厅分开。客厅便是妇女们在晚饭后应去的房间（图 2.1）。在相对较大的中上阶层住宅中，还有进一步增加房间数量的趋势。因此除了餐厅和客厅之外，他们还有书房、起居室、晨间、早餐房、闺房、图书馆、吸烟室、台球室、育婴室、业务室和前厅等房间。但即使在空间有限的家庭里，理想的家庭空间仍然是差异化的，这是上流阶层奢华乡村庄园的一个缩影。随着家庭空间继续被分解成越来越多的准备发挥特定功能和承担特定职责的房间，对在功能和风格上适合不同房间的座椅家具的需求也增加了。随着椅子获得了新的功能并被摆放在房间之中，坐在椅子上的人，无论是主人还是客人，是家庭成员还是陌生人，都需要提高使用椅子及使用地点的社会、文化和道德意

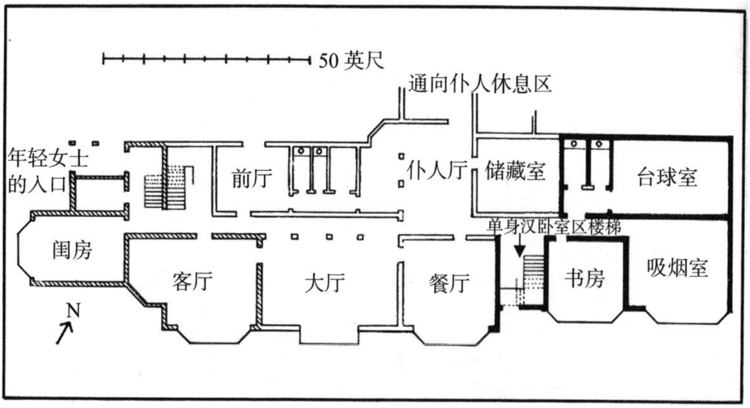

图 2.1　英国阿贝斯特德（Abbeystead）的塞夫顿伯爵（Earl of Sefton）的乡村别墅平面图，其中包括按性别划分的住宅区域。注意图中有一个通向单身汉卧室区的单独楼梯。[图片来源：Mark Girouard, *Life in the English Country House: A Social and Architectural History* (New Haven, CT: Yale University Press, 1978), 298.]

识。在资产阶级的家庭空间和家具中发生的专门化和差异化现象，反映了 19 世纪早期和中期一种更广泛的划分空间、时间和劳动的文化趋势。[5]

在资产阶级家庭空间的理性宇宙中，秩序是必不可少的。资产阶级家庭要保证家务劳动的顺利进行——这往往是家中女性的任务——包括安排仆人的工作时间和每日例行的拜访，除此之外，资产阶级家庭要维持一种空间秩序。首先，这意味着一切事物都有专属于自己的位置，这对于座椅家具来说是一个尤其需要关注的秩序问题。到了 18 世纪末，家具制造商和室内装潢师设计并制造了一大堆椅子，包括专门为卧室、图书馆或书房、台球室、厨房、客厅、餐厅、门厅、大厅、更衣室等设计的椅子（图 2.2）。到 19 世纪的最后几十年，住在一栋住宅里的家庭成员会为了房子里一个特定房间的设计而专门购买整套家具。事实上，座椅家具的风格、材

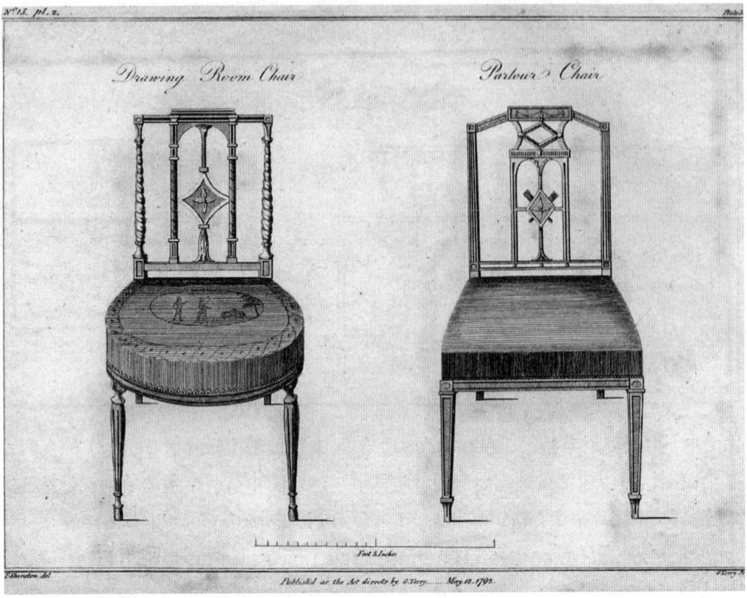

图 2.2　客厅所用的椅子。[图片来源：Thomas Sheraton, *The Cabinet-Maker and Upholsterer's Drawing-Book: In Three Parts* (London, 1793), plate 31.]

料和功能决定了椅子在房子里的所属位置，并使椅子的美学特征相沿成习（图 2.3）。随着房内事物的秩序化，家庭成员——尤其是家中女性——展示着保持体面优雅的技巧，比如通过椅子的有序摆放，让其他人能够观看、体验以及被观看，这是一种对感性认识的展示，不仅是为了形成审美秩序，也是为了维护社会和道德秩序。

家庭环境的秩序是教养的指标和道德的晴雨表。但一般来说，它也与健康有关。托马斯·索斯伍德·史密斯博士（Dr. Thomas Southwood Smith）是医生和一位论派牧师，在他给 1844 年英国大城市及人口密集区情况皇家调查委员会的证词中，史密斯明确指出了道德、健康和家庭之间的联系：

CHAP. X. FURNITURE OF THE PRINCIPAL APARTMENTS. 247

1126. *Drawing room chairs.* *Figs.* 285, 286, 287, 288, 289, 290. admit of more carving and other ornaments than those for the parlour, and they are made of a lighter construction. Mahogany is sometimes the material; but now more frequently satinwood, rosewood, tulip and other rare woods. Sometimes also they are beautifully japanned or painted and gilt. The seats are covered with rich silk, and flowered satins, painted

Fig. 285. *Fig.* 286. *Fig.* 287.

Fig. 288. *Fig.* 289. *Fig.* 290.

velvets, superfine cloth, worsted worked, or chintz, and at present it is the fashion to go to considerable expense in these chairs, when of the ornamental kind. Mixed with the more massy drawing room chairs, it is now the custom to have a variety of others of a much simpler kind, and extremely light, usually termed *conversation* or *gossipping* chairs.

Fig. 291. *Fig.* 292. *Fig.* 293. *Fig.* 294.

These have the seats mostly of split cane or of rush. *Fig.* 291. is a chair of this kind of a French pattern: *fig.* 292. is Italian: *fig.* 293. and 294. are Swiss forms. Occasionally some drawing room chairs have the seats very low and the backs high: in short, more whim and caprice is shown in chairs than in any other article of furniture.

R 4

图 2.3 客厅的椅子根据材料、形式、功能和国家而被区分出了许多门类。[图片来源：Thomas Webster, *An Encyclopaedia of Domestic Economy* (London, 1844), 247.]

一个干净、清新、布置有序的房子可以对居住者[1]施与的道德影响，与房子对他们身体的影响一样多，而且它还能直接地让家庭成员更加冷静、平和地体贴彼此的感情和幸福；这种习惯性的感觉与养成尊重财产的习性之间也不难产生联系，以至于它可以帮助人们遵守一般的法律，甚至遵守那些任何法律都不能强迫人们承担的更崇高的责任和义务。而在一座肮脏、

① 原文为 inmates，带有监狱囚犯、精神病院病人等含义。

污秽、不健康的住宅中，不存在或无法让人观察到一种社会可共享的行为准则，就连文明社会的最低水平也达不到，这就使得这种房子里的每一个居民更容易忽视彼此的感情和幸福，产生自私和肉欲。这个阶层的激情和不断放纵的欲望，与懒惰、不诚实、放荡和暴力等不良习惯的形成，其联系是十分明显的。[6]

这些经常被引用的句子阐明了一些常见的联想，而这些联想将成为19世纪后期卫生科学和卫生运动的基础。基于对“文明”及其历史的观点，这一时期美学、道德和健康之间建立的联系，将继续为包括天文观测椅在内的椅子的历史提供一个重要的背景。

性别往往决定了座椅家具的功能和形式，以及资产阶级的家庭秩序。为了解释这一点，我转向了德国现实主义小说家特奥多尔·冯塔纳（Theodor Fontane）的观察，他在19世纪50年代初逗留于伦敦时产生的鲜活印象值得引用：

英国的房子前面有两三扇窗户，几乎没涂抹灰泥。它们大部分用铁门与街道相隔，有一个地下室，里面有厨房和供服务人员使用的房间。在一楼朝前的一面，有客厅或接待室，在它的后面是一间起居室，房主可以在那儿用餐，舒服地读他的《泰晤士报》，然后午睡。我们沿着覆盖地毯的楼梯走进客厅，这是两间同样大小的房间，两者由一扇敞开的谷仓式的门（英文为barn-house-like door，德文为scheunentorartige）连接起来，它们会见证络绎不绝的人流。在这里你可以找到女主人，她有时在一张沙发上伸懒腰，有时又躺在另一张沙发上；这里不但放着女儿们的钢琴、杯子柜和瓷器柜（开放式的中国瓷器柜），还有休谟的作品和艾迪生数不清的系列散文；这里还挂着全家福，一家人能围坐在这里的壁炉旁或坐在桥牌桌旁，在喝茶闲聊中结束一天的生活，或者在夜晚，绅士们占据此地，沉浸在他们一边推杯换盏一边大声交谈的喧闹中……这就是（英国）成千上万家庭的生活场景。[7]

家具史学家证实了冯塔纳的观察——尤其当他们各自的领域涉及性别隔离时。餐厅和书房通常与男人联系在一起，而女人则占据了客厅、晨间和闺房。通常来说，这些房间的用途还有一些灵活性，比如餐厅可以用来接待享用晚餐的客人，客厅可以用来接待日常来访的客人，成为社交拜访或举办傍晚的家庭聚会的场所。但是，灵活程度取决于房子的大小和家庭的社会阶层。因此，下层群众变换多种方式来使用他们数量有限的房间，而上层人士则能够更严格地维持各个房间的用途。例如，在上层社会的家庭中，男性会与吸烟室、书房和台球室紧密地联系在一起，于是他们在每个房间都有自己专用的椅子。而且，男性在家里工作的家庭更倾向于维持更严格的性别空间划分。[8]

跨越这些界限会产生很多后果，有时甚至会削弱男性的性别特征。南丁格尔曾写道："如果一个人去拜访一位在伦敦的女性朋友，却在客厅看到她的儿子，这会让人很吃惊。因为一个年轻男人早晨闲坐在母亲的客厅里，真是很奇怪的一件事。对于那些经常出入这些地方的人，我们有说不完的绰号送给他们，像是'地毯骑士'啦,'客厅英雄'啦,还有'花花公子'。只要想象在早上看到一大群男人坐在客厅的桌子旁,一边看图画,一边做刺绣,还读着小书,我们就会笑得前仰后合!"[9]家具的材料、功能、风格和颜色划定了性别界限。例如,女性的客厅通常采用法国风格、安妮女王时代或伊丽莎白时代的风格,并用橡木或红木装饰套房。沙发、长椅和无扶手椅通常会分配给女性,而男性则使用较大的带扶手的安乐椅。一则关于家居装饰的具有影响力的报道推荐说:"房间的色调应该呼应其用途。书房的颜色应该比较严肃,餐厅的颜色要朴素一些,客厅的颜色则需要艳丽一些。"[10]权力和性别的视觉效果将椅子融入了资产阶级家庭的舞台,这是家庭层面的文明化表演。

室内导引

装饰表达性格。根据家具的秩序和风格与社会期望匹配的程度,人们会判断一个家庭的涵养。这种情况尤其适用于那些社交活动专用的房间,比如客厅、餐厅等,当然贵族庄园里更大的大厅也不例外。这些社交房间"致力于展示一种精心设计的公共自我(public self)"[11]。但除了主人的自我展示之外,这些装饰还对客人进行了区分。18 世纪晚期的法国贵族沙龙里,人们不仅能找到贵族,还能找到中上阶层和知识分子,例如伏尔泰。这种沙龙能够不受限制地为彼此区隔的阶层提供相互融合的独特环境,或许能超越阶层和地位的价值观由此得到了发展的机会。事实上,根据社会学家诺贝特·埃利亚斯（Norbert Elias）的说法，正是这些阶层之间共同的价值观，使得18世纪产生了现代的“文明”观念，这一观念后来被用作欧洲不同阶层、不同文化和不同国家的共同理想。[12] 然而，尽管法国的沙龙促成了这种混杂的社交聚会和社交形式，但它同样创造了很多境况，一些微妙的规范（codes）在此被重新引入，以区隔自我与他者，差异化还在继续进行。

这些规范中最有效的形式之一便是采用高度专业化的桌子和椅子，这些桌椅采用了新设计的外观，需要配合以往的经验和专业的技巧才能正确操作。例如，这些桌椅都有看似多余的秘密隔间，或者只有了解它们的人才能分辨出来的功能不同的隔层。艺术史学家米米·赫尔曼（Mimi Hellman）表示，这种定制设计的家具“有一种很强的让别人遭遇尴尬的能力，这反过来让其主人彰显自身的优雅掌控力……与这些物品共享空间……既是机会，也是风险：拥有者既可能通过这些物品彰显自己精妙的手势技巧，也可能因为缺乏掌控力使物品背叛自己”[13]。家具越复杂，它在某些社会环境中暴露其使用者个性的机会就越大。那种有多种隐藏功能的桌子，很多都需要在某个恰当的位置轻触机关才能使用。除这种桌子外，还有很多座椅家具，它们的功效是凸显使用者与众不同的从容和优雅，比如有五条腿的椅子，还有一种“红颜知己沙发”。在这种沙发上坐着的两人会面朝不同的方向，这种安排方便了私密的谈话、观看和被观看。还有一种观牌椅，这是一种用来跨坐（对于男人）或跪坐（对于女人）并观看桌上游戏的椅子，它的座位被有意设计为可向后转。观牌椅包含一个带软垫的扶手，人们可以将手肘放在那里休息。把观牌椅当作普通椅子使用，说明使用者不熟悉这种椅子，因此在沙龙这一场景中，他会与旁人格格不入，这件事足以令他痛苦。在法国的沙龙中引入专门的家具，既强调了不得体的行为和令人尴尬的情况，也突出了优雅感和舒适感。这些专用椅反映的是当时关于“文明”的观念，到了19世纪，这一观念已经在资产阶级中传播和稳固下来，而不是只有贵族才接受。

在这些文化和社会的潜在冲突中航行无阻是需要处世之才的。贵族在充满道德和社会色彩的家具中间长大，可能会认为这些是理所当然的，但对于新兴的中产阶层来说，这完全是另一回事。随着整个欧洲和美国的新兴资产阶级的人数增多、财富增长，对这类知识的需求——就像坐在椅子上的礼仪一样——越来越多地出现在了大众印刷媒体上面。这既包括谈论家居装饰的著作，也包括关于家具用途、使用规范和摆放的综合建议。百科全书、品类清单（catalogues）、室内装潢师和家具制造商编写的设计书籍制定了相关标准、提供了详细意见。[14] 在这些书中，人们可以找到关于组织家庭秩序的说明，包括什么样的椅子应放置于哪个位置，它们应该如何搭配和使用，以及由谁使用。品类清单通常是装帧精美的多卷本，不光展示了可供购买的最新的座椅家具，还被用来指导并监督各种坐具在适当的家庭空间中的正确使用方式。出于本研究的目的，我们必须强调，在19世纪的印刷文化中，图像和实物的距离比以往任何时候都更接近：人们根据品类清单订购物品，家里收到的物品必须紧密地对应品类清单——两者被纳入一种共享的规矩和礼仪之中。

与中产阶层需求相关的另一类物品是规范举止或介绍礼仪的书籍。它们在整个19世纪都被大量印刷。其中一本说：“礼仪是内在性格的外在表现。”许多这类图书都抱持着这样的观点。[15]除了规范行为举止，礼仪书还提供了主人应该如何站在客人的角度权衡椅子的使用等说明：

> 当有客人进来时，不管其是否打了招呼，男主人或女主人都应该立即站起来，向客人走去并请他坐下。如果客人是年轻人，主人要给他一把扶手椅，或者一把毛绒软椅；如果对方是上了年纪的男人，主人要坚持让他接受扶手椅；如果是一位女士，就请求她坐在沙发上。如果男主人要接待客人，他需要搬出一把椅子坐在和客人保持一点距离的地方；相反，如果女主人与拜访她的女士很亲密的话，主人就会坐在客人身边。如果同时有几位女士前来，我们就要把最尊贵的位置留给那些基于年龄或其他考虑最有资格得到尊敬的人。在冬天，如果壁炉生了火的话，最体面的位置是壁炉旁的角落。如果有一个陌生人到来，而房子的男主人或女主人站了起来，那么除非宾客人数众多，否则房间里的其他任何人都要同时站起来。[16]

另一本礼仪书指导道，在确保女主人坐下后，绅士们才能坐下，同时“在他把帽子放在［他的］膝盖上时，既不能僵硬地正襟危坐，也不能彻底放松，而要保持一种轻松、礼貌且得体的姿态……长榻（couch）在古代被视为圣所，男士是既不能触碰也不能接近的”[17]。这段话详细阐述了界限的划定，并细致描述了空间、身体和时间可被允许的构形（configuration）。这些著作数量激增，有大量廉价且易得的印刷版本（以及许多版次和译本），它们为不断扩大的中产阶层提供了帮助，中产阶层正希望能够熟练地参加眼下的社会和文化仪式。事实上，无论是男人还是女人，任何一方对参加这些仪式的渴望都不应该被低估。考虑到生活在欧洲这些不断扩张的大都市中的新奇需求，人们觉得有必要一头扎进社交聚会里，以建立新的人脉关系，这种关系不再依赖于农村地区传统的家庭网络。也就是说，在大都会和城市化的社会环境中，一个人围绕着座椅家具的举止确保了适当的人脉关系，这甚至可能带来改变社会地位和经济状况的机遇。这在很大程度上取决于别人如何看待自己，反过来也取决于一个人如何解释自己所看到的东西。椅子就是这种看客文化的重要支柱。

启蒙的姿势

当然，正确的姿势对发生在椅子上的社会和文化表现很重要。切斯特菲尔德勋爵（Lord Chesterfield）作为一位以举止规范著称、作品最为人所广泛阅读的 19 世纪行为礼仪权威作家，在 18 世纪末曾给儿子写过一封著名的信。信中说："你还可以通过一个人坐着的仪态来了解他是不是一个有教养的人。粗笨的人会僵硬地挺直身子，带着羞愧和困惑坐在椅子上；时尚人士在何处都能驾轻就熟地坐着，而不是懒洋洋地躺着或靠着，他坐着的身体带着优雅，通过姿态的改变，他会表明自己已经完全习惯主人体贴的陪伴。让这成为你学习的一部分吧，你要学会在任何社交场合都有教养地坐着。

有时你有权享有选择坐姿的自由，你可以优雅慵懒地靠躺着；有时这种自由不被允许，你需要带着恭敬，坐端坐正。”[18]说到坐，勋爵强调的是从容，这对于精致的坐姿是必不可少的。它要求一个人避免过分放松（懒散地半卧、趴或躺），也同样要求避免过分拘谨（僵硬、不安或尴尬）。找到居于两者之间的办法当然不容易。尽管男人和女人都穿着不太舒服的衣服，还要忍受乔治王朝时期椅子那让人僵硬的角度，但这种对从容的强调还是要求一个人能在二者之间找到平衡。显然，从容就是能够毫不费力地平衡衣服和椅子、习惯和身体之间相互对抗的力量，更不用说那些需要一个人在各种社会环境中都能表现得体的巨大文化压力了。一旦人摆出了适当的姿势，椅子和衣服就变成了一种框架，以展示一种只有内在自信才能支持的宁静，这种自信的精神状态会带来安全感和一种让别人无法挑剔的意识：这是一种明显的可视化的道德平衡。正如 19 世纪晚期的一本行为学图书所说：“为了摆出一种从容而优雅的姿态，一个人必须保持自我镇静。为此，他必须注意语言是否连贯晓畅，表达思想的形式是否令人愉悦，还要研究有教养的社交圈子与通行的礼仪规则。”[19]（图 2.4）但是，正如我们将在下面看到的，到 19 世纪中期，这种从容将被另一种礼仪意识（sense of decorum）取代，一种特定坐姿将成为资产阶级的代表性特征。也就是说，姿势和仪态尤其通过新式的椅子、新式的身体姿态，以及由它们共同造就的新视觉符号建构。

人们曾普遍认为，正确的姿势是通过训练和纪律获得的，这种训练和纪律是礼仪书、教育学和启蒙时代哲学等层面的一个基本主题。我们可以在启蒙运动的资产阶级哲学家康德身上看到这种联

FIG. 6. UNGRACEFUL POSITIONS.

No. 1. Stands with arms akimbo.
" 2. Sits with elbows on the knees.
" 3. Sits astride the chair, and wears his hat in the parlor.
" 4. Stains the wall paper by pressing against it with his hand; eats an apple alone, and stands with his legs crossed.
No. 5. Rests his foot upon the chair-cushion.
" 6. Tips back his chair, soils the wall by resting his head against it, and smokes in the presence of ladies.

图 2.4　对“不优雅位置”的说明和解释。[图片来源：T. E. Hill, *Hill's Manual of Social and Business Forms: A Guide to Correct Writing with Approved Methods in Speaking and Acting in the Various Relations of Life* (Chicago, 1888), 148.]

系。他的教育学讲座的开篇便是“纪律或训练能够将兽性转变为人性”① 的基本主张。也就是说，人类的孩子在来到这个世界后，一直处于一种动物的状态，只有通过纪律和训练才能使他们逐渐变成人的状态。然而，与动物不同的是，人类是以一种“原始状态”（raw state）来到这个世界的，即没有任何本能。这一事实说明，人类需要外部力量——比如父母和老师——来约束孩子。因此，对孩子

① 此句原文为“discipline or training changes animal nature into human nature”。有人将这里的“discipline”一词翻译为“规训”。依译者有限之愚见，中文语境下的“规训”一般指福柯等后世学者对启蒙主义的再理解。而康德所说的“discipline”似乎译作“纪律”或“管教”更准确，以示区分。

的教育是进步主义的，让其一步一步地从动物的状态走向他的“宿命”：人性。一旦一个人开始进步，进一步的训练和纪律可以防止他复归如“野蛮人”（savagery）一般的早期阶段。康德就将这种“进步”定义为“从法则（laws）中获得独立”。康德所说的那些法则可以通过下面的例子得到明确说明：“例如最初把孩子们送到学校，不是为了让他们在那里学到什么东西，而是让他们能有机会习惯于**坐着不动**。”因此，正确地坐着的习惯和姿势也是这些基本的“法则”之一，它可以将走向人性（成熟）的孩子与动物乃至于野蛮阶段的人类区分开来。学习正确的坐姿是促使孩子远离原始状态的一个因素。康德继续说，这是一个必须“尽早”让孩子接受的“法则”，否则就很难改变孩子的“野蛮”习惯。[20] 同样，他提出（与卢梭相反的看法），正是由于这个困难，“（尽管）野蛮民族……为欧洲人服务了很长一段时间……（他们）却永远不会习惯欧洲人的生活方式”。也就是说，野蛮人和一个长期没有纪律和法则管教的人类孩子的处境是一样的。康德将儿童（即个人成长史上的一个特定阶段）与“野蛮人”（即人类发展史上的一个特定阶段）画上了等号。可以肯定的是，这个等式是被许多启蒙思想家从各种理论中概括出来并且共享的，它还成了普遍流行的历史观的一部分。这是一种按等级划分的历史主义，它不仅规范化地塑造了历史本身，还塑造了坐姿和椅子的地位。[21]

但如果我们回顾历史就会发现，直到最近，大多数人还没有坐在椅子上的习惯①，我们可能会看到康德言论的统治性影响。[22] 如果我们把康德关于教育的言论与他在同一年定义的启蒙运动的精神结合

① 原文如此。

起来，我们就会得到殖民主义的一个基本论点，这一论点一直应用到20世纪（图2.5）。康德将启蒙运动定义为人类从“不成熟”到“成熟”的基本历史通道。然而，康德所指出的远不是一种平稳的、进步的转变，他指出人们对进步的抵制是可以预料的，因为“大部分人”懒惰、懦弱且自满，所以他们“一生都会保持不成熟”。因此，就像儿童的情况一样，**外部力量**必须对“大部分人”进行训练、普及纪律，这样他们就可能被迫决定走向成熟（即启蒙）。[23]

图2.5 《1868年圣诞礼物》（*Christmas Presents for 1868*），奥诺雷·杜米埃（Honoré Daumier）绘。画中坐在王座上代表欧洲的欧罗巴公主正在向各类身材矮小的异域人发放武器。（图片来源：*Le Charivari*, December 23, 1867. Courtesy of the Wellcome Collection.）

尽管我们有充分的理由相信，康德在1790年之后已经改变了他对欧洲殖民主义的看法，但他的这一论点依然引起了如此深刻的共鸣，以至于形成了包括哲学作品在内的各类作品的思想实质。[24]这里，我们以1794年出版的一篇题献给伦敦市长的详尽商业论文为例进行说明。作者在文中概述了殖民非洲为英国商人阶层带来利益的情况："因为对孩子的监护就是让他们保持服从的状态，所以，文明国家似乎有权对未文明化的人进行类似的统治，行使该统治权时，只需要用一种温和的父亲般的方式，给他们套上牲口的轭锁即可；同时还要严格限制帮助他们增加幸福感的行为，直到他们成熟，这种管教才能停止。"[25]

我观察到，当启蒙运动被人为地剥离了殖民主义和一种特定的历史主义时（下文我会详述相关信息），它就不能被正确地理解。除此之外，我还想指出的是，这个框架也被用来评判其他文化和民族的成熟度，从评判科学技术到他者如何坐着和吃饭，都在使用这套标准。同样，在最令人意想不到的地方，比如在一本著名的英国家庭经济手册介绍沙发的条目中，人们会发现这种标准被热切地采纳了："土耳其的贵族开始表现出偏爱欧洲习俗和嗜好欧洲家具，他们现在摒弃了坐在地上只用手吃饭的习惯，转而使用桌子、椅子、刀叉和勺子。"[26]在作者进行观察的1861年，这一表述不仅意味着土耳其贵族表现出了典型的成熟标志，还向欧洲的读者展示了如何将该标准应用于启蒙。在他者身上识别文明开化的标志本身就是一种启蒙活动，这在欧洲内外都被严格地执行。

可视化的性格

从家庭空间及其周边的景观来看，姿势对那些有意识地关注姿势类型学的人来说，尤其具有启发性。我们发现，一本有关礼仪的法国图书断言，姿势“会向观者泄露自己性格中的所有负面特征，因此我们应当非常小心，不要完全暴露”[27]。也就是说，在不知情的情况下，一个人的举止可能会向那些一直在观察他人的中产阶层透露太多的信息。对观者来说，坐姿可能会暴露坐者的胆怯或傲慢，甚至暴露坐者的不真诚和自负。因此，当一个人遇到的人群的种类范围急剧扩大时，提高姿势意识被认为有助于社交。因为伴随人际交往的风险增加了，一些新出现的“科学”，如面相学或颅相学，就有了很大的吸引力。这些研究通常集中于人的面部表情或人类头骨的形状，还包括对手势、步态和坐姿的观察。

在著名的现代面相学创始人约翰·卡斯帕·拉瓦特（Johann Kaspar Lavater）的一部影响广泛的作品中，我们发现了一幅“冷漠者的肖像”，它描绘了一个男人坐在一把有翼背的扶手椅上，男人穿戴晚礼服和帽子（图 2.6）。拉瓦特写道，插图中坐着的人物的神态“必然传递了冷漠的概念。他的五官不紧绷，人物轮廓也没有紧张感，还带有同等程度的惊讶、羞怯和漠不关心”。但这并不是视觉分析的终点。拉瓦特继续为我们详细说明从这样一个人物能推测出什么：“你当然不会指望这样一个有着简单、平静、无忧无虑的天性的人会拥有很多大公司或大项目。全世界都可能因他活跃、为他激动，但只要他能逍遥自在，只要没有什么能扰乱他的家庭的安宁，他就不会为那些事费心伤神。”[28] 对于任何需要商业伙伴的人来说，遇到这样一个坐着的人就足以让他们停下来一会儿。再看看另一个例子，这来自一个关于颅相学的重要文本，其中一个坐着的绅士被描绘成过度强调自尊的例证（图 2.7）。他僵硬而笔挺的姿势“永不弯曲”，表现了“冷酷”、“枯燥无味”且“沉闷”的性格，这个人不会对冒犯者轻易屈服，而且“如果他不满意的话，他就会牢牢地把自己保护在一个坚不可摧的堡垒里，这堡垒是用被触怒后的尊严和充满轻蔑的固执筑成的”。[29]

无论面相学或颅相学是不是科学，航行在复杂而苛刻的现代性社会空间中的新兴中产阶层，并不一定需要这些学科的教条为他们提供精心设计的指南针，因为他们还有很多能带来同样帮助的咨

图 2.6 冷漠者的肖像。［图片来源：Gaspard Lavater (Johann Kaspar Lavater), *L'Art de Connaître les Hommes Par La Physionomie*, vol. 8 (Paris, 1807), 143, plate 487.］

询书。[30] 事实上，那些关于面相的流行作品，比如哈特菲尔德（W. Hatfield）的《阅读面部：关于爱情、求爱和婚事的暗示》(1870）和威尔（R. B. D. Well）的《如何获得成功，或为那些希望在世界上崛起的人提供的实用建议》(1886）就可以直接被纳入咨询类型的图书当中。就像解读人脸和头骨一样，人们只要经过很少的视觉训练，就能解读出坐姿所暗示的含义。然而，这还可以揭示出在现代城市社会中一种对成功的锚索至关重要的道德经济。事实上，同样的道德和视觉识读技巧不仅被用于家庭方面，而且也出现在插图报纸和期刊的各种视觉表现中。[31] 旁观或观察，这种非常现代的活动很像浏览商品品类清单，依赖的都是模糊不清的图像和实物。

图 2.7 “在椅子上坐得笔直的人；他把骄傲表现为一种自尊的‘情感’、一种颅相学意义上的‘能力’。”[图片来源：Engraving by Charles Devrits in Hippolyte Bruyères, *La phrénologie: le geste et la physionomie* (Paris, 1847), plate 48. Courtesy of Wellcome Collection.]

中产阶层的舒适感

一些存在于19世纪上半叶的矛盾冲突使得椅子、姿势和其他相关道德状况的文化含义发生了扭曲。在整个欧洲，特别是在法国大革命之后，人们对欧洲的统治精英及其贵族品味有多种反应，特别是以前在整个欧洲被广泛采用和模仿的法式礼仪遭到了抵制。例如在德国，反启蒙运动的倾向非常强烈。尤其是在大革命之后，德国的中产阶层发展并强调文化感，而不是文明感。文明感还被看作法国贵族文化的不良副产品，尤其体现在法国人的时尚、风格和品味方面，而且是非常矫揉造作的。而德语中的“文化”为信奉新教的德国资产阶级提供了一种更有效可靠的精神表达，他们不屈从于上流社会的外在表现，而是赞美诚实、直接和简单的表达。[32]这种文化是教养[①]的基本介质。尽管英国没有像德语地区那般存在强烈的反启蒙态度，但在19世纪的前几十年，拿破仑战争的影响还是改变了英国其他阶层与统治阶层独特品味之间的关系。盎格鲁-撒克逊民族的中产阶层不仅认为统治英国的贵族们的举止和态度太法国式了，而且摆脱了以前视若珍宝的习俗，以前坚持那些习俗主要是因为摄政时代福音教会的严格控制日益增强。在英国，这种保守主义影响了资产阶级布置他们住宅的方式。这意味着他们要避免使用浮夸且矫饰造作的家具，而是更倾向于那些外表朴素的家具。

但这种态度在英国发展出了其他内容。这主要发生在维多利亚女王的长期统治时期，大众消费明确地与美学、道德和公民对帝国

① 本段的“教养”“文化”“文明”等专有名词的原文均为德语。

资本主义的支持结合在一起，这软化了以前中产阶层对于家庭物品的严苛态度。家具史学家德波拉·柯恩（Deborah Cohen）认为："通过将消费重新定义为一种道德行为，并将家庭生活看作未来能升入天堂的预兆，英国中产阶层不断地寻求物质上的丰富与精神上的美好。"[33] 事实上，在维多利亚女王统治的中后期，那些塞满了乱七八糟小摆设的客厅成了英国中产阶层住宅的主要特色。在美国，人们对欧洲统治阶层的品味也产生了一种强烈的、别具特征的反应。在很多方面，他们都跟随英国人的脚步，采取了一种更简便的方式来寻求舒适感，不过这一做法也与美国本土的共和主义牢固地联系在一起。

在所有这些反应中，人们会发现一种明显的寻求舒适感的倾向。舒适感的价值有非常重要的文化和道德内涵，它旨在为中产阶层及其座椅家具划定界限，以区别于更上和更下的阶层。[34] 舒适感被视作一剂良药，可缓解日益增长的针对虚伪和欺骗的社会焦虑。具有讽刺意味的是，正是讲解行为举止的图书被广泛阅读加重了这种焦虑。由于在整个欧洲和美国都可以获得数百本廉价的礼仪咨询书，人们开始担心，一个局外人可能仅阅读书中的内容，就可以模仿有教养的人，而这并不要求他们真正拥有这种社会地位。为了应对这种焦虑，许多人相信，舒适感是不可能如此轻易作假的。舒适感自发地表达了自然流露的美德或恶习，它不是通过外部的社会约束，而是通过内在的信念来表达的。因为舒适感体现在一种完全放松甚至快乐的状态中，舒适感被理解为直接表明一个人真诚的本性。总而言之，舒适感是诚实的，是不可能假装的。但在19世纪的进程中，关于舒适感的看法在每个国家各有不同。例如，在美国，关于舒适的普遍流行的观点符合共和主义的理念。[35]19 世纪 60 年代的一篇文章根据一幅版画，对亚伯拉罕·林肯家的客厅进行了回顾性观察："有趣的是，这座名人住宅正如其主人的笔迹一样，都在一定程度上彰显了主人的性格。亚伯拉罕·林肯的房屋位于斯普林菲尔德……他的起居室和客厅装饰得简洁朴素，但这并不说明他没有品位、举止不雅。"[36] 这些态度的转变对天文观测椅影响深远。特别是在 19 世纪的最后几十年里，天文观测椅也开始与舒适感相结合，而结合的方式反映了美国的共和主义倾向。

舒适感在当时与时尚相悖。对许多中产阶层的成员来说，时尚就是他们所谓的贵族式的不自然且虚伪做作的造物。上一代人常常将行动不便的着装和令人不适的硬椅子搭配在一起，在此基础上追求"从容"，而这一时期则不同，出现了一个以舒适感为中心并由舒适感来决定姿势与风格的产业。文学史学家弗朗科·莫雷蒂（Franco Moretti）甚至强调了这样一个事实：在这个时期，舒适感是"低调、实用且适应日常生活的"，而舒适的规则"能够渗透到任何空隙当中"[37]。尽管 19 世纪的复兴风格家具主导了中产阶层的品味，但当他们重新适应了舒适感时，这些家具呈现出了新奇的外观和意义。特别是软垫座椅家具，多亏了新技术和新材料，它们与先前庄严的从容规则下的家具相比，少了很多僵硬感和棱角。这些新奇的事物充实了一种以资产阶级的舒适感为中心的新文化感（new cultural sense）。虽然在 19 世纪早期，专用于座椅家具的螺旋金属弹簧已经被授予专利，但直到多年后——尤其是在 1851 年的世界博览会之后——它们才被用于制造"进深"更大的椅子以开拓大众市场。例如，这种弹簧以明显弯曲且更加平滑的方式支撑人的身体，这种座椅形式也开始被人们视为有舒适感的表现。

家具史学家约翰·格洛格（John Gloag）写道："通过提高舒适性的标准，椅子制造商和室内装潢师开始通过设计来改变姿势，因此，礼仪的特征不知不觉被改变了，礼仪变得不那么正式，变得更轻松，在很多方面都让人感到更愉悦，而尊贵感则被束之高阁，成为只属于王室和政府的职责。"[38] 因此，舒适理念要求社会进行新的调整——新式的礼仪、服装和姿势，这些创新还要与新设计的软垫座椅相结合。这种椅子往往用软垫衬托，填充物饱满且比较笨重，靠近地面而富有弹性。尽管女性的需求也被纳入这种舒适理念之中，但比起"优雅"，它首先是一种"男子气概的要求"。[39] 因此，舒适感凭借自身的权利属性成为中产阶层的一种重要价值观。它将被应用并反复应用于各种摆设和家具中，甚至包括那些来自西方世界以外的国家的物品。例如，到 19 世纪末，德国、奥地利、美国、法国和英国的室内装饰都变成了东方风格，以适应舒适性的要求。东方化的舒适感带来一种令人陶醉的、兼容近东与远东风格的影响，即允许西方人在公众面前采用以前不可能出现的坐姿，比如，人们可以躺在铺着"土耳其"毯的沙发上（图 2.8）。随着阅读《一千零一夜》几种译本成长的西方人越来越多，拥抱一种迎合普罗大众的感性的东方风格——如果你愿意的话，我们可以称之为一种有异国情调的舒适感——只是中产阶层对舒适感的另一种表达，这种舒适感对中产阶层极其重要，不仅关系到他们对家庭的看法，而且正如我们下面将看到的，也关系到他们对世界的看法。[40]

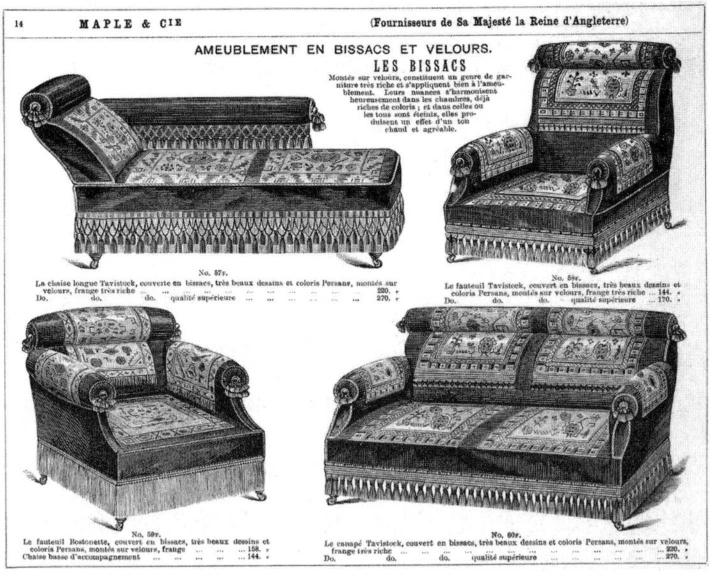

图 2.8 这是一页来自英国零售商唛步家具公司（Maple & Co.）的法国货品目录，展示了装饰着“波斯式”图案的座椅家具。[图片来源：Maple & Co., *Catalogue Illustré d'Ameublements* (London, 1889), 14.]

文明化的舒适感

1883 年，一位美国评论者在文章中指出，向舒适转变是文明本身的重要组成部分：

> 舒适家具的流行……在很大程度上有利于人们普遍地变得文明。在我们看来，只要人类还被迫以“螺栓一般直立”的姿势，坐在一个用马毛覆盖的沙发的角落，手臂和背部必须保持最平直或最挺立的姿势，人类似乎就不可能产生善良的本性和

温良的脾气……我们的祖辈在被抚养长大时，为了忍受这种家具的折磨，遭受了各种暴行和残忍的对待——甚至20年前的家具也可能造成这样的折磨；它服务于人的目的就是降低人们的感性。[41]

在文明化的舒适规则之下，家具制造商和室内设计师设计并制造了一种新的椅子，它不再拘泥于上一代刚硬强直的从容规则所强调的那种棱角分明的直线，反而采用了光滑、柔软的曲线，能够让人尽情悠闲地休息。随着19世纪的规划者和工程师为了方便铁路和电报线路的修建而平整了土地，座椅家具的光滑曲线和相应的坐姿激发了人们对进步和文明的重要理想。

椅子和姿势一道，共同展示了能够反映现代“文明”概念的一些主题。这一概念的最早使用者之一，法国经济学家维克托·德·里克蒂（Victor de Riqueti，即米拉波侯爵）在其著作《人类之友，或论人民》（*L'Ami des hommes, ou Traité de la Population*，1756）中，将“文明”比作“风俗习惯的软化”。[42]二者的关联一直存在于主要的启蒙哲学著作之中，代表思想家包括孟德斯鸠、孔多塞、杜尔哥等人，而到了英国自由主义哲学家约翰·斯图亚特·穆勒发表其文章《论文明》的1836年时，这已经成为一种根深蒂固的观念。在这篇文章中，穆勒指出，文明存在于“任何地方，只要在那里我们可以发现人类在大群体里为了共同的目标而一起行动，并享受着从社交活动中获得的乐趣”。根据他的说法，“文明”与“野蛮”形成了鲜明对比。在后者的情况中，“每个人都只为自己工作……我们很少看到他们通过联合许多人采取什么共同行动：一般来说，野蛮人也不会在各自的社会中找到多少乐趣”——总而言之，他们太粗野了。[43] 显然，如果文明化社交的话语和互动进行得并不顺利，中产阶层客厅里的高雅社交仪式便是能够缓和气氛的润滑剂，这反过来又促进了作为整体的文明的发展。“这种文化价值仅仅在于，”当时的一位学者写道，“它能使那些粗野的地方变得温和平稳，使那些不完美之处变得和谐一致，并培养出纯洁、善良、温柔的人性……日常交往中的礼貌……消除了大部分可能触动我们神经的粗鲁。”[44]

的确，这里提到神经是很重要的。在一本涵盖范围广泛的卫生和生理学论文集《我们的家庭生活，以及如何保持健康》（*Our Homes, and How to Make Them Healthy*，1883）里，健康和舒适被明确地等同起来：“这两种考虑确实是相互紧密联系的，因此可以公允而肯定地说，一个房子的安排布置如果符合健康法则，那么这个房子住起来也将非常舒适。”[45] 大量文献将健康、舒适与各种家庭环境联系起来。在关于地板、地毯、灰尘、建筑、家具（包括椅子）、屋顶、温度、通风换气和照明条件（仅列举了几个主题）等涵盖面如此之广的大量报告中，避免过度奢侈和避免不舒适感都得到了强调，作者们很容易将这两点与不健康和疾病联系起来。舒适的椅子以保证健康与卫生的方式为文明化做准备，并且支撑中产阶层的身份和愿景。

美国牧师贝洛斯（H. W. Bellows）在其讲道文章《水晶宫的道德意义》中宣称：

> 且撇开理论不谈，作为一个简单的事实，人们对物品舒适

> 性和优雅性的品味与道德和智力水平成正比；感到舒适并且举止优雅的人——而不是粗暴的人——有一种直接而强大的倾向，可以软化他的内在，开启他的良心，精炼他的灵魂……一个有成就的教育者对白痴做的第一件事就是教他用勺子和盘子吃饭，而不是让他将食物放在地板上用手抓着吃；一个人思想的发展与他对文明生活的礼仪和习惯的服从保持同步。野蛮人也是如此。人类从低阶段到高阶段的所有进步都是如此。你如果愿意教举止粗鲁的人学一点优雅，就把他放在他目力所及的每一个东西都能检测出他是否粗鲁的位置上。如果他在地板上吐唾沫，那么你要在地板上铺地毯，他在吐之前就会三思；如果他用刀弄坏了自己的座位，你就要用红木和缎子做一把椅子，这样他就不会再这么做了。粗鲁的举止、简陋的家具、不雅的家庭等造成的后果全部加在一起，造就了那些粗鲁、不优雅且鲁莽的人，或者让他们持续存在下去……事实上，要把福音带到未开化的国家去，几乎是不可能的。商业必须先于传教士——文明与基督教化是携手并进的，甚至文明应当领先一步。[46]

这些迈入舒适性的设计包括了以文明和市场、灵魂卫生和身体卫生为中心的慎重考虑和中介功能。与这些元素相关的舒适规则决定了家庭居所内部如何装饰，应放置何种家具——当然，装饰和家具也因此是可以被解读的——以及世界应该如何被文明化。

然而，对舒适感最好的理解是将它作为一种以资产阶级为主的现象。这一社会阶层和经济阶层再次改变了西方人看待许多问题的方式，包括对文明本身的观念。19 世纪中期正在进行的变革需要能够取代过去的新观点，例如，强调个人高于社会；强调劳动高于天才；强调“男子气概”高于绅士气质。这些变化不仅影响了文明的观念，也影响了舒适观，人们不可避免地将它们联系在了一起。特别是在工业革命和英国成功对抗拿破仑的军队之后，英国的中产阶层并没有放弃文明的观念，相反他们重新适应了这一观念，以满足他们自己对工业、资本主义和帝国建设的强烈需求。塞缪尔·斯迈尔斯（Samuel Smiles）便是观念调整的一位先驱。他作为当时著作最畅销的作家之一，向他的许多读者和同胞阐述了新兴资产阶级视角对文明观和舒适观的影响。斯迈尔斯实现这一点的方式之一就是攻击更古老的法国文明观，他的手段是将法国与英国在全球范围内的殖民所取得的巨大成功对立起来。“法国人，”他写道，“作为殖民者从未取得任何进步，主要是因为他们强烈的社交本能，这也是他们风度翩翩或举止优雅的秘密。”换句话说，因为法国人已经过于习惯他们国内挑剔讲究的社交礼仪，该国即便努力在法国以外建立殖民地，也是以巴黎为中心的。相比之下，“拥有日耳曼血统的人”——比如英国人和美国人——“是最好的殖民者”。这是因为，当谈到他们“对家庭的强烈热爱”时，他们可以很容易地把舒适感带到任何地方：“给英国人一个家，相较之下他就对社会集体漠不关心。英国人会声称殖民地为自己所有，为了施行控制［即殖民地定居］，他将穿越海洋，在大草原或原始森林中为自己种植，为自己创造一个家。他并不害怕荒野的孤独；他觉得和自己的妻儿在一起就足够了；他不想再关心其他人。”[47] 写下这句话的人有着一种顽固的男性个人主义思想，以及一种对英国人来说至关重要的舒适观。

换句话说，如果没有人为制造的本土化的社会羁绊，或是高度依赖某些大都市活跃生态的必要，那么任何试图将社会仪式迁移到国外乃至全球的努力，都会因为殖民地与道德中心的距离增加而成效下降，即两者成一种反比关系。相比之下，英国的家庭具有灵活敏捷的可移动性，正是因为它依赖于个人的舒适感，正如那些可以在安乐椅上找到的感觉，在任何地方都可以充当意义的灯塔（图 2.9）。殖民地的定居者将这种英式的舒适感个体化以后，只

图 2.9　佚名英国艺术家所作《印度的英国式内饰》（*English Interior in India*），约作于 1825 年，水彩画，36.2cm × 25.4cm。（图片来源：Courtesy of the Metropolitan Museum of Art, New York.）

要他面对的不是荒凉凄冷的境况，哪怕与世隔绝、缺少社交，他也可以保持文明。在斯迈尔斯看来，这是所谓的英国人的力量。将英国中产阶层的舒适感进行国家化的观点甚至延续至今："我们在英国所说的那种舒适的家庭，是一种与英国习俗的身份认同紧密相连的东西，因此我们更愿意说，除了在我们自己的国家以外，在其他任何国家都不能完全理解舒适感这种元素。"这位作者接着将舒适感进行了种族化："室内的舒适本质上是一种北方的理念，与此对等的是，户外的享受是一种南方和东方的理念，两者形成了鲜明对比。因此，法国人的习惯和英国人的习惯存在不同。和现代意大利人一样，法国人也代表着古罗马人，而英国人身为撒克逊人的直系后裔，展示着古老的哥特式习惯。"[48] 当然了，法国人甚至没有一个用来表达"舒适感"的词，直到他们直接借用了英语单词，用"confort"来表达。[49]

差序化的历史

根据《我国的财富与影响》（*Our Country's Wealth and Influence*, 1882）一书关于家具的条目，座椅家具既是文明的工艺（technique），也是文明的技术（technology），它的出现和存在证明了人类的进步——这种想法在19世纪不可避免地达到了高潮——因为书中写道，这是"身体文化的最高形态"[50]。这本美国制造业目录清单里的同一条目详细阐述了椅子的进步史，它以"野蛮人""印第安人"的痛苦开始进行线性叙述，以19世纪90年代包括椅子在内的家具制造业估值可达两亿美元的统计数据作为冷酷无情的总结。事实上，椅子这让人惊奇的历史进步与康德用来描述人类从童年到成年、从野蛮到启蒙开化的进程是相同的。

自启蒙运动以来，这种历史主义（也被称为历史逐段发展理论①）将文明的发展定义为历史上的兴起过程，这种历史包含了从人类生存的最低层次到所谓的最高层次的许多不同阶段和过渡期。它明确地将一种等级制度和秩序嵌入这些阶段当中，并根据社会、文化、道德、政治、技术和智力地位等对人类进行排序。排序中的等级的高低，取决于每一族群沿着线性的时间线逐渐上升、进步的位置。同样，这种等级制度在世界地理学上也引起了意识形态上的共鸣：从东方到西方，是按照线性逻辑逐渐上升、进步的。更具体地说，这一理论产生的一些变体也被采纳了。但最基本的观点是，人类一开始处于"原始人"（the primitive）或"野蛮人"这一只能维持最基本生存的水平。然后，由于一个或多个因素（气候、命运、生物学、天意等）的作用，整个人类群体可能会进入下一个阶段——"蛮族"（the barbarian）——其特点便是发展为基本的农业社会。但只有少数人（由于他们的一些"特征"）进入了文明的更高阶段，而欧洲就自封为这一更高阶段的标杆。由于这种历史主义存在不同的民族特色——比如苏格兰、法兰西或德意志——欧洲哲学家、历史学家和各种科学家在一些细节上意见不一。这些分歧包括：各个阶段的确切数目；每个阶段都要包括哪些部落、国家或

① 原文为"the stadial theory of history"，此处翻译为"历史逐段发展理论"，该理论在 18 世纪启蒙运动时期风靡欧洲。该理论的支持者认为人类社会的历史就是按照某种逻辑和标准不断增长的发展阶段，学者的目的和意义就是寻找这些可以决定人类历史进程的逻辑、秩序，并称之为"科学真理"。"stadial"还被用于地质学，用于描述间冰期气温降低、冰川逐渐增多的现象。

“种族”；是有一个还是有多个原始的种族；从一个阶段过渡到另一个阶段的催化剂是什么；一个“国家”、“阶级”或“种族”是否有可能退回较低的水平。

然而，尽管他们存在分歧，这种基础性的历史框架依然极具影响力，是 19 世纪许多哲学和意识形态的核心（比如黑格尔、斯宾塞、孔德、马克思、约翰·穆勒、尼采和社会达尔文主义者所阐述的那样），也是一系列新科学（包括人类学、社会学、考古学、艺术史、政治经济学和心理学）的中心。即使在“史前期”（prehistory）的观点出现之后，这种历史框架也一直沿用到了 20 世纪。[51] 尤其是在 19 世纪，就像儿童和野蛮人被用来类比一样，这种历史主义被用来描绘欧洲人的自我形象，并为之辩护：欧洲人认为自己在历史阶段中已臻于成熟，因此在全球帝国事业中迎来了独特的命运。这种历史主义所确立的框架，视工业和技术、艺术和科学为进步的组成部分，这些组成部分既是任何国家标榜自己文明开化的必需要素，也是这个国家历史财富的重要组成部分。对于我们的研究目的来说，重要的是要注意到这一框架实际上传播得多么广泛，其影响有多么深远，以至于它甚至为椅子叙事的框架与历史理解提供了条件。例如，在 1892 年，美国专利局出版了插图丰富的《工业艺术的发展》（*The Growth of Industrial Art*）一书。除其他商品和机械外，简陋的椅子被放在一个象征性的历史主义进步模型之中，从视觉上得到了呈现（图 2.10），这个历史主义进步模型采用了一种典型套路，从“亚洲蹲”写到最早的“原始座椅”，然后一直写到 19 世纪后半叶机械椅的胜利。专用椅便是文明的缩影。[52] 如果用视觉文化理论家米尔佐夫的话来说，我们可以

图 2.10　这是一张进步主义图表，显示了椅子逐段发展的历史，即从简单的凳子一直到机械椅的变化。[图片来源：Benjamin Butterworth, *The Growth of Industrial Art* (Washington, DC, 1892), 80.]

把“视觉性”理解为“19 世纪早期的术语，意思就是历史的可视化（visualization）”，证实帝国的权威和种族至上主义，然后我们就应该把这些椅子的图像作为这种视觉性的一部分，嵌入进步历史主义模型中进行观察。[53] 我们很快就会看到，天文观测椅也将在西方霸权的历史模型中占据这个可以体现崇高的关键位置。

我们已经看到了座椅家具是如何通过各种社会性和文化性的手段与假设，将西方自身与文明进步联系起来的。对于这些联系来说，尤为重要的是观众遇到并体验座椅家具的方式，以及它们提供的姿势是如何在欧洲的“表演之场”（arenas）中被阐释和规训[①]的。这种“表演之场”不仅包括沙龙、客厅等场合，还包括地理学和历史学等知识在内。椅子和姿势便是一种表现男人和女人、民族和种族、文明或文明缺失等不同特征的视觉来源与指标。我们已经看到，舒适的椅子不仅被用来为房间、工作、人、性别、国家、历史和种族制定等级制度体系，而且还在中产阶层共同的规范和习俗中，保持并支持了这些分化。椅子还从视觉上激活、监管着这些规范和习俗。这种椅子——包括其风格、材料和放置方式——甚至也代表了道德经济中一种确切的地位和价值，它暗示并巩固了各种各样的区分。通过这种方式，我们可以看到，从马克斯·韦伯和涂尔干，到对“驯服的身体”（docile body）有精妙分析的米歇尔·福柯，椅子正是许多理论家已经注意到的另一种工具。椅子是能够定义现代性的特征之一。也就是说，这一特征便是毫不留情又不间断地表现在椅子上的差异化的冲动。

被制造的东方

但有时人们会发现启蒙历史主义的线性叙事被扭曲变形，以解释在其他时代和地方发现的不服从其规则的设计，目的只是将它们拉回线性叙事之中。这通常发生在历史性失调（historical dissonance）的情况下。《椅子的演变》（*The Evolution of the Chair*，1895）一书就

① 这里的“规训”原文为“disciplined”。尽管英文单词与前文康德所言类似乃至相同，但此处为作者所言，故译为“规训”以示区别。

从古埃及讲起，通过亚述、希腊、罗马、阿拉伯和欧洲其他地区的诸多例子，概述并说明了座椅家具的历史发展，然后把这些历史与芝加哥安德鲁斯公司的现代设计无缝相连。也就是说，即使是一些椅子制造公司的一份随意的广告，也可能符合这种历史主义的叙事。但在将当代的制成品与一项历史悠久的遗产联系起来的过程中，这本书的作者显然是为了包装营销，而将一幅幅古老的椅子图像描绘成属于该公司的历史遗产，并非常渴望发现原本可能被忽视的“文明”。通过将椅子确定为一种文明的标志，作者甚至在古埃及也发现了“现代性”。作者为了将一件古代家具的图像与现代性联系起来，就假设道：“这把椅子告诉我们，古埃及人的习俗更像欧洲人，而不是亚洲人。他们不像东方种族那样盘腿坐在长榻或地毯上……他们坐在像我们自己用的一样的椅子上，如果我们要改变他们的装饰风格，就应该采用一把非常现代的椅子。”[54] 写下以上制造商清单的这位佚名作者显得异常地博学多识。这一清单中椅子的发展前景尽管看似更自由多元，但作者只是为了证明该公司具备进步主义的自我形象，这种形象是由一个占主导地位的历史等级制度塑造的，它让西方享有按照欧洲中心论来裁决他者的特权，因此作者才说古埃及人“更像欧洲人，而不是亚洲人”。[55] 东方及其椅子一样，都是一种被制造的想象的投射。

但是，这样一个裁决者，当其面对非西方的制造业并被迫承认其产品的优越性时，会发生什么事呢？鉴于刚才概述的历史主义图景具有广泛的吸引力，如果一个“劣等”国家或“种族”——一个看似处于人类历史等级体系中较低位置的国家——确实生产出了装饰性家具，制造出了那些欧洲人公认的能够彰显他们优越性的商品，这显然会撼动欧洲的形象。作为一种历史性失调，这种情况意味着，即使人们假设人类等级体系没有完全失去支撑，他们至少也会深陷怀疑之中。在1851年的世界博览会上，世界上的工业技术和科学都被公开展示了出来，其中也包括英国的殖民地和“领地”的技术与科学，这时，历史性失调的情况确实发生了。

尤其让英国人倍感苦恼的是，尽管这场举世瞩目的博览会举办于伦敦海德公园的建筑奇观“水晶宫”里，但主导这场有着数百万参观者的大会的展览品，竟然是来自印度的装饰艺术（图2.11）。这场世博会是在东印度公司的赞助下举办的，并由英属印度植物学家、东印度公司的医生约翰·福布斯·罗伊尔（John Forbes Royle）

图2.11 “这是特拉凡哥尔王公 (Rajah of Travancore) 送给英国女王的礼物，包括一把象牙制成的华丽的元首座椅，椅子带有一个雕刻精美的用奢华珠宝装饰的脚凳，让人交口称赞。它曾被阿尔伯特亲王使用过。在博览会结束前举行的仪式上，它曾被短暂展出。”［图片来源：*Dickinson's Comprehensive Pictures of the Great Exhibition of 1851 from the Originals Painted for HRH Prince Albert...* (London, 1854), India plate 1.］

负责组织。《泰晤士报》称印度馆及其展览是“非凡的”且“无与伦比的”，然后接着建议道，以此为榜样的话，“粗俗的艺术制造，不仅在英国，而且在基督教世界里都可以得到纠正”。英国政府还在英格兰成立了一个改善艺术品制作的委员会，该委员会从印度馆买了 200 多件物品，作为英国政府设计学院（English Government Schools of Design）“有教学价值”的展品。这些买来的物品最终留在南肯辛顿博物馆（位于伦敦的维多利亚与阿尔伯特博物馆的前身）里展出，并成为该博物馆核心藏品的一部分。设计理论家和建筑师欧文·琼斯（Owen Jones）与这些政府学校和伦敦世博会联系紧密，他宣称“印度人和突尼斯人的设计是最完美的”，他们的研究将“造福于整个欧洲”。[56] 在随后的几届世博会中，他一遍又一遍看到的东西，仍在不断强化他的观点：“在 1851 年的万国工业博览会上，（西方）艺术世界因东方参展国的工业品所展现的大量优雅设计和得体仪制而震惊。这种印象在 1855 年和 1862 年的博览会上得到了加强。”[57]

尽管许多人承认印度展品的美学品质，但并不是每个人都同意它在设计制造方面对英国的进步有着道德上的意义。尽管至少从 19 世纪 40 年代开始，英国就将装饰艺术制造方面的问题提上了议程，1851 年的伦敦世博会使得这些问题更加公开，这反过来又为设计改革运动提供了新的动力。站在这些改革者的前沿的——我们在这里仅列举少数杰出人物——是亨利·科尔（Henry Cole）和他的设计师圈子，其中包括欧文·琼斯、威廉·戴斯（William Dyce）和理查德·雷德格雷夫（Richard Redgrave）。总体上说，他们的反应是将异国的“好品味”融入对英国制造商与下一代艺术家和工匠的培训当中，无论这种品味是来自法国还是印度。决定好品味的是一种功能主义，它更喜欢装饰艺术中的抽象感，而不是直接模仿自然；这方面的代表作品是琼斯根据阿尔汗布拉宫（the Alhambra palace）绘制的抽象几何图案，这座宫殿是位于西班牙的古代伊斯兰建筑。其他改革者，如查尔斯·伊斯特莱克（Charles Eastlake）和更著名的威廉·莫里斯（William Morris），对英国艺术和制造业的退化做出了回应。他们抨击了英国的资本主义、消费主义和工业综合体。根据他们的说法，正是这些破坏了真正的艺术来源，还败坏了与制造正宗英国货息息相关的道德条件。面对工业化，莫里斯还不断呼吁复兴英国的传统工艺。

然而，另一种反应也有权威性。这种反应来自著名的艺术评论家约翰·罗斯金（John Ruskin），他曾经彻底拒绝参加伦敦世博会，反而参加了1858年南肯辛顿建筑博物馆的开幕式，并宣布反对偏爱抽象艺术的科尔的圈子。他说，尽管印度的艺术“精致而典雅……但它从来都不能代表一种自然的事实……因此，这就表明，对于那些实践印度工艺的人来说，他们所有可能获得健康知识或自然快乐的来源都被切断了。他们故意封锁了这个世界的整个书卷……在整场展示创造力的大型演出当中，他们给所有造物蒙上了密不透风的帷幕……他们被束缚在属于他们自己的堕落地牢里，周围只有悲哀的幻影或幽灵般的空虚”[58]。

在这一不寻常的声明中，我们再次看到，装饰艺术和应用艺术都可以“表明”一种道德甚至精神状态，这是任何一个改革者都不会不同意的事情，但它所表明的依然是一种困于更低等历史境况的存在状态。再者，从同时代人的角度来看，罗斯金只是让东方重新回到了它在进步主义历史等级制度当中应有的位置。这些设计改革运动到底对公众的品位产生了什么影响，是存在争议的。令大多数改革者非常懊恼的是，公众的品位似乎在不断地退化，并且越来越受到市场力量而不是良好的品位和美学的支配。

但是，对整个东方展馆，尤其是印度馆所引发的“绝望”，还有一种反应。这种反应没有像其他反应那样引起历史学家的关注，也许是因为它如此公然地寻求重塑现状，并寻求与制造商和工业结为联盟。我这里指的是胡威立（William Whewell）① 的回应，即他在 1852 年总结伦敦世博会的官方演讲中阐述的观点。这位政治上偏向保守的牧师拥有很多身份。抛开其他诸多身份不说，他是剑桥大学三一学院的学术大师，科学史学家、科学哲学家、哥特式建筑史学家、机械学教科书的作者，他有一部关于天文学的作品被收入《布里奇沃特论文集》（*Bridgewater Treatises*），他还是潮汐科学的实证研究员，创造了“科学家”（scientist）这个词。总而言之，胡威立是 19 世纪知识分子的巨头之一，我们将在接下来的整个旅程中，一次又一次地遇到他，也会遇到他的许多同龄人。[59]

在演讲中，胡威立指出了伦敦世博会的主要意义：它允许观众在走过形形色色的国际展厅时，见证整个进步主义历史的展开。因为来自世界各地的许多国家都参加了展览，展出了他们最具“代表性”的产品，胡威立的如下断言令人印象深刻：“民族的婴儿期、青年期、中年期，再到他们的成熟期，所有这些阶段同时出现在这里，就像黑夜中的闪电在同一时刻将相距最遥远的物体照亮。”[60]换句话说，伦敦世博会就像一台时间机器。观众在其中，可能会在启蒙主义的历史进步历程中向前或向后移动，然后遇到很多与他们

① 又译“威廉·休厄尔”。此处沿用了清末数学家李善兰的译名。

自己不同的——如果不能说道德水平更低的话——社会、心理、技术和美学环境。然而，正如我们所看到的，印度馆和其他一些“东方”展馆仍然拒绝展出官方授权的描述世界的图片，也就是说，它们拒绝这种占统治地位的历史主义。

尽管英国的文明水平“更优越”，但胡威立也承认，在一些东方作品中，有许多“我们必须欣赏的东西，我们可能会嫉妒他们，这确实可能会使我们产生绝望感！”。胡威立提出了一系列十分尖锐但能引起很多欧洲人——尤其是英国人——共鸣的问题，这些问题表达了这种绝望：“那么，我们该怎么描述我们自己呢？我们的优势在哪里呢？……他们和我们之间的主要区别是什么？”当然，西方所经历的进步不可能仅仅是“一个空想的梦”，因为“进步”和“领先”**必须**具有真正的意义。胡威立坚持认为，启蒙的历史主义教条必须也只能是正确的。[61]

胡威立对这些焦虑感的回应很可能是为了安抚他的诸多听众，但现在他的观点也对我们的研究有启发意义。胡威立解释说，“他们和我们之间”的区别在于，英国在商品制造中使用“机器加工”（machine-work），这彰显了巨大的“机械创造力和机械力量”。但这还不是全部。胡威立认为这种差异不是美学意义上的，而是政治和道德意义上的：

> 因此，这就是机器加工在这个国家［英国］广泛而惊人地流行的意义所在：这台拥有数百万根手指的机器可以为数百万买家工作。而在地处偏远的国家［如印度］，在那里［众所周知的东方］，壮丽和野蛮是比肩并存的，成千上万的人只为一

个人工作。在那里，工艺女神（Art）只为富人劳动；而在这里，她同样会为穷人劳作。在那里，大多数人的生产只是为了给暴君或武士增添辉煌和优雅，他们既是暴君和武士的奴隶，也是财富之源；而在这里，一个人就有强大的力量……用它们带给公众舒适和享受，他是公众的仆人。①[62]

通过使用人们熟悉的关于东方的比喻，胡威立能够引起他的大多数听众的共鸣。胡威立原本只是兰开斯特一名熟练木匠的长子，他却重建了一种文明秩序。其中，工业资本主义、大规模生产和消费在道德上超越了蛮族专制暴君的奢侈品，不管后者有多么美丽。[63]机械的创造力和工业的力量可以暗示英国的文明优越性，而且并不需要观者有多么高的品位。相反，机器和发动机将成为"衡量人的标准"，任何参加了这次伦敦世博会并见证了其他西方机械和工业技术成果的人都能明显地感受到这一点。[64]

这一章展示了诸如椅子等看似平凡的物品如何在一种独特的道德经济中流通，以及一种被精心发展的关于进步和文明的历史主义愿景如何体现在这些物品的外观、使用和制造上。公共景观与私人景观中的座椅家具提供的可见性，维系了这种道德经济所带来的区别与分化，尤其是对 19 世纪西方新兴的中产阶层而言。因此，椅子的形象和它所提供的姿势都充满了文化意义和社会意义。这些意义已经远远超出了西方诸国的内部空间，顺利地进入了帝国空间之中。正如胡威立在为帝国资本主义制造业辩护时所证明的那样，当我们谈到座椅家具的历史等级时，它们处在文明化的巅峰的依据体

① 此处的"它们""他"应当均指机器。

现在座椅机械化的实现上。

现在是时候让我们回头再看 19 世纪的机械椅了。在那里，我们将遇到因新兴专业分工而激增的各类专用座椅家具，包括那些专门由牙医、理发师和外科医生使用的专利椅子，天文观测椅也随之出现。为了理解这一时期繁荣发展的天文观测椅的文化意义，以及坐在椅子上的天文学家形象，我们刚才进行的关于道德经济中机械椅位置的讨论需要告一段落。这样一来，我们将更好地定位并理解机械椅如何在视觉经济方面也对天文观测产生重要意义。

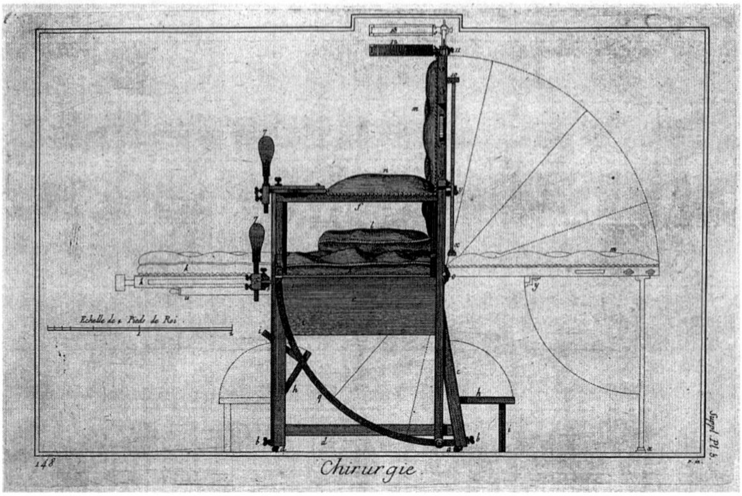

佚名英国艺术家所作《外科器械：一把用于外科手术的椅子》（*Surgical Apparatus: A Chair Used for Surgery*），刻蚀版画，20cm × 32.5cm。（图片来源：Courtesy of Wellcome Library.）

第三章

机械化的舒适感

［座椅］家具曾经被分割成不同的元素，分成不同的平面……它可以占据人体想要的任何位置，从这个位置发生形变，然后再恢复成原本的形态。这样一来，舒适感就可以通过家具对身体的适应性调整主动获取，而不是通过身体被动地沉入坐垫来获得。这便是建构式家具（constituent furniture）和临时性家具（transitory furniture）之间的全部区别。[①]

——齐格弗里德·吉迪翁，《机械化的掌控》

（*Mechanization Takes Command*）

椅子和坐垫比其他任何在人的姿势和举止方面鼓吹舒适哲学的论文都更有启发性。

——约翰·格洛格，《维多利亚式舒适》（*Victorian Comfort*）

① “建构式家具”也被译为“组成家具”，“临时性”也可理解为瞬时性、过渡性。这里吉迪翁应当借用了“组成艺术”（constitution art）与“瞬时艺术”（transitory art）的说法来区分并描述家具的不同种类。在艺术与设计理论中，组成艺术又称构成艺术，一般指按照某种美的形式、法则、结构来设计创作的艺术形态，包括平面构成、色彩构成、立体构成等，比如绘画、雕刻、工业设计等。瞬时艺术又称瞬间艺术，一般指不易保存且环境依存度较高的艺术形式，比如摄影、大地艺术、行为艺术等。这二者也会有交叉。建构式家具应当指经过专门设计、可以较长时间作为家具本身存在的家具，这里提及的平面分割即组成的方式之一；临时性家具作为家具本身存在的时间较短，随机性、过渡性更强。另外，还有涵盖范围更广的“构成主义”艺术流派，参见第六章的相关注释。

我们已经看到，家庭内外空间的分化与再细分是如何为19世纪日益壮大的中产阶层增加座椅家具的种类的。适用于不同时间、人员和任务的房间的数量不断增加，这意味着特别地设计更加专用化的椅子不仅是为了满足私人领域，也是为了满足公共领域的需要。学会分辨一种特定类型的椅子应如何使用、被谁使用、在哪里使用，其实象征着一种重要的社会意识和文化意识，同样也代表着一个人的道德观、健康状况和性格特点。选择椅子时用到的辨别能力可以证明一个人是否具有判断力、其个性是否沉稳，这有助于其他人分辨他的社会等级，而舒适性就成了椅子设计和展示的核心。在家庭和社会的层面上，椅子也会把那些熟悉的人和那些不怎么亲密的人区分开来。

类似地，在19世纪专业化现象日益广泛的环境下，椅子的种类也为服务当时新分化的职业而增加了。就像在客厅里，一个人知晓如何使用用于特定任务的椅子及在其周围活动时应有何表现，是被其他人视作属于一个特定社会群体（或确切地讲，一种特定职业群体）的重要方式。对机械椅的运动、部件和姿势进行分析和区分，使得专业人士对使用椅子的要求越来越高，并且也使得那些不了解特定椅子的人无法正常使用它。椅子划分了空间和时间，划分了现代劳动的新兴领域、各类专业协会及不同专家的社会角色。正如莫雷蒂所说，工作椅把舒适当作一种主题："舒适依然是脚踏实地的，是平淡无奇的；它的美学……（是）低调、实用、适应日常生活的，甚至适合人们开展工作。"[1] 在这一章，我将开始关注机械椅及其诠释的独特舒适感。这将帮助我们理解专业化、职业化及其过程，以及随之而来的各种差异性。作为现代性的一个标志，我们将看到这些过程是如何形塑天文学家的椅子的。尽管椅子的社会任务被原子化了，但我们对机械椅发展的关注，依然会阐明其连续性，它跨越了社会、文化和各类制度的领域，如客厅、办公室、医院、铁路车厢、诊所、手术室和天文台等等。通过将天文观测椅重新嵌入现代性的表征之场，这一章会给读者呈现一种能让人体更放松的方式：人类的身体通过融入机械形式获得舒适感，而这种方式直接源于普通中产阶层的价值观。

被制造的机械

到 19 世纪早期，机械的创造力已经前所未有地与制造业和工业结合在了一起。然而在英国，尽管机械制造蓬勃发展，椅子、小型沙发、长榻和其他座椅家具却通常不使用机械动力进行制造。相反，在 19 世纪的大部分时间里，英国的室内装潢车间和橱柜制造商为时兴的复古热潮提出了越来越多的需求，包括哥特式、洛可可式、都铎式等，它们都是主要通过手工制作的家具。尽管白金汉郡的海威科姆镇（High Wycombe）一直以其制椅工业而闻名，但在全英国范围内，家具制造中心无疑是伦敦，它为这个国家的大部分地区提供了家具。尽管在伦敦西部，一些更高端的工坊具备足够的资金投资定制机器以制备个性化的零部件，比如椅子的曲面和装饰，但这些公司满足的是上流阶层的个人定制需求。因此，更典型的是伦敦东区那些涌潮般拥挤的室内装潢工坊。那里充斥着廉价的不熟练或半熟练劳动力，而且通常没有工会，满足的是布商和大型零售商不断变化的需求。

伦敦东区的车间基本上都是血汗工场，那里的老板为了大幅降低工资成本，会冷酷无情地进行劳动分工，以至于资本甚至会优先考虑那些没有技术经验的工人。由于人力劳动变得如此便宜，对于那些在投资新机器的问题上犹豫不决的资本所有者来说，劳动力配合机械动力反而更贵。胡威立以“机械化的仁慈”（benevolent mechanization）为基础来宣扬工业生产的道德优越性，亨利·梅休（Henry Mayhew）对此有更加详细的阐述。梅休的四卷本著作《伦敦的劳工和穷人》（*London Labour and the London Poor*）是一部关于伦敦东部的穷人和劳工的人种学和面相学研究作品。在书中，他具体描述了这一地区室内装潢车间残酷的工作条件。[2]在那里，劳动分工会将生产过程的各个部分都外包给非专业工人或个体工作者（garret-master，即愿意用零工换取微薄收入的临时工），这种分工破坏了工人的工作条件。其结果是，工坊的拥有者可以向零售商以较低的价格（因为成本极低）出售大规模生产的家具，而零售商又可以用更高的价格（意味着更高的利润率）来销售他们的产品。由于劳动力充足，因此这个世纪实际上见证了英国室内装潢工坊就业人数的大幅增加，即从 1841 年的 171 600 人增加到了 1881 年的 269 300 人。[3]

这并不是说 19 世纪的座椅家具生产就没有技术创新。正如家具史学家克莱夫·爱德华兹（Clive Edwards）指出的，当时人们在木材弯曲和层压方面都有大量的技术改进，家具的构造、镶面、机器雕刻和室内装饰所用的弹簧也都发生了变化。其中许多都与处理那些难以利用的材料的创造性技术有关，比如采用铁、胶合板和混凝纸等全新的材料。[4]英国也在1851年的世博会上自豪地展出了一些用新材料生产的产品，其中包括温菲尔德公司的金属摇杆、来自奥地利基茨切尔特公司的铁管框架家具、一张叫作“白日梦想家”（Day Dreamer）的混凝纸椅子，还有“向心弹簧扶手椅”（centripetal spring armchair），这是由美国人托马斯·E. 沃伦（Thomas E. Warren）发明的一种弹簧旋转椅。但是，如果要找到椅子最具活力的技术创新之处，那就应当去往18世纪晚期，去看看当时首次出现的那些针对特定任务的家具。

我们已经看到了为法国贵族家庭定制的椅子和沙发，这些家具的设计初衷是让它们在同一时间于沙龙中发挥特定功能（比如方便客人参加或观看纸牌游戏），同时从笨拙无知的社交者当中筛选出具备社交常识的人。这一时期出现了具有多种功能的可变形家具，这些功能经常被隐藏起来，并且它们的部件紧紧地挤在一起。从那些可以在特别小的空间里使用的家具（比如可变成床的椅子），到那些专门为实现各种奇怪变形而设计的家具（比如可变成浴缸的沙发，或者可变成床和抽屉的巨大钢琴），多功能家具到了19世纪变得比比皆是。无论这些组合在我们今天看来多么奇怪，它们都展示了在那时会受到人们尊敬和追求的机械创造力，这与今天技术设备的吸引力没有什么不同。但就像小工具的例子一样，这些可变形的机械椅展示了专门化的解决方案，以应对现代化带来的各种需求。事实上，随着任务、空间、人群和劳动的进一步分化，我们可以看到特殊椅子的种类在不断激增，这些椅子的专门功能旨在满足不断分化的发展趋势。例如，《奈特美国机械词典》（*Knight's American Mechanical Dictionary*，1874）一书的“椅子”条目一共列出了24

种不同类型的专用椅子。这还只是一个抽样样本，却生动地凸显了具有专利的座椅家具的增多，特别是在美国。[5] 实际上，到 19 世纪的最后 25 年，美国专利局仅仅在椅子的种类上就增加了 70 个不同的分支。[6]

专利和创新

在文化史专家吉迪翁的不朽之作《机械化的掌控》一书中，具有专利的机械椅代表了 19 世纪真正的“建构性”特征。对于机械化的座椅家具来说，舒适感——作为一种独特的中产阶层现象——是通过那些可适应人体的巧妙的机械装置来实现的，它不但要增加身体放松的感觉（即使是在工作中），还要考虑特定的任务要求。这种椅子给予了人们一种新的舒适感，一种机械化的感觉。这是工程师制造的家具，而不是室内装潢师或过去的家具工匠打造的玩意儿。因此，它削弱了上流阶层品味的统治性，或者说，削弱了吉迪翁所说的 19 世纪的座椅家具的“临时性”特征。换句话说，当我们谈论椅子时，机械化家具呈现的是有文化意义的创新，这些创新一直可以延伸到家庭以及职场之中。随着这些文化方面的实质性变化逐渐产生，一种放松、舒适的姿势现了。吉迪翁认为，这种姿势“对于更早年代的人们来说是陌生的”，因为那时的人们如果用这种姿势，那“既不能算坐着，也不能叫躺着”。[7] 这是一种依赖于人体和椅子的机械的相互作用获得的舒适感。或者正如吉迪翁所说，“舒适感就可以通过家具对身体的适应性调整主动获取，而不是通过身体被动地沉入坐垫来获得。这便是［19 世纪的］建构式家具和临时性家具之间的全部区别”。这就是说，在使用建构式椅子时，椅子是可以主动改变的，而在使用临时性椅子的情况下，人体保持被动的坐姿。[8]

机械椅出现后，身体的舒适性就通过可调节的、机械化的部件来实现，这些部件可以不断地被分解与再分解，以实现椅子、身体和手头任务之间越来越精细的技术配合——即使任务与休闲有关，而不仅仅是工作所需（图 3.1）。椅子自身的多个组成部分可以专用化，以增强其可调节的各种可能性。比如可以向前倾斜或向后倾斜的座椅靠背，可调节的头枕、脚踏板、减震器，以及那些带有旋转、摇摆功能的部件，更不用说那些为椅子的移动性和可改变性而创造的各种可能性了。事实上，几乎每一种额外的专用化方式和机械化方式都可被看作一项能获得专利的创新。这种专利座椅家具的前沿阵地就是美国。这主要是因为，在欧洲申请技术专利通常需要

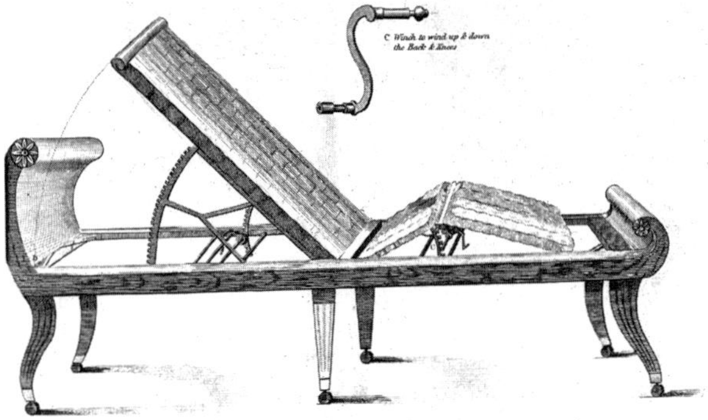

图 3.1　该椅子由英国霍兹登（Hoddesdon）的外科医生塞缪尔·詹姆斯（Samuel James）设计，于 1813 年 11 月 1 日申请了专利。（图片来源：Courtesy of Wellcome Collection.）

更高的成本，其行政手续更冗长烦琐。[9] 但正如我们将看到的，并不是所有的机械椅都有专利，天文观测椅就是这样。许多可调节的观测椅主要是**由**天文学家设计的，也是**为**天文学家设计的，他们在自己的专业杂志和期刊上公开分享这些椅子的设计方案。

19 世纪，专门用于各类特殊任务的机械椅的绝对数量有所增加，它们所针对的专门化任务与各种各样的差异有关。其中，我们可能会看到机械躺椅、摇椅、浴椅、睡椅、露营椅、折叠椅、旋转椅等等。更具体地说，椅子越来越多地与新型劳动及新劳动空间联系在一起，而这正是由工业化和新式技术带来的。例如，我们可以看到为打字机或缝纫机而特别设计的椅子。我们还可以举一个例子，那便是 19 世纪中叶出现的、为肖像摄影工作室设计的椅子。这种用于特定任务的椅子可以在相对较长的相机曝光时间内，帮助坐者的躯干及头部保持稳定。甚至面相学研究者也发明了用于特定任务的座椅。随着面相学在 19 世纪上半叶达到巅峰，一种特制的椅子被引入：拉瓦特的剪影椅（silhouette chair）（图 3.2）。它可令坐者在适当位置上保持一种坐姿不动。这样一来，坐者轮廓的剪影就可以通过烛光投射到一张纸上，后者连接到一个与椅子相连的可调节面板上。[10]

19 世纪后期还出现了为蒸汽机车的车厢设计的座椅。其中最著名的是乔治·普尔曼（George Pullman）的专利：铁路座椅和轨枕。它们不仅与技术有关，还与豪华性和舒适感有关。但是，普尔曼的设计之所以引人注目，还有其他原因。其中一些椅子凭借其舒适性，成功打入了当时的中产阶层家庭，这些椅子创造性地装配了弹簧，并添加了象征休闲的轮转和绕转功能。同样的技术设计及其组件随后被用来制造旋转桌椅，并开始用于各种办公空间。[11] 普尔

图 3.2　在 1781 年，拉瓦特的“剪影椅”首次被提及。[**图片来源：** G. Lavater, *L'Art de Connaître les Hommes par la Physionomie*, vol.8 (Paris, 1807), plate 456.]

曼的组合设计代表了一个关于任务专用椅的有趣观点：跨领域的设计的交叉融合，为那些适合特定领域的专门化机械椅的定制需求提供了灵感，其中也包括那些为天文观测而定制的椅子。

职业化的椅子

19 世纪，一些新兴职业在当时初步成形，与特定职业有关的椅子数量激增。也许没有哪一种椅子的增长趋势，比医学机械椅的情况更为突出。这里，我们来介绍一下让–马丁 · 沙可（Jean-Martin

Charcot）的“振动扶手椅”（英文为“vibration armchair”，法文为“fauteuil trépidant”）的例子。正是这位著名的巴黎神经学家将这种椅子引入帕金森病的治疗当中。为了减轻帕金森病患者的痛苦，这种椅子故意模仿了铁路车厢的振动感。[12] 在19世纪40年代，纽约的基萨姆博士（Dr. R. S. Kissam）发明了一种专门用于矫正脊柱侧弯的椅子——事实上，它是这一时期引入的诸多“脊柱矫形器”（spinal relievers）中的一种。[13] 而且，正确的体态和姿势不仅是健康问题，也是一个道德问题——在受到政治和社会高度重视的环境下，健康与道德有明确的关联。社会卫生员、改革者、教育家、生理学家、外科医生和其他医务工作者，在西欧和美国携起手来，一起开创了椅子和办公桌的创新设计，关于正确坐姿的生理学知识不断更新。当康德写到应当管教孩子让他们坐直时，他认为这种从父母、老师的权威中延伸出来的外部强制力量，随着时间的推移可能会成为孩子的内在力量，成为孩子的本能。然而，到了19世纪中期，孩子的坐姿开始通过座椅家具所产生的外力来调节（图3.3），规训人的身体并使它顺从的任务，从那时起就被外包给了活动椅上的可微调机械。于是，椅子成为一种令人舒适的机械装置，使得充满社会价值的体态技术得以延续和维持，这种社会价值观在与卫生和健康有关的道德经济和视觉经济中流传，并一直流传到20世纪。[14]

这一时期，在为外科医生、理发师和牙医专门设计的专用座椅家具中，最新分化产生的职业与机械椅之间的联系得到了最生动的证明。直到几个世纪前，理发师和外科医生这两种职业在很大程度上还是没有差别的，这种有着复杂社会经济关系的组合不但让两者结合起来，还使得它们与牙科医生产生了同样复杂的联系。在实践中，所有这三种职业身份——理发师、外科医生和牙医——通常都集中在同一人身上。在一些地方，比如德语地区和英格兰，三种职业是通过同一个公会来组织的，比如伦敦城中那久负盛名的理发师工会（Worshipful Company of Barbers，始创于 1308 年）。在 18 世纪，一系列外科家具，特别是外科椅的引入，与这三种职业的分化同时发生，因此每种职业都开始拥有属于自己的座椅。在这些历史上曾为一体的职业逐渐分化的过程中，分化趋势不但要以新的机构、协会和实践的产生为基础，还要以专业设备的出现为基础，其中就包括为特殊职业需要而设计的机械椅。特别是在 19 世纪，这

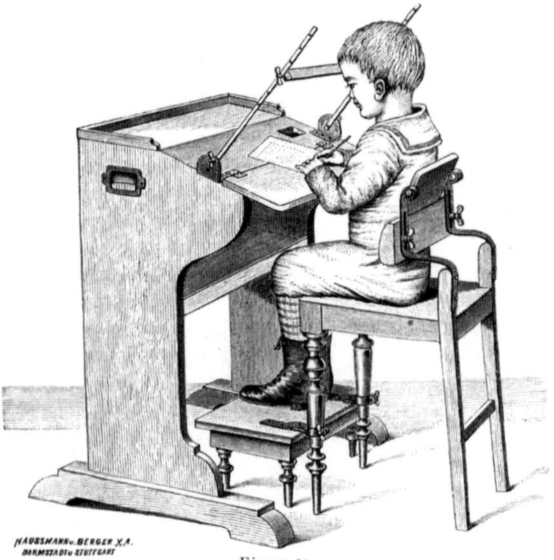

Figur 21.
Dr. Staffels Arbeitsstuhl mit Lenden-Rückenlehne, nebst Schreibpult mit Stirnrahmen.

图 3.3 弗朗茨·斯塔菲尔（Franz Staffel）设计的可调节工作椅，这其实是一种儿童课桌。它根据专家所规定的健康姿势设计。[图片来源：F. Staffel, *Die Menschlichen Haltungstypen und Ihre Beziehungen zu Den Rückgratverkrümmungen* (Wiesbaden, Germany 1889), 88, figure 21.]

些椅子开始被认为具有不同的职业属性。

先让我们来考察一下牙医的椅子。当时，伦敦有一位牙医名叫詹姆斯·斯内尔（James Snell），他是英国皇家外科医学院（Royal College of Surgeons）的成员。他在1831年第一次将躺椅的形态整合到了牙医的椅子上，包括盛放牙科工具和其他配件的椅子附件（图3.4）。斯内尔在他的《牙科操作的实用指南》（*A Practical Guide to Operations on the Teeth*）一书中为我们介绍了他设计的“手术椅”（operating chair），以及许多其他为牙医这个新生职业设计的现代化仪器和工具。当他写到为了独立且顺利地开展个人牙科手术，调整病人的身体是何等重要时，斯内尔建议用一把机械化的手术椅来完成工作。因为，它“建立在真正的科学原则上；部分机械化可能使椅子在整体上帮助患者感到舒适，并能提升各项操作的效率”。但这还不是全部，斯内尔热衷于用机械椅划定一种新兴的职业。“每一个牙医，”他继续写道，“如果急切渴望保持作为一个专家和优雅的施术者的品格，他就会发现，拥有这样一把椅子其实对自己是有利的。的确，一个专业人士的责任就是为自己提供一切［原文如此］可以让他的患者安心、促进他的手术成功的东西。”[15]在这里我们看到的是，一种明确地关联了牙医这一新兴职业的认同与专用椅子的设计及其调节的关系——正如斯内尔极力推广他的设计，发明者并不一定要让这些专用的椅子获得专利，他可以自由地与其他业内同行分享新发明。[16]以斯内尔的设计为代表的牙医椅，其实是一种区分的标志，它可以将拥有专业知识的人和没有专业知识的人区分开来；这继而成为一种现代化的标志。就像其他任何职业化设备一样，斯内尔认为那些最熟悉牙医需求的人应该为他们自己设计专业的椅子，因此他认为牙医椅的制造者不应包括室内装潢师和家具制造商。到19世纪末，牙医椅变得越来越复杂，已经可以通过专门的部件和齿轮、液压乃至电力来适应患者“被动的”身体，并将其与“主动的”牙医联系起来（图3.5）。因此，牙医椅逐渐脱离了理发椅和外科手术椅，获得了属于自己的历史演化轨迹。总体

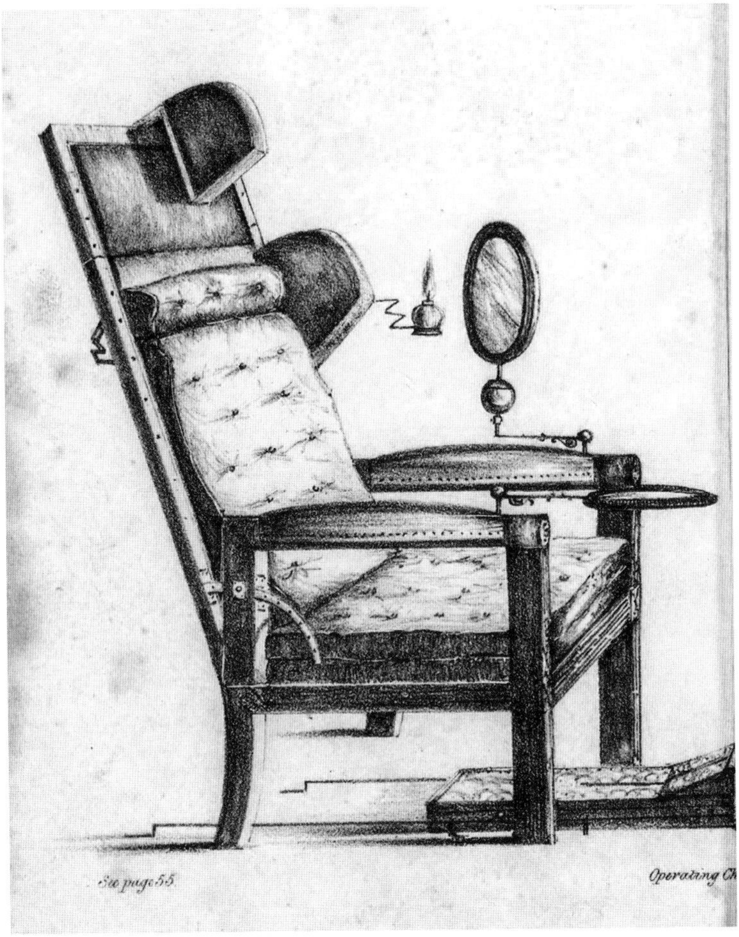

图3.4　詹姆斯·斯内尔设计的牙医手术椅，这是第一种适应牙医职业需求的椅子，椅背采用了可调节倾斜角度的设计。[图片来源：Frontispiece to James Snell, *A Practical Guide to Operations on the Teeth* (London, 1831).]

上说，职业专用椅是随着职业身份认同的日益巩固而出现的，它改进了施加在患者身上的手术操作和专业施术者的行为，并将这些行为差异化，同时也让专家有别于那些对手术一窍不通的人。因此，专业化的椅子加强了——如果不说它们构成了——专家使用者的社会权威、知识权威及其形象。

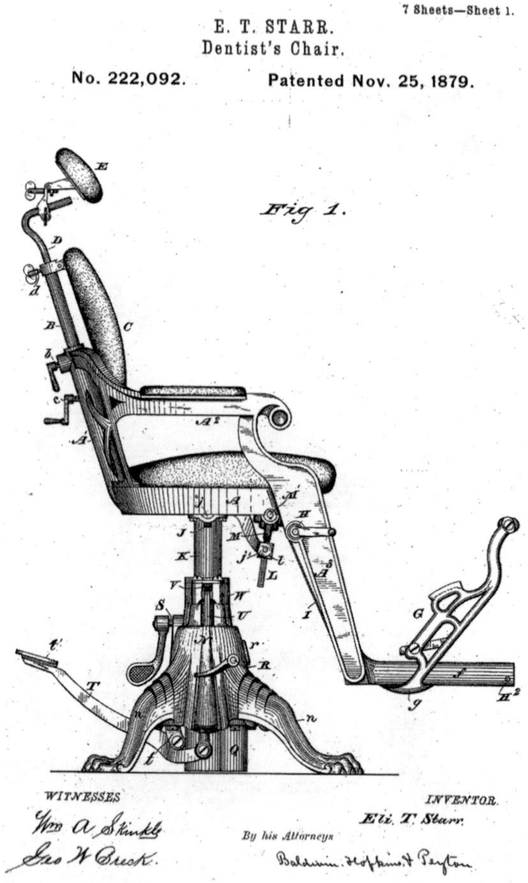

图 3.5　这张图取自专利申请材料，展示了伊莱・T．斯塔尔（Eli T. Starr）设计的牙医椅。（图片来源：Eli T. Starr, improvement in dentists' chairs, US Patent 222 092, filed November 21, 1878, and issued November 25, 1879.）

“病弱者”之椅

除了与特定的新兴职业相关的椅子外，最值得注意的针对特定任务的椅子是为残疾人设计和制造的椅子。在这种椅子上我们能看到可斜躺、可移动和可机械调节椅子的早期形式。虽然在之前的几个世纪人们已经知道了“病弱者”之椅的概念，但在 18 世纪木工们才开始设计并宣传那些专门治疗痛风、风湿和瘫痪的椅子。有时，它们被人们称为“痛风椅”（gouty chair），这种椅子同样被推荐给那些“懒散的、学究式的［而又］讲求精致的人”。这些椅子最初是为家庭中那些更为私密的场合设计的，但到了 19 世纪，它们转而进入水疗中心、医院和诊所等具有公共机构性质的环境当中。在托马斯·谢拉顿（Thomas Sheraton）的《家具词典》（*Cabinet Dictionary*，1803）一书中，人们会读到这样一些表述：“床形椅，是为患病之人制作的……它可以从后面被抬高到任何角度，或多或少帮助支撑患者起身直立。”[17] 这种为病人专门设计的椅子采用了新颖和混合的设计方式，这一事实似乎印证了吉迪翁对机械舒适感及其提供的独特姿势的特征描述。因为病弱者专用椅既不是让使用者躺着，也不是让他们坐着，而是介于两者之间，这种姿势在物质层面正对应“床形椅”这样的混合产物。

在英国的摄政时代[①]，为残疾人设计的“沙发”被大量申请专利，这种椅子有时也被称为“机器”，因为它们可以通过绞车、螺

① 狭义的“摄政时代”（The Regency Period）一般指 1811—1820 年，即由于英王乔治三世精神病加重，威尔士亲王乔治摄政的时期。1820 年，摄政王乔治加冕为乔治四世。也有学者将 1795—1837 年从乔治三世到威廉四世的统治时期称为摄政时代。这一时期英国从文化、艺术到政治均出现了独特的风格，为后世史家所注意。

纹和齿轮进行调节。为残疾人准备的座椅家具有各种形状和大小，比如扶手椅、躺椅、摇椅、沙发、床形椅，或者是它们的混合装置。虽然轮椅已经存在了几个世纪，但约翰·约瑟夫·梅林（John Joseph Merlin，1735—1803）的一个特殊设计依然以其机械创造力闻名遐迩（图3.6），甚至成了一种时代象征。这种椅子的机械结构允许坐着的操作者以多种方式调整椅子，甚至可以在不触碰轮子的情况下控制椅子向前或向后转动，也不需要人从后面推。有人提议在梅林的椅子上装配一台小型蒸汽机来驱动它，并在椅子的扶手上增加一套小的曲柄进行操控，至于原因嘛，人们没有理由不去试试。[18] 在19世纪初的英国，人们对残疾人专用椅子的需求急剧增加，这主要是因为大量受伤的士兵从拿破仑战争前线撤退回国。此外，还有人认为"疾病越来越常见，这在很大程度上是由于奢侈风气的蔓延"——痛风、风湿病和瘫痪通常被认为是富人才患的疾病。[19] 一位研究弗洛伊德的精神分析椅的历史学家最近指出，"随着舒适感逐渐走进医疗，仰卧的姿势也成为治疗技术的一部分"[20]。事实上，为残疾人设计的机械椅，后来也塑造了中产阶层在家里介于坐和斜躺之间的独特姿势。

起初，"病弱者"之椅通常被放在家中卧室等外人看不见的更私密的地方，很少会被放置在承载更多社交功能的房间，比如客厅。但是，随着人们对舒适的接受程度的加深，一种属于中产阶层的需求形成了，以反对上流阶层的自负及其"安逸感"（ease）——这种感觉也会随之改变。可以肯定的是，在这一时期，许多混合多种元素的椅子获得了专利，例如，埃德蒙·阿道弗斯·柯比（Edmund Adolphus Kirby）的"病弱者长榻"（图3.7）、厄尔（Earle）的沙发床和 J. 奥尔德曼（J. Alderman）的“便携式平衡椅”，还有“自调节病弱者之椅”，最后这种椅子被描述为“通过一种难以察觉的渐变式的机械装置进行调节……这种专利座椅的每一部分都遵循自然规律：例如，当病人的背部塌下去时，椅子的扶手、坐垫和腿枕

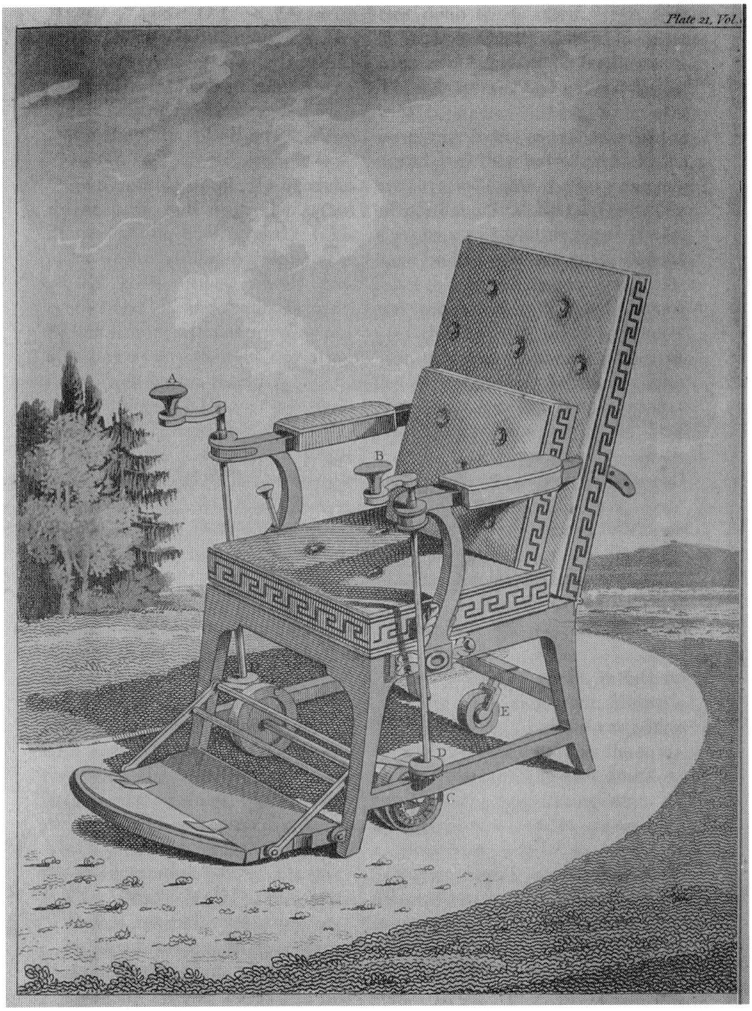

图 3.6　梅林的机械椅。[图片来源：R. Ackermann, *The Repository of Arts, Literature, Commerce, Manufactures, Fashions, and Politics*, series 1 (1811), plate 21.]

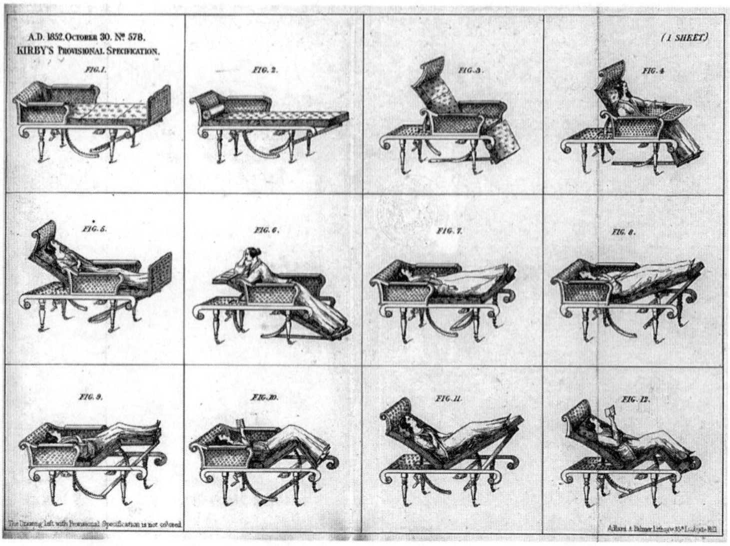

图 3.7　埃德蒙·阿道弗斯·柯比为其可调节椅子所附的专利说明书，这种椅子可以用于医疗以及其他一般的用途（伦敦，1854），此为专利说明的第一页。（图片来源：Courtesy of Wellcome Collection.）

都会在不知不觉间随着病人背部的运动一起发生变化，这样病人的任何一块肌肉都不会被扰乱”[21]。19 世纪中叶，病人专用椅的功能更加丰富，同一把椅子可以转换适应多个不同的姿势，病人可以在上面坐着，也可以躺着。这种椅子逐渐在公共领域被社会大众接受。也就是说，这些获得了专利的病弱者之椅以舒适的名义满足健康人的需求，并填充他们的空间，成为客厅的陈设。卫生设施再次以“舒适”的名义融入更多的家庭社交空间之中。再举一例，以服务残疾人为目的的多功能椅子，为一系列最著名的可调节与可转换的机械椅提供了灵感，这些椅子在健康的居住环境中找到了自己的位置——具体来说，这些椅子就是 19 世纪 70 年代早期由威尔逊可调节椅子公司申请的专利（图 3.8）。阿舍尔与亚当斯公司出版的美国工业画册就描述了这一现象。在一段描述古埃及椅子历史的短暂插曲之后，作者写道：“改进椅子的目的，就在于满足舒适、健康和经济等方面的需求……这一切都是按照严格的科学原则安排的。”作者进而解释：“这种椅子极易操作，有多达 30 个可调节位置。因此，在促进人体卫生健康这一点上，它的经济性和价值都很突出”[22] 在威尔逊可调节椅子公司的专利椅的后续版本中，存在 70 个不同的可调节位置，所有这些设计都是为了让人们可以坐着就方便地操作。威尔逊可调节椅子公司的椅子在 1878 年的巴黎世界博览会上展出，它还被授予了卫生和公共救济奖章。广受欢迎的威尔逊椅子继续走进美国的客厅和餐厅，这种机械椅便是人们熟知的

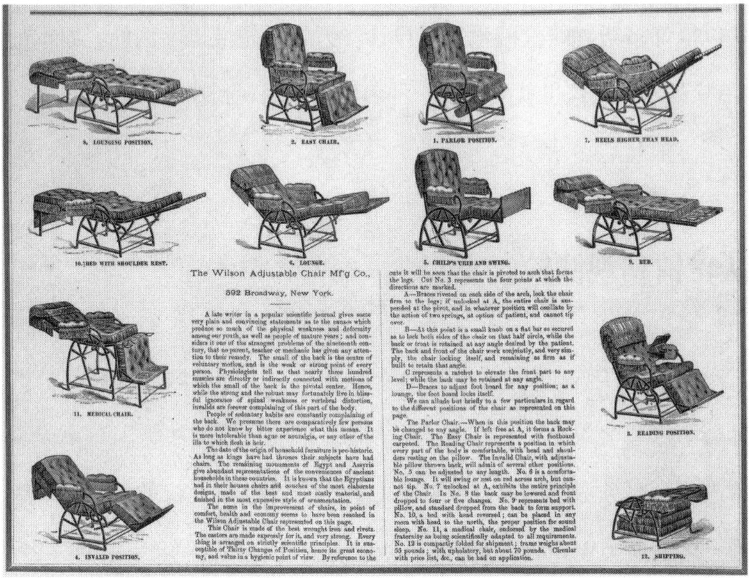

图 3.8　威尔逊可调节椅子公司出品的可调节椅子。［图片来源：Asher & Adams, *New Columbian Rail Road Atlas and Pictorial Album of American Industry, Comprising a Series of New Copper Plate Maps Exhibiting the Thirty-Seven States* (New York, 1875), 9.］

20世纪“会客室”安乐椅的前身。“会客室”安乐椅可以倾斜、旋转，并通常包含一个可伸缩的脚凳。

与此同时，威尔逊椅子也进入了《保健医生的口袋手册》（*The Physicians' Pocket Manual*）之中。其中以“改进仪器”为标题的那部分，解释了这类专门的椅子为何会被推荐用于妇科和外科手术。“我们已经对这种椅子进行了数次严格的检测，并赞同权威人士的意见：它的所有安排既简单又完美，并科学地符合妇科检查和手术的每一项要求。”[23] 机械座椅家具的创新设计，时常需要从一个领域跨越到另一个领域，有时又跨越回来。因此，尽管在家庭室内设计的场合和各类职业空间中，差异化和专业化的家具展现出无穷无尽的形式，但不同领域的家具还是共享了许多相同的要素，其中就包括许多巧妙的机械化舒适设计。天文学领域也不例外。原本的“治疗技术”在这里就变成了一种名副其实的观测技术。

从轮椅到观测椅

在1880年华盛顿举办的每十年召开一次的美国药典修订公约大会第六届会议上，“医学与药学群贤”被集体送往美国海军天文台进行一场短途参访。在那里，时任美国海军上将的威廉·莱亚德·罗杰斯（William Ledyard Rodgers）和他的妻子接待了宾客。当晚的活动包括一个招待会，当然还让宾客们透过那台著名的望远镜进行了观测。然而，参访团的成员们无论多么努力，都无法透过这台仪器看到任何东西。“尽管负责望远镜的办公人员调整了仪器，但纯属徒劳；他们不断提醒客人们去注意这颗或那颗行星的卫星，但这些话都毫无意义；愚蠢的人们最终也没有看到那些奇迹。”参访眼见以失败告终，一位年长的“锯骨”（外科医生的诨号）挽救了这晚的活动。他注意到了天文观测椅，结果使众人都惊叫起来：“哦，乔治！你发现了一把多么漂亮的妇科椅啊！”[24]我们不太确定究竟是哪一把天文观测椅拯救了这次参访，让它没有彻底失败，但是可以确定，这把椅子一定是一种低矮的、可调节的躺椅，并通常与一种可移动的仪器一起使用，以便观测者沿着经线方向进行观测（图 3.9）。但是，如果说这把华丽的观测椅给医药专家带来了别

TRANSIT CIRCLE—UNITED STATES NAVAL OBSERVATORY.

图 3.9　位于华盛顿特区的美国海军天文台中的天文观测椅。图中的观测椅位于子午环的滚轮之上。[图片来源：*Harper's New Monthly Magazine* 34 (1873–1874): 538.]

样的灵感，那么我们根本想不到，要是这些医药专家知道19世纪一些最著名的，甚至获奖的天文椅受到了“病弱者”之椅的启发，他们会做出何种反应。

19世纪40年代，英国天文学家亨利·劳森就在位于巴斯的自家屋顶上为其新天文台设计了两种可调节的机械椅（图3.10）。他将自己设计的观测椅称为“倾斜躺椅”，这个称呼不仅凸显了这把椅子可以进行的基本操作（让人斜躺上去），还反映了这种椅子与中产阶层舒适建制的关系。他设计的第一种椅子较小、更容易移动；第二种则是较大的“机器”，可以在铁轨般的轨道上运行。劳森如此描述那台较小的倾斜躺椅：“它的构造是这样的，观测者可

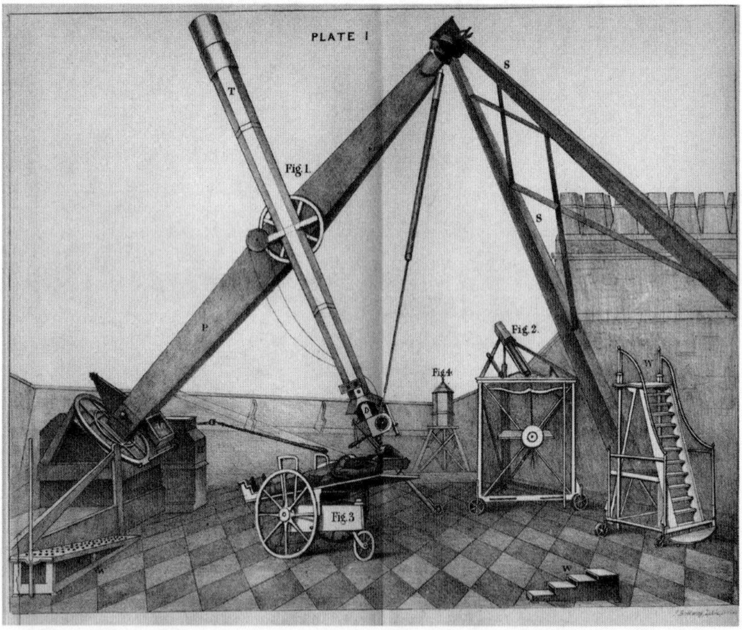

图3.10　亨利·劳森躺在巴斯私人天文台的小型倾斜躺椅上。［图片来源：H. Lawson, *A Paper on the Arrangement of an Observatory for Practical Astronomy & Meteorology* (Bath, England, 1844), plate 1.］

以保持站立或者说在休息时与地面保持垂直，也可以将其倾斜到和地面成任意角度的位置，还可以通过一个架子上的抓斗，确保自己站在正确的位置上。它是用轮子运行的，其中两个最大的轮子（观测者可以很方便地够到）可以帮助观测者，让他的眼睛和望远镜保持观测的最佳距离。”[25] 这两种倾斜躺椅主要服务于劳森那安装在英国的赤道仪，以进行天顶观测。但其最突出的特征还是它们类似于轮椅的结构。这不仅仅是一个巧合，因为倾斜躺椅就是由巴斯地区几内亚巷的查尔斯·罗珀（Charles Roper）和威廉·罗珀（William Roper）制造的，两人均来自当地著名的罗珀家族，他们在巴斯开了一家专门生产轮椅的工坊。

第一批巴斯椅是由詹姆斯·希思（James Heath）在 18 世纪中叶设计的，最终它变得可以与轿椅媲美。这种椅子典型的大后轮可以为操作人员提供更大的机动性和操控力，这启发了后来的轮椅设计，我们今天对其设计特点很熟悉。巴斯椅最初是供身体虚弱者坐的，帮助他们往返于巴斯这座古老城市正在复兴的温泉水疗中心。而到了 19 世纪 30 年代，巴斯椅已经得到英国普通人的广泛使用。不管是不是残疾人，人们都会乘坐这种椅子前往城镇的洗浴胜地（无论新城还是旧城），比如布赖顿、切尔滕纳姆、伯恩茅斯、巴克斯顿、马特洛克、布罗德斯泰斯、拉姆斯盖特、赫恩贝、马盖特、利明顿，当然也包括巴斯本地。一位研究椅子的历史学家甚至宣称，巴斯椅是“一种维多利亚时代的建制”（a Victorian Institution）[26]。这一时期搬到巴斯的劳森显然是受到了这些设计的启发。想必他的观测椅一定很受欢迎，因为这类椅子赢得了英国艺术、制造与商业促进协会的银质奖章。仅仅几年后，作为英国最受尊敬的天文学家之一，道斯牧师就为他自己新进在肯特郡的卡姆登公寓（Camden Lodge）建造的天文台制作了一把小型倾斜躺椅。这把躺椅正是在劳森本人的监督下完成的，制作工坊也是劳森曾委托的那间。道斯在当时一个重要的天文学信息论坛上提到，“对于长期持续的观测，观测者应该避免因保持笨拙的姿势而产生不稳定和疲劳感，这才是可取的做法。这种倾斜躺椅是非常有价值的，它能够给观测者带来极大的舒适感……因其结构的独创性和简洁性，以及它能够完美适应目标的性质，我强烈推荐观测者都使用这种椅子”[27]。罗珀家族继而在 1851 年的伦敦世博会上展出了倾斜躺椅。在那里，它作为劳森“发明”的天文观测椅，被展陈在“哲学、音乐、钟表和外科仪器”的专用展厅里。在这次展览的几年后，劳森发布了他设计的另外两种专用的可调节机械椅，并做了详细描述。不过，这两种椅子都是专门用于“救助因疾病或外伤而需要帮助的人，因此被称为升降器（Lifting Apparatus）和外科手术用转移器（Surgical Transferrer）[原文如此]”[28]。

道斯在卡姆登公寓建造自己的私人天文台之前，还在乔治·毕肖普（George Bishop）位于伦敦摄政公园的南别墅天文台（South Villa Observatory）工作了五年之久。道斯作为其中主要的天文学家之一，很喜欢那里的一把独特的机械观测椅（图 3.11），这把观测椅在 1839 年（也就是道斯被天文台雇用的同年）赢得了英国艺术、制造和商业促进协会的银质奖章和 20 基尼的奖金。这把观测椅是由家居用品方面的专家 J. 斯珀林制造的，他在布卢姆斯伯里的由温兰德先生所开的制造行里做工。斯珀林观测椅似乎一直是观测椅领域的“凯迪拉克”。它的机械结构（图 3.12）提供了极其精

图 3.11　乔治·毕肖普的天文台内部，图中展示了获奖的斯珀林观测椅。当这幅画完成时，该天文台及其观测椅已经从摄政公园搬到了伦敦郊区的特威肯汉（Twickenham）。［图片来源：*Illustrated London News* (October 9, 1869): 368.］

细的运动和调整方式，观测者只需在椅子上舒适地坐着，就可以与一台相当庞大的赤道式折射望远镜保持如上发条般和谐配合的完美工作状态。这座天文台的主人名叫乔治·毕晓普，他用家族酿酒生意所得来的财富建造了这个著名的天文台。他说，用斯珀林设计的椅子来观测时，“观测者的各类移动可以由自己主导安排，这就使某一类助手变得不再必要，而且观测者的工作仅受极轻微的干扰，就能对其观测位置做出必要的改变”。著名的英国望远镜制造者乔治·多隆德（George Dollond）也证实，这把椅子“是最完美的。当观测者在用赤道仪观测时，这把椅子在各方面都能满足任何绅士所能想到的一切舒适需求，还能让他们以一种真正优雅和娴熟的方式完成观测”。这把观测椅是如此舒适，以至于斯珀林有次甚至将

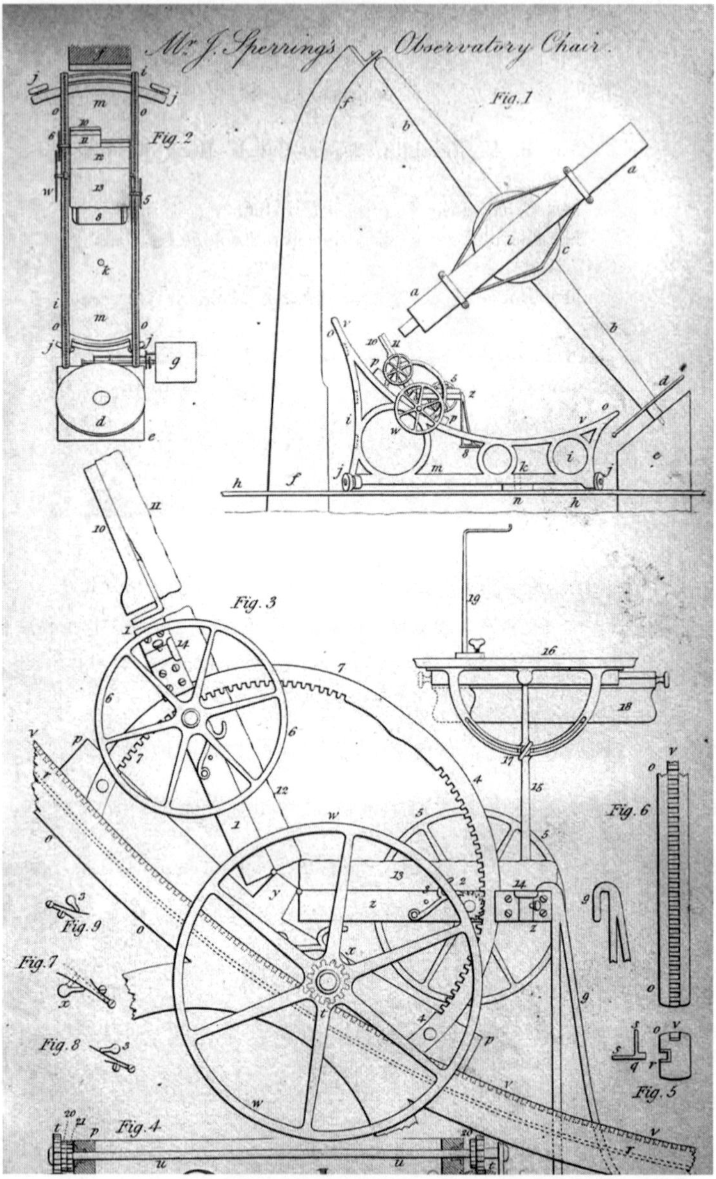

图 3.12　这便是斯珀林为毕肖普的南别墅天文台所设计的观测椅的机械细节，此图由科尔内留斯·瓦利（Cornelius Varley）绘制。[图片来源：*Transactions of the Society, Instituted at London, for the Encouragement of Arts, Manufactures, and Commerce* 53 (1839–1840): 73.]

一把椅子从马车里拿出来，推荐给那些患痛风的人。[29] 正是在这把观测椅上，那位被称为“鹰眼”的天文学家道斯持续进行他那著名的双星观测，这是天文学中最精细的观测之一。

奇怪的是，到了 1847 年，道斯并没有在自己位于卡姆登公寓的天文台上使用斯珀林椅，他更喜欢我们刚刚看到的劳森设计的倾斜躺椅。然而，仅仅十多年后，道斯又放弃了倾斜躺椅，用另一把观测椅取而代之，这次的新椅子是按照他自己的设计制造的（图 3.13）。道斯在写给一个刚开始学习天文学的熟人的一系列信件中，透露了一些他更换观测椅的原因。他写到倾斜躺椅时说，“当观测者在它‘里面’工作时”，这把椅子是“很舒服的，而且持续性地简单‘凝视’也没有什么问题；但是，如果观测者想时不时地写下他的观测结果，走下来再换一台望远镜的话，就会遇到繁重的麻烦。于是，我很快就想出了一种更简单、更有效的方法”。这就说明，一旦观测者坐在倾斜躺椅之中，似乎就很难再出来了。道斯以相当于倾斜躺椅三分之一的价格，向肯特郡当地的一位木匠订购了一把他自己设计的椅子的复制品，以满足不断书写记录的需要。他还强调说，自己设计的这把椅子“是一件简单的玩意儿，我从未尝试过让它拥有漂亮的外表”[30]。道斯观测椅最终广泛出现在 19 世纪一些最重要的天文台上，包括位于南非好望角的皇家天文台、威廉·哈金斯（William Huggins）的私人天文台，以及在澳大利亚为大墨尔本望远镜建造的天文台等（图 3.14）。它还进入了格林尼治的英国皇家天文台之中，直到今天，道斯的椅子仍然作为历史藏品保存在那里。就像由天文学家设计的其他观测椅一样，道斯设计的观测椅并没有取得专利，而是通过口口相传或者通过有关天

FIG. 1.

FIG. 2.

图 3.13　道斯设计的观测椅，上面的软垫和簇绒表明道斯的观测方式强调舒适感。［图片来源：E. Crossley, J. Gledhill, and J. Wilson, *A Handbook of Double Stars* (London, 1879), 28.］

图 3.14　一位天文学家正在使用墨尔本天文台的 8 英寸（1 英寸约合 2.54 厘米）南赤道望远镜观测一颗彗星。（图片来源：“At the Melbourne Observatory—watching for the comet,” front page of the *Illustrated Australian News*, March 19, 1884. Courtesy of Museums Victoria Collections.）

文学技术的通信和出版物，得到了公开分享。例如，乔治·钱伯斯（George Chambers）的《描述和实测天文学手册》(*A Handbook of Descriptive and Practical Astronomy*）一书就强烈推荐道斯的椅子，这可是19世纪最受欢迎的天文学手册之一。[31]

19世纪30年代，天文学家对观测椅的需求不断上升，这与越来越普遍的追求舒适性的文化诉求，以及将椅子作为专业知识标志的文化现象相一致。到了19世纪中叶，我们发现了许多针对天文观测椅的彼此竞争的设计，它们都在试图满足不断增长的需求。虽然天文学的全面专业化直到很久以后才出现，但这种对专用座椅的需求已经表明，天文学家开始被社会划为一个独立的群体。虽然观测椅已经进入了当时的许多大型公共天文台，但是当我们追溯起它们的设计者，可能会称之为“业余”天文学家。事实上，似乎正是通过他们的创新设计，观测椅适应了天文工作的特殊需求。因此我们可以说，这些所谓的“业余”天文学家全心全意地加入了专业化的潮流，并为天文学的职业化做出了贡献。在19世纪后期，四处旅行的匈牙利天文学家康科利-泰格·米克洛斯（Miklós Konkoly-Thege）也证实了这一点。他观察到，在英国的“每一个小型私人天文台”都可以发现对“专业化”的坚持，特别是在使用像观测椅这样的设备时。[32] 如此看来，我们今天所看重的、职业人士和业余爱好者之间泾渭分明的界限，并不像我们想象的那样清晰。这些椅子在当时被用来识别并划定专家群体，尽管这一历史过程可能并不总是符合我们当下的期望。

资产阶级的天文台

观测椅不仅可以出现在世博会上，赢得设计奖，出现在各类手册和协会刊物上，也可以出现在当时影响更广泛的印刷媒介文化当中。正如我们在上节开头提到的“医学与药学群贤”已经表明的那样，望远镜和观测椅是维多利亚时代的人们所凝视的奇观之一。许多人可以通过文字记录和描述来认识这些奇观，还可以通过杂志、报纸、旅游指南、小册子以及大众流行的幻灯片中的望远镜图片进行了解。例如，《普雷斯顿纪事报》（*Preston Chronicle*）的某一期就刊登了新期刊《科学杂志》（*Magazine of Science*）的营销信息，后者通过展示期刊第一期所包含的精美版画来推销自己，其中碰巧就包含了一幅描绘斯珀林观测椅的版画，这成了其值得称赞的亮点之一。[33] 当观测椅出现在报纸上时，这些报道会特意描述它们的机械功能。《波士顿每日广告商报》（*Boston Daily Advertiser*）就介绍了亨利·德雷珀（Henry Draper）的天文台，“对望远镜的全部操作都是在一把观测椅上进行的，这把椅子会跟随望远镜而调整”，“这台仪器可以被操控指向一个目标天体，天文台的圆顶随之逐渐转动，观测者可以通过触手可及的操作装置轻松移动到这座建筑物中自己想要去的任何地方，而且只要轻微地用力就可以办到”。[34] 除了报纸和杂志上关于望远镜的文本报道，我们还发现了很多有关观测椅的视觉报道。如图 3.11 所示，这张图片展示了毕肖普的南别墅天文台里的那张斯珀林观测椅，《伦敦新闻画报》（*Illustrated London News*）率先转载这张图片。当时的科学就是通过包括展示天文观测机械椅在内的一系列方法，表明自己已触及“宇宙的内在”（cosmopolitan interior）[35]。

《伦敦新闻画报》还在 1843 年刊登了一幅画（图 3.15），不仅展示了剑桥天文台的内部、望远镜和观测椅，还展示了许多男女都在参观这种体现当时最高科学水平的设备。约二十年后，该画报再次以视觉形式报道了这台望远镜，但这次一同出现的只有两个女人、两个男人和一个孩子。[36] 参观科学和工业场所是中产阶层日益流行的休闲方式，是一项包含道德教育和理性娱乐的活动。1874 年的《澳大利亚素描画报》（*Australasian Sketcher*）展示了一次类似的资产阶级天文台观光之旅，前景突出了位于维多利亚的大墨尔本望远镜配套的观测椅，它与被衬裙支配的女性参观者的坐姿形成对

图 3.15　这幅插图展示了男性和女性参观者在剑桥大学赤道式折射望远镜旁参观的景象。[图片来源："The Great Northumberland Telescope, at Cambridge," in *Illustrated London News* (October 28, 1843): 284.]

比（图 3.16）。在另一份澳大利亚报纸《悉尼邮报》（*Sydney Mail*）上，读者们会看到一对穿着考究的夫妇正在观看悉尼天文台的望远镜以及有簇绒装饰的观测椅。直到 1905 年，德国的讽喻插画期刊《飞叶》（*Fliegende Blätter*）还描绘了一些类似的内容：一对中上阶层的夫妇在度蜜月时参观了天文台，他们站在一把类似霍夫设计的观测椅前，一位天文学家向他们介绍各类宇宙尺度概念。[37] 这些画报和期刊面对其资产阶级读者，将天文台的专用座椅家具描绘成科学、设计与技术的奇特交汇的关键组成部分。到欧洲各地参观重要天文台的游客越来越多，许多天文学家觉得有必要为此建立

图 3.16　大墨尔本望远镜旁，一群天文爱好者正在参观。［图片来源：Detail from a hand-colored broadsheet in the *Australasian Sketcher* (June 13, 1874). Courtesy of Museums Victoria Collections.］

一种独立的天文学机构，因此名为“乌拉尼亚”（Urania）① 的大众天文台逐渐在 19 世纪末的柏林、维也纳、慕尼黑和苏黎世等地流行起来。因此，观测椅的图像说明了一种文化现实，一种天文学家及普通观众的普遍需求。

当我们回顾当时的中产阶层人士参观造船厂、炼油厂等工厂，及其他工业活动和技术创新场所时，我们会发现人们接触科技的范围明显更加广泛，而不仅仅局限于天文台或报纸，这些观光构成了满足公众好奇心与实现公众教育的社会循环的一部分。[38] 就像公众会对蒸汽锤或新建的铁船等“神奇”的事物感到兴奋一样，他们看到观测椅及其服务的巨大望远镜时也会感到惊异。他们感到激动的原因在于，像椅子这般稀松平常的东西，可以被制作得如此先进、精确、专业化，专业人士为了实现特殊目的竟然可以采用如此复杂的、令人惊叹的机械化设计。在观众眼中，天文学家的椅子开始成为一种具有启蒙功能的职业标志，最终它也成为一种现代的职业标志。《伦敦及其周边：1851 年伦敦世博会纪实》（*London and its Vicinity: London Exhibited in 1851*）是一本在当时很有影响力的游览图册，陆续出版了许多版本。这本书带给读者一种细致入微的虚拟参观体验，参观的地点包括啤酒厂、运河、教堂、医院和火车站，还有 19 个私人或公共的天文台。这本书除了展示包含望远镜的插图和天文台内部的各种平面图以外，一个值得注意的特点便是，作者明显表现出对观测椅的高度关注。书中包含位于牛津拉德克利夫天文台的日晷仪（太阳仪）观测椅、剑桥天文台的诺森伯兰

---

① “乌拉尼亚”是古希腊神话中掌管天文的缪斯女神，许多近现代西方天文台均以此命名，如第谷的天堡（Uraniborg）可直译作“乌拉尼堡”。

椅（Northumberland chair）、毕肖普天文台的旋转椅，以及约翰·德鲁（John Drew）在南安普敦天文台的中天观测椅。作者提醒读者："天文学在每个时代，都被认为是最引人注目的科学……社会公众迫切地渴望关注英格兰的尖端科学机构，是很自然的一件事。"[39] 天文学在当时被认为是最崇高的科学之一。当追溯这种情况时，我们可以明显看到，机械可调节的天文观测椅逐渐从其他标志着进步性、专业性和文明性的椅子中脱颖而出。[40]

也许这就是为什么大众杂志在引导读者进行虚拟的天文台参观时，除了会关注技术先进的时钟和望远镜，还会花时间请读者留意天文台专用的观测椅，有时甚至把它们当作一种不可思议的、犹如拥有魔法般的奇观来介绍。让人们熟悉的事物再次变得离奇，这种做法不但可以刷新读者经验丰富的观念"调色板"，还可以重新吸引他们的注意力。这里我举一个特别有趣的例子。当时，有一篇题为《科学的死灵术》（The Necromancy of Science）的文章发表在《商会期刊》（*Chamber's Journal*）上，作者讲述的天文台浪漫故事令读者着迷，"就连那位让阿拉伯的哈里发的不眠之夜变得妙趣横生的奇幻故事讲述者，也会觉得这段浪漫故事在她的虚构情节中显得太疯狂"。这些读者实际上是被作者护送着，通过了一个虚拟的天文台——或者正如作者所说的，一个"魔法师的洞穴"——在那里，他们遇到了"很多陌生的神秘工具，毫无疑问，它们正是奇幻法术的物质媒介"。这些陈设之中，有"很多奇怪的家具，它们既不是沙发也不是椅子，有时看起来似乎兼具两者的特点，这种座椅的椅背有奇怪的关节，脚下有滚轮，等待着'死灵'的归来。显而易见，这些座椅本是被当作火车车厢的"。当参观者得到允许，通过一个“魔法管道”进行观测时，他会突然发现自己正坐在这种混合组装的“沙发椅”里，而且“当参观者需要它的服务时”，这种座椅就会自动地“推着自己”移动。现在，参观者可以舒服地被沙发椅环抱，透过“魔法管道”观测天空，开始“追逐”天上的群星。他“沉浸在追逐星星的兴奋中，有时会突然从座位上一跃而起，甚至以为自己几乎就要追上”被望远镜的十字线锁定的恒星。[41] 无论这些叙事是为了激发读者的兴趣，还是为了更新读者的观念，对于我们的研究目的来说，我们需要特别注意这些叙事中的东方主义色彩，这非常重要。

当时的人们可以在非常多样的报刊中看到这些天文台的样貌，这里就列举其中一小部分：《哈珀每月新刊》（*Harper's New Monthly Magazine*）、《城镇与乡村期刊》（*Town and Country Journal*）、《飞叶》、《科学美国人》（*Scientific American*）、《法国科学图文报》（*La Science Illustrée*）、《大众科学评论》（*Popular Science Review*）、《爱丁堡商会期刊》（*Chamber's Edinburgh Journal*）、《外国文学综合杂志》（*Eclectic Magazine of Foreign Literature*）、《斯克里布纳杂志》（*Scribner's Magazine*）等。在这些报刊的报道中，天文观测椅象征着专业知识、奇迹和技术上的浪漫。就像客厅里的家庭剧院一样，天文观测椅为观者上演了一出关于进步和文明、专业化和现代化的鼓舞人心的戏。

然而，我们很容易忘记的一点是，天文学家也是自身文化的产物（图 3.17）。因此需要提醒的是，天文学家和其他人一样，并不总能免受社会文化习俗的影响。这里让我们以美国天文学家玛丽亚·米切尔为例进行考察。在米切尔的英国科学之旅中，她经常写

图 3.17 刘易斯·斯威夫特（Lewis Swift）正在位于纽约罗切斯特的华纳天文台（Warner Observatory）工作的场景。这座私人天文台被描绘出一种家庭的感觉，一些中产阶层家庭常用的椅子也出现在画面中。在这些完全被家庭化的舒适物件中，出现了一把特制的天文观测椅。[图片来源：*Rochester Illustrated* (New York: Alliance Publishing, 1891), 115. Courtesy of Rare Books, Special Collections, and Preservation, University of Rochester.]

信给家人，这些信记录了美国人和英国人在礼仪规矩方面的差异。在其中一封信中，米切尔写道，在从伦敦到剑桥的漫长而疲惫的旅行之后，她和一群人立即赶去拜会剑桥大学三一学院的学术大师胡威立。“胡威立博士走过来和我们握手，”她在信中说，“于是我们站了起来。我当时很累，但我们不得不继续站着。如果在一个美国绅士的家里，我这时应该询问，我是否可以坐着，是否应该坐在一把椅子上；但在这里，我只得继续站在原地。也许过了有十五分钟之久，胡威立博士才说：‘你们想坐下吗?’然后我们四个人瞬间就躺倒在了椅子上，就好像中了一枪似的。”还有一次是在一场晚会上，米切尔注意到了一群年轻人，他们是“乔治·艾里的学徒”（George Airy’s boys），他们整晚都穿着蓝色的丝绸礼服，“偶尔才靠在桌子边或钢琴边休息一下”[42]。米切尔对此有些恼火，于是她走到了男孩们身边，坚持要他们坐下来。他们回应了她礼貌的要求，并宣称：“没毕业的学生是不能坐着出现在大师面前的！”当然了，这位“大师”不是别人，正是胡威立。事实上，米切尔甚至直接提出，胡威立就是个“暴君”，而艾里则是“专制君主”和“天文学的独裁者”。但这些印象可能更多地与她亲身经历过的文化差异和国家差异有关，而不仅仅源于他们自身不同的个性。[43]

此外，这些差异在米切尔与著名的剑桥地质学教授亚当·塞奇威克（Adam Sedgwick）的晚宴上也得到了体现。塞奇威克谈到了很多事情，比如当时著名天文学家约翰·赫歇尔（John Herschel）的女儿及其新婚丈夫——来自女王家族的戈登先生——的婚事，他为这场显赫家族之间的婚姻感到震惊。塞奇威克向米切尔解释说，这场婚姻意义重大，因为赫歇尔的女儿当时已经得到了王室成员的接见，并且还“被要求坐在女王陛下面前！”。作为一个美国人，米切尔无法理解英国人为何对“坐”这件事有如此热情。她写道：

"我是真的很难习惯英国人的等级制度观念。"她还接着讽刺说："我曾听到一个传教士说，如果贱民阶层直接坐在地上，农民阶层就会坐在一片树叶上抬高自己，并且他们会根据叶片、茎秆的厚度排列尊卑。在我看来，这些异教徒已经达到了很高程度的文明状态——和允许赫歇尔小姐坐在她面前的维多利亚女王一样高！"[44]

尽管米切尔的言论看似充满了对英国的嘲讽，但这其实反映了美国当时的共和主义观念。通过反转女王与赫歇尔的位置，她的政治立场不仅体现了对民主制度、座位习惯和社交习俗的特定态度，而且包含了对天文学家及其劳动的独特描述。在 19 世纪的最后几十年中，当美国天文学界开始具有自己的影响力时，那里的天文学家非常清楚地表明，他们的理想与被他们称为"旧世界的独裁天文学"的学术活动是截然不同的。例如，在一场关于美国海军天文台的重组及其公共资金的争论中，一位记者从针锋相对的调查意见中总结出了所有人共同的担忧："乔治·艾里所制定的机器系统，或许在其他地方比在这座新海军天文台更时兴。然而，这是由于机器系统得到了其天文台长热情支持的结果。这种人本不应该在其组织或运作中占有一席之地。天文台不应该是**某个人**的机构……简而言之，天文台的组织应该是民主的，而不是专制独裁的。"[45] 这里，美国天文学家的发言让我们不禁想起，米切尔同样将艾里描述为一个坐在"王座"上的"专制君主"。如此看来，美国天文学家拒绝接受君主制在其新兴科学机构的任何层面上进行一丝一毫的潜移默化的渗透。然而，颇具讽刺意味的是，19 世纪与 20 世纪之交的美国天文学界，得到了镀金时代（Gilded Age）新权贵的赞助和扶植。

椅子、身体和望远镜

观测椅的设计可以让人体和望远镜协调地工作。而挑战在于，如何让观测者的眼睛一直紧盯着望远镜的目镜，即在观测期间连续而稳定地对准目镜。当然，人体本身是可以做到的。但是，我们将看到更多详细的例证，说明引入椅子可以使这种校准过程更加舒适。应用观测椅是一种旨在提高天文观测效率的方式，特别是在观测需要持续好几个小时的情况下。然而事实是，包括观测者的身体和望远镜在内的整套组合，在观测时必须为了抵消地球的自转影响而持续运动，这令二者的配合面临更多挑战，也更加尴尬不便。由于地球进行绕日运动，望远镜必须移动以跟踪或搜索目标天体。观测椅必须随着望远镜的移动而移动，以保证观测者可以不间断地用目镜进行观测。根据望远镜的安装方式，观测椅不仅仅沿环形轨道运动，而且还会在高度和运动方向上发生变化。因此，观测椅是保障观测者可以与天空和地球协调舞动的一个重要元素。

首先，一个天文学家使用望远镜所做的工作内容决定了他相对于仪器的身体位置。例如，一个进行精确中天观测的天文学家经常需要校准，确保望远镜严格地处于当地的某条经线上，以便精确计算恒星通过当地的标准时间。在这个过程中，他还需要配合附近的时钟或计时器的节拍，并透过目镜上一组几乎看不见的线进行观测。不论在身体还是心理方面，这些都对天文学家的例行工作提出了非常严苛的要求。多种多样的观测沙发都是为观测仪器的顺利移动而建造的，以便让观测者在躺姿和坐姿之间进行调整。这再次呼应了吉迪翁对这一时期独特的机械化舒适感的新模式所作的描述。然而，如果一个天文学家专注于观测星系和星团等深空天体，那么他需要用到的仪器就要比中星仪更大，移动范围要更灵活，以实现包括搜索、跟踪、测量、绘图和记录在内的一系列观测活动。这些不同的活动都需要更灵活的结构和更宽阔的活动范围。此外，用于追踪和寻找彗星、星云和其他微弱发光天体的望远镜在其移动范围内甚至可以更灵巧。因为所谓的彗星搜寻装置通常比前面提到的望远镜要小得多，它们更容易处理和操作——特别是人们只需要用一只眼睛就能聚焦那些天体。

然而，并不是所有的观测工作都需要观测者的眼睛持续对准望远镜的目镜。事实上，19 世纪天文学的一个显著特点便是摄影学和光谱学知识的应用日益增多。早期的天文观测仍然需要在望远镜上用肉眼进行二次观察，以确保目标天体可以被摄影机稳定地跟踪，或者将天体的光线恰当地导入光谱仪的狭缝之中进行观测。但到了 19 世纪和 20 世纪之交，一系列仪器的创新加上机械发条装置的改进，进一步减少了肉眼观测的需要，最终改变了天文学家观测宇宙天体时所采取的方式和观测位置。（我们将在第五章的末尾重新讨论这些转变及其对天文台座椅家具的影响。）但即使是在利用光谱仪和摄影装置进行观测的情况下，最早使用这些方法的学者也被往往被描绘成坐在观测椅上开展工作（如图 3.18 和图 3.19）。

当时，根据其观测需要和研究兴趣，天文学家开发出了不同种类的望远镜。劳森、斯珀林和道斯的机械椅都是为配合赤道式折射望远镜设计的，望远镜的目镜位于镜筒的底部，那里可以很方便地安置座椅。折射望远镜采用消色差玻璃，使物体的光线折射到望远镜镜筒的底部，图像在这里聚焦，并通过目镜放大（如图 3.20 下图所示）。但在反射望远镜中，观测者通常位于望远镜镜口附近的牛顿焦点处。反射望远镜包括一块经过打磨的主镜（以及后来使用的大型金属铸造镜），主镜被小心地放置在镜筒的底部，并将入射的天体光线反射到望远镜镜口处的副镜中，副镜再将天体图像反射到位于望远镜侧面、靠近望远镜顶部的位置，图像在此聚焦，观

图 3.18　1860—1869 年，威廉·哈金斯位于图尔斯山（Tulse Hill）的私人天文台的内部场景图。作为早期进行光谱观测的地点之一，哈金斯天文台的仪器被描述为拥有许多“新天文学”特征。道斯设计的软垫椅和一把普通的侧躺椅都陈列于内，给天文台营造出一种明显的中产阶层气质。[图片来源：*Engineer* (April 9, 1869): 258.]

图 3.19　保罗·亨利和普罗斯普·亨利在巴黎天文台使用的专门为天体摄影而设计的望远镜。其中一个人拿着感光板，另一个人坐在观测椅上跟踪天体并操控摄影装置对准目标天体。背景还出现了该天文台的梯状观测椅。[图片来源：*Scientific American* (April 10, 1886): 230, figure 3.]

测者需在此处插入目镜以放大图像（如图 3.20 上图所示）。有时反射望远镜的体积太大，观测者不得不站在梯子或精致的木制平台上才能靠近目镜。但就像折射望远镜一样，反射望远镜有时也会将目镜设计在镜筒的底端，比如格里高利式（Gregorian）、内史密斯式

（Nasmyth）和卡塞格林式（Cassegrain）等变体都采用了这种创新设计。虽然这几种变体在 19 世纪使用得不多，但后两种变体从 20 世纪开始，就主导了反射望远镜的制造。然而，就我们的研究目的而言，重点在于分析望远镜的光学系统如何从一系列基本方面决定了观测者的工作位置。

除了光学系统外，望远镜的安装方式也同样重要。特定的安装方式让望远镜能够跟踪在宇宙中移动的天体，从而确定观测者的身体、望远镜和头顶的天体之间的运动关系。在很长一段时间内，使用赤道式折射望远镜是更方便的。而从实际操作和机械结构来说，大型反射望远镜往往需要测定天体的高度方位角（altitude-azimuth，或者简写为 altazimuth，这是胡威立生造出来的又一个著名的词组）。而这种新式仪器可以惊人地将望远镜的运动分解成不同的部

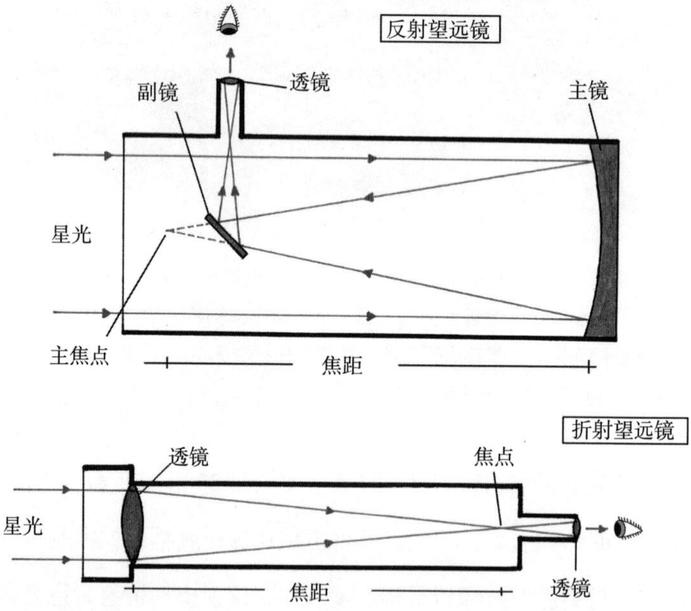

图 3.20　望远镜图解。

分，每个部分都需要对天球和天体的观测单独进行手动调整。相比之下，像子午环这样的中星仪，根本不是设计用来主动跟踪天体的，而是依靠地球运动将目标天体带入目镜的视野当中。子午环这类仪器由结实的墩座固定在当地某条经线穿过的平面上（换句话说，它仅可以调整高度角）。这种墩座固定着望远镜的各个部分，从而限制了镜筒和观测者的移动。因此，子午环使用者就需要为他们自己设计独特的椅子或沙发，用来调整观测位置，或让镜筒沿着子午线转动。在坚固的墩座之间存在一条轨道，观测者通常需要处在这条专用轨道上，连同望远镜高灵敏度的目镜一起进行调整（图 3.21）。这些仪器对于确定地方时至关重要。在 19 世纪，测定地方时是西方

图 3.21　这是一名坐在巴黎天文台子午环下方的观测者。这把观测椅可以根据望远镜观测时视线方向的运动来调整和推动。实际上图中的观测椅确实存在于这座天文台，但却是另一台望远镜的“搭档”。[图片来源：*Scientific American* (January 5, 1878), figure 1.]

公立天文台维持运转的核心工作。[46]

在长时间跟踪和观测天体时，特别是在仔细研究和测量时，采用赤道式望远镜相对来说更方便。如果望远镜上安装了机械钟的驱动器，操作甚至更加便捷。这种装置会帮助折射镜自动聚焦于一个天体达数小时之久。虽然大型反射望远镜也可以安装定制的赤道装置，比如威廉·拉塞尔（William Lassell）在 1839 年设计 9 英寸牛顿式反射望远镜时就是如此安装的，后来他又设计了 24 英寸的反射望远镜，同样配备了赤道装置。但是，大型反射望远镜安装赤道式支架是一种例外情况，而不是必须实施的规定。当时常用的地平经纬仪反而严重限制了观测时长。观测者需要沿着分别对应赤经和赤纬的两轴，手动移动这台相对更大也更重的反射望远镜，这一困难极大地限制了观测时长。虽然从理论上讲，地平经纬仪的移动范围比赤道仪更广——甚至可能移动起来更自由——但是手动移动又大又沉的镜筒还是给观测者带来了不少困难。这些操作需要使用各种复杂的脚手架和框架，这些架子有时可以帮助支撑观测者，却减少了他们的活动范围。

我们以罗斯伯爵的望远镜为例做些考察。在 19 世纪大部分时间里，它都是世界最大的反射望远镜之一。它那巨大的镜筒（长达 54 英尺）被链条悬吊在两堵 70 英尺高的砂浆墙之间，这两堵墙还支撑着一个由木制走廊、平台、台阶和梯子组成的“网络”。这些框架被组装起来，实际上将望远镜的运动限制在了经线方向上，而望远镜只有一点点可以旋转的空间（见图 3.28）。在它建成的那年（1845 年），这台巨大的望远镜采用了赤道装置，并装配一个机械钟驱动器。因此有人断定，这样就可以让观测者“几乎像在壁炉边的桌子旁看书一样，观测得非常舒服”——《实用天文学家手册》（*The Practical Astronomer*）作为当时领先的天文学手册之一，就是这样宣称的。但这一承诺显然没有实现，也不可能实现。[47] 事实上，观测者只能摇摇晃晃地站在狭窄的平台和走廊上，踏错一步就可能造成非常危险的后果。尽管如此，大型反射望远镜依然有诸多优势，其中之一便是其强大的聚光能力，因此它有更强的“空间穿透力”，从而成就了 19 世纪一些最引人注目的深空发现。

我们再来对比罗斯伯爵的巨型望远镜对观测者提出的身体要求，与一台折射望远镜的舒适性安排。19 世纪最大的折射望远镜之一位于哈佛大学天文台，其玻璃透镜直径达 15 英寸，采用赤道装置（图 3.22）。这台望远镜和当时圣彼得堡附近著名的普尔科沃

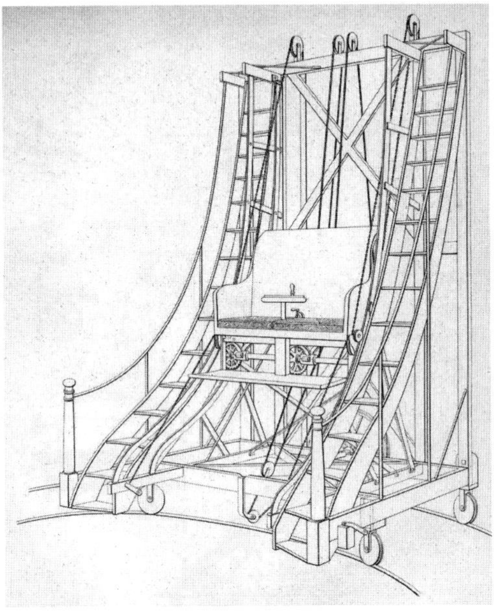

图 3.22 威廉·邦德在哈佛大学天文台使用的标志性观测椅。[图片来源：W. C. Bond, *Description of the Observatory at Cambridge, Massachusetts* (Cambridge, MA, 1848), plate 3.]

天文台的望远镜非常相似。但与后者不同的是，哈佛的折射望远镜配有一把观测椅，这是19世纪40年代末由哈佛大学天文台首任台长威廉·C. 邦德（William C. Bond）专门设计的。这把观测椅有一个奇特之处，在当时的记录中经常被提到：这把有着天鹅绒软垫的大椅子能够容纳两个人，包括观测者和负责移动椅子的助手。于是，观测者无须离开座位，助手就可以安全地操控椅子垂直和水平运动（图3.23）。用邦德的话来说，这把大型机械椅赋予了“观测者完整的位置指挥权，并将人身安全与简易、稳定的操作结合起来”[48]。椅子的水平运动（即改变水平方位角）由天文台地板上的轨道引导，椅子可以通过脚轮，沿着完整的环形轨道滑行。此外，

图3.23　邦德椅在哈佛大学天文台的赤道仪中被应用的场景。［图片来源：W. C. Bond, *History and Description of the Astronomical Observatory of Harvard College* (Cambridge, MA, 1856), figure 4.］

这把椅子还可以升高（即改变垂直高度角）并被锁定在适当的位置，即使椅子已经脱离天文台的地面，位于几十英尺的半空，观测者仍能让眼睛保持在目镜处，还可以像靠近地面时一样用望远镜观测。这些组合运动保证了观测工作的连贯性，这对于动辄持续数夜的观测而言至关重要。哈佛观测椅不仅能够依上述描述移动，而且能协调观测者与望远镜，并使他们与被观测的天体保持协调——这把椅子旁还有一张桌子，观测者或助手可以在上面做笔记或绘图。因此，这把椅子因其舒适性和便利性广受赞誉。威廉·邦德和他的儿子就是坐在这把椅子上，伏案画出了许多行星、彗星和星云的素描图。后来，法国艺术家艾蒂安·利奥波德·特鲁夫洛（Étienne Léopold Trouvelot）也使用这把椅子，画下了那些著名且精致的天文图画。

邦德的带座椅的观测装置启发了机械化观测平台的设计，后者建立在基本相同的原则上。它们本质上都是一种由绳索和平衡配重组成的座舱，内置一把可以抬高或降低的椅子。但是，后来的机械化观测平台可以包括整个升降阶梯，大到足以容纳几把普通椅子，甚至还包含一张写字桌。比如，罗伯特·斯特林·纽沃尔（Robert Stirling Newall）在泰恩河畔纽卡斯尔附近的盖茨黑德（Gateshead）的私人天文台就用了这样的观测平台（图 3.24）。而邦德的机械椅后来被重新建造，并被其他美国天文台继续使用，比如芝加哥的迪尔伯恩天文台（Dearborn Observatory）。迪尔伯恩天文台的两位天文学家乔治·W. 霍夫和舍本·W. 伯纳姆（Sherburne W. Burnham）却感到不满，他们认为邦德椅又笨又大。因此在 19 世纪 80 年代，他们开始改进邦德的设计，先将椅子拆了下来，然后安装在了一

图 3.24 这是一个可以放置普通椅子和桌子的大型机械化观测平台，应用于罗伯特·斯特林·纽沃尔的私人天文台。这种精巧的装置也被归类为观测椅。[图片来源：Frontispiece to J. Norman Lockyer, *Stargazing: Past and Present* (London: Macmillan, 1878).]

个活梯上面。这个设计更加轻巧的版本后来被称为“霍夫椅”（图 3.25）。[49] 伯纳姆在美国许多天文台工作过，职业生涯相当长，而这把椅子也随他一起旅行并最终被用在美国一些最著名的天文台之中（比如利克天文台和叶凯士天文台等）。“不用多说，”伯纳姆写道，“无论是哪一种观测椅，如果不能在 15 秒内帮助观测者从观测一颗恒星的适当位置转移到观测另一天区的一颗不同高度（角）的恒星的适当位置，那么它对于任何需要频繁转换位置的工作部门来说，都是不方便也不划算的。”[50]

但是，不管使用何种望远镜，能让天文学家的身体保持稳定的状态是最重要的。一篇关于观测椅的文章指出，“在天文观测中，”

图 3.25 霍夫椅是邦德椅的改进版，修改目的是使整个机械装置更轻便、更容易操作。[图片来源：G. W. Hough, "Description of an Observing Seat for an Equatorial," *Monthly Notices of the Royal Astronomical Society* 41 (1881): 310.]

最需要保证的一点就是**稳定**；不仅要求仪器稳定，而且要求观测者的身体保持稳定。如果没有稳定，那么无论你的仪器多么强大、优秀，或多么适应观测时的环境，观测工作最终都不会有什么好的结果……当然，在大型公共天文台里，或在许多使用大型仪器的私人天文台里，那些设计最精妙的工具都是为了让观测者感到舒适，这一点也无须我们多说……观测者在使用望远镜时，无论仪器多么微小，首先都应该要求身体处于一个方便观测的位置；其次，观测者的头部应该被支撑在一个适当的高度，以便通过望远镜来观察；第三，观测者的一只手或两只手应该可以自由灵活地使用千分尺（micrometer）或调整手柄。仪器装置上也应该有简单的方式来改变观测者头部或身体支撑装置的位置或高度。[51]

这里值得注意的是，作者将强制的稳定性等同于舒适性。我认为，这种关系不仅是19世纪资产阶级态度的独特表现，也是当时人们设计望远镜及其配套观测椅的主观愿望和内在需求的体现。正如我们将要在第五章中看到的，这样的一种关系，是由关于现代天文学家的身份及其视觉经济的特定历史概念所决定的。

观测椅的设计需要综合考虑特定望远镜的运动和安装方式、观测工作的类型，以及观测者的身体与特定光学装置之间的关系等。上述这些因素，以及目标天体在夜空中的位置和轨迹——这取决于观测者在地球上的精确位置——共同决定了观测者是应该站着、坐着、斜靠着还是直接躺下；或者是在整个观测过程中，更精确且渐进地将自己从一个位置调整到另一个位置。因此，在椅子的调整和定位方面增加机械装置，被认为是实测天文学技术进步的一个重要来源。考虑到折射望远镜相对便利，特别是它默认观测者需要在仪器底部观测，所以在19世纪，第一把为天文观测工作设计的机械观测椅就是为赤道式折射望远镜专门制造的。类似的方便双眼在镜筒底部进行观察的中星仪，也同样安装了这样的机械椅。就这样，以舒适的名义，反射望远镜也得到了重新设计。

“舒适的望远镜”

舒适感激发了人们对椅子和望远镜的新设计。用一本当时引领性的天文学专业手册的话来说：“这些梯子、椅子和沙发非常便捷，它们能够通过支架和其他机械装置进行调整布置，以使观测者能够在任何想要的倾斜角度上用最轻松和舒适的姿势工作。不论望远镜朝向什么方向，这些装置都能帮助观测者的眼睛专注于望远镜。”[52] 没有其他仪器能比詹姆斯·内史密斯设计的反射望远镜更能说明这一点了。由于座椅的独特安排，这种装置被内史密斯骄傲地称为“那台舒适的望远镜”（图 3.26）。内史密斯是当时著名的蒸汽锤发明家、成功的实业家和工程师，这台开创性的 20 英寸反射望远镜便出自其手。他巧妙地重新安排了光学组件、安装方式和操作布局，组成了一台更易使用的反射望远镜。内史密斯的天文台建在肯特郡一所住宅的后院里，这所住宅正巧代表了中产阶层风格。内史密斯的舒适的望远镜不像当时任何其他反射望远镜，它被设计成可以与观测椅一同移动。望远镜连接在椅子上，它们共同运

图 3.26 内史密斯的“舒适的望远镜”。[图片来源：James Nasmyth, “Description of a New Arrangement of Reflecting Telescope, by which much comfort and convenience is secured to the Observer,” *Journal of the Franklin Institute of the State of Pennsylvania for the Promotion of the Mechanic Arts* 21 (1851): 113, figure 2.]

动。其他观测椅的设计往往面临协调椅子和望远镜各自运动所带来的挑战。内史密斯的设计则克服了这一点，望远镜的运动可以通过一个连接椅子和望远镜的转盘传动到椅子上，带动椅子运动，这种设计可以使观测者的眼睛始终处于望远镜运动的中心，从而让观测者能够舒适地安置自己的身体。一份关于内史密斯新望远镜的报告这样写道："无论望远镜所指向的高度角或方位角为何……观测者永远不必从他舒适的座位上离开……这一工具提供了如此的轻松和便利……观测者在管理和操作仪器时……可以对每一个必要的动作［发出］最完美的指令。"[53]然而，为了达到如此程度的舒适性，内史密斯不得不引入创新性的光学设计，允许目镜被重新安装到反射望远镜的底部附近，让光轴得以通过望远镜的耳轴形成。内史密斯将目镜放到了望远镜的一边并靠后安装，使得观测者能够操作这台相对较大的反射望远镜。这台望远镜被安装在了一个全齿轮传动的地平经纬仪上，不论天体在天空中处于何种位置，内史密斯都可以坐在他那舒适的座位上进行观测。

内史密斯发明的装置被认为是与当时其他的反射望远镜不同的舒适装置还有其他一些原因，其中一个突出的原因是他的新设计——用他自己的话来说——消除了"使用这些工具所带来的诸多不便，甚至是个人的人身危险"[54]。当然，他指的是众所周知的使用大型反射望远镜工作时的危险，尤其是在使用那些焦点距离地面很远的庞然大物时的危险。这些"庞然大物"就包括由赫歇尔家族建造和操作的反射望远镜。赫歇尔家族是一个著名的天文学家家族，他们共同努力了一个世纪之久，才从根本上改变了天文学的学科范围和人们认识的宇宙范围（图 3.27）。威廉·赫歇尔和约翰·赫

图 3.27　威廉·赫歇尔的 20 英尺反射望远镜。同样规模的望远镜后来由他的儿子约翰·F. W. 赫歇尔爵士重建，后者用它在英国和好望角进行了著名的深空天文观测。这是创作于 1794 年 2 月 1 日的原始铜版画的复制品。

歇尔父子使用的最有效的仪器便是一台 18 英寸反射望远镜，其焦距达 20 英尺，以至于镜筒需要用绳子和滑轮悬吊在巨大的木制框架上，这个框架可以由地面上的助手操控脚轮旋转。观测者需要站在一个距离地面数英尺高的、摇摇晃晃的木制平台上工作，这个平台可以随着望远镜升降。观测者就站在赫歇尔式望远镜（这是一种没有副镜的反射望远镜，但镜筒底部有一面轻微倾斜的反射镜）镜口附近的焦点处观察。1831 年，盎格鲁-爱尔兰作家玛丽亚·埃奇沃斯（Maria Edgeworth）在访问赫歇尔夫妇时，记录了她使用这台望远镜的经历。“我必须说，”她写道，“当时我们一直站在 18 英尺高的小平台上，这个平台大约是 8 英尺长，3 英尺宽，它的三面有细铁栏杆，但一面敞开着……赫歇尔就像猫一样在梯子上跑来跑去（因为我不愿说他就像猴子一样）。”[55]

为了解使用如此庞大的仪器的诸多风险，让我们回头看看这些巨大的反射望远镜中最大的一台。这台望远镜被称作“帕森斯敦的利维坦”（Leviathan of Parsonstown，图 3.28），它有着直径 72 英寸的主镜和 52 英尺的焦距（通常被称为 6 英尺望远镜，这一尺寸

Lord Rosse's Great Reflecting Telescope—Six Feet Aperture, Sixty Feet in Length.
(From a recent photograph.)

图 3.28　罗斯伯爵巨大的 6 英尺反射望远镜，图中望远镜的两条不同的走廊上各有一名观测者。[图片来源：Charles A. Young, “An Astronomer’s Summer Trip,” *Scribner’s Magazine* 4 (1888): 99.]

指的是其主反射镜的直径），于19世纪40年代由第三代罗斯伯爵在爱尔兰建造。当这台望远镜指向天顶附近的某个地方时，观测者必须站在离地面60英尺以上的木制平台上。当望远镜逐渐降低以观测高度较低的天体时，观测者需要在半夜冒险走过木板，走下台阶，到更低处的走廊，以凑近目镜观测。这台令人生畏的望远镜的支持者之一写道："当一个人发现自己正悬在一个60英尺深的峡谷之上……这是相当震撼的。"[56]就像在外海巡航的军舰上操纵主桅杆或后桅杆上的帆布和绳索一样，在夜间操作这些巨大的反射望远镜是非常危险的。操作装置和工作带来的危险不胜枚举，严重事故很少在公开报告中出现。但是，苏格兰自然哲学家戴维·布儒斯特（David Brewster）的女儿就讲述了其中的一个故事。

这位女士讲述她和家人一起参观罗斯伯爵的位于爱尔兰的两台巨大的反射望远镜——其中一台是6英尺望远镜，另一台3英尺望远镜相对较小，但仍堪称巨大——她说那是自己最接近死亡的一次经历。她所描述的装置的危险高度和令人生畏的绳索，使它看起来更像是一个死亡陷阱，而不是一台望远镜：

> 这台塔状的望远镜被悬吊在两座巨大的桥墩或墙之间。在通过一段窄长的楼梯到达这座建筑物的顶部后，我们被领到一个狭小但明显稳固的走廊上。然而，刚通过一个小型绞盘机，我们便开始在空中轻轻移动，直到我们到达像山一般高大的望远镜的另一侧。那里离我们开始所在的地方大约有20英尺远，于是就产生了60英尺以上的落差；我们看到，坚固的木梁用铁滑道固定着，它们支撑着我们刚刚离开的那座墙上的

走廊。这个支撑物很难被察觉到，以至于某一天晚上，有一位绅士没注意到自己已经离开了那个坚实的楼梯平台，他打开了走廊的门，接着在一根狭窄的无轨横梁上走了 16~20 英尺。但是，他几乎奇迹般地安全到达了另一侧。尽管如此，第二天早上，当他被带去看自己昨晚是如何幸免于难时，他一下子就晕倒了。

这位先生是谁，我们现在还不知道。但如果要问当时有谁的事故曾引起人们的担忧，那就是戴维 · 布儒斯特本人了。因为他在 40 多年前就从另一台巨大的反射望远镜上掉下来过。那时，布儒斯特正在为伦敦皇家学会检查约翰 · 拉梅奇（John Ramage）那台巨大的 25 英尺反射望远镜，他突然从一个高高的木制平台上滑了下来，差点就没能逃脱死亡的结局。所以，在他们全家参观罗斯伯爵的城堡和望远镜时，布儒斯特又遇到了罗斯的大型反射望远镜（尺寸达 3 英尺），这肯定非常令人不安。当时那台望远镜的形式与拉梅奇的望远镜非常相似。布儒斯特的女儿就曾描述她父亲见到这台反射望远镜时的谨慎表现："看样子，它那巨大的黑色的腿和粗壮的手臂一定属于一只和猛犸象、乳齿象生活在同一时期的蜘蛛。那上升的梯子是非常危险且不稳固的，我的父亲在并不明亮的光线中看不清脚下，侥幸免于严重的伤害。"[58] 在随后的几年里，罗斯伯爵之子，即第四代罗斯伯爵翻新了这台 3 英尺望远镜，由此观测者可以安坐在一个由起重机搬运的篮子里，而不是站在木制的脚手架和走廊上，以接近望远镜镜筒的顶端（图 3.29）。

Lord Rosse's Three-foot Reflector, with Hanging Basket for the Observer.

图 3.29 罗斯伯爵的 3 英尺反射望远镜。当时，望远镜上有一个篮子，可以让观测者站在焦点旁边进行观察。我们还要注意背景中底部带轮子的那个梯形椅。[图片来源：Charles A. Young, "An Astronomer's Summer Trip," *Scribner's Magazine* 4 (1888): 100.]

至于戴维·布儒斯特，他在 1850 年关于詹姆斯·内史密斯的舒适的望远镜的报告中明显表达出如释重负的心情。他宣称，内史密斯的望远镜是一台"非凡的设备"和"让人轻松之物"，而没有其他反射望远镜上的那种"窘迫和不安全感"。在这篇发表于英国科学促进会（British Association for the Advancement of Science）的演讲中，布儒斯特还为地位显赫的听众详细描述了他从拉梅奇的望远镜上摔下来的戏剧性故事。[59]

站着还是坐着

这里，我们已经开始将观测椅作为实物进行研究。从布儒斯特的故事中，我们已可以一窥椅子作为表征形象的叙述作用。尽管像托马斯·德·昆西、阿尔弗雷德·丁尼生和托马斯·哈代这样的文学家都能够以影响深远的方式来讲述天文学，但布儒斯特的案例表明，科学家也同样热衷于向同行和他人描述科学的样貌。[60] 布儒斯特对英国科学促进会讲述的戏剧性故事强调了内史密斯为天文学带来的舒适体验，布儒斯特总是很乐意支持他这位苏格兰同胞。他讲了一个以坐在椅子上取代站在望远镜前的观测故事。他提到了采取舒适的观察姿势的好处，如可以减少不适姿势造成的人身危险和观测障碍。因此，这番演讲对于观测者的身体、椅子与望远镜，以及天文学被讲述和被故事化的方式，都产生了实际的影响。和任何演讲一样，这次演讲的内容，也取决于演讲者与听众所预设、共享的语境和价值观。由此可见，各类演讲所具有的意义，不仅容易改变，以及表达其他语境和价值观，而且还具有可塑性，以符合其他备选的议程。这些变化其实反映出社会文化方面的变迁，甚至是国家之间的差异。

例如，与上面的表达相反，19 世纪末的美国产生了一种拒绝舒适感的言论，美国人反而偏好更加粗犷也更加危险的工作方式。具体来说，这种拒绝舒适感的要求，又塑造了天文学劳动的另一种形象。它建立在新的主权意识和新的男子气概之上。在一篇名为《关于天文台的常见谬论》（1886 年）的短文中，美国天文学家玛丽·E. 伯德（Mary E. Byrd）试图将第谷·布拉赫的英雄形象重塑成一个明显符合当时主流美国人特征的形象：

> 人们普遍认为，在那天文台的墙壁上有着大量的诗歌和浪漫的事物。世人皆读过第谷·布拉赫的古老传说，想象他如何穿着象征国家荣誉的天鹅绒长袍来到天文台，仿佛繁星就是王公们的化身……啊，我不相信动物油脂从他的手上滴落时，第谷·布拉赫还能保持庄严！哦，不是这样的，现代的天文观测者要留意他身旁的硫酸和鲸油，观测者可能穿着旧外套，可能穿着破旧的长袍。如果你能越过天文台的墙壁偷看的话，你不会看到他在闲逛或做梦。他脚步轻快，匆匆瞥了一眼恒星钟（sidereal clock），注意到电池处于正常工作的状态，电路没有中断、连接正确，他继而给计时器上发条，放在布单上，然后启动，也许再过一会儿你就会看到他准备用子午环工作了。但是，他不太可能坐进一个方便观测的座舱——如你在广告页上看到的、如奢侈品般陈列在天文台的那些座舱——实际上，某些自制装置或区区一个谷物箱更能满足他的使用要求。[61]

伯德非常渴望重新构建人们对于天文学家的流行看法——包括天文学家的身体、劳动和工作空间等——伯德将这些观点与 19 世纪晚期的美国人及其道德化的劳动理想对标，使得二者协调一致。她甚至重新塑造了第谷·布拉赫的形象，将其从一位穿着干净天鹅绒礼服的丹麦贵族，变成一个长袍上沾满油脂的人；从一个在“王座”上下达命令的人，变成一个坐在一个简陋木箱上的人。也就是说，第谷的形象为了适应美国新兴的理想而被重新铸造了。[62]

两年后，美国方位天文学（positional astronomy）的资深研究员和美国海军天文台观测椅的长期使用者，也都开始在大型反射望远镜装置上做与“伟大的赫歇尔”所做的类似的事情。西蒙·纽科姆（Simon Newcomb）如此写道：

> 当我们读到伟大的威廉·赫歇尔等人的研究时，我们也许很容易想象出一位舒服地坐在望远镜前的绅士。通过这种设备，他可以一边观察遥远的恒星系统，一边让自己的想象力自由发挥，去构想那些天体上可能存在的居民。事实上，我们应该发现，他其实坐在梯子顶上工作，或站在一个平台上，或待在肆虐的寒风中。也许，他还会不耐烦地等待周遭云雾消散。[63]

诸如此类的修辞反映了美国人的视角，也就是把威廉·赫歇尔、第谷·布拉赫等天文学英雄，看作一个饱受艰辛劳动困扰的观测者，他们或坐在木箱上，或在午夜登高，独自面对所有接踵而至的危险。这些想象中的人物冒着危及生命或损害身体的风险，为一种作风粗犷、充满坎坷但仍然保持精确性的科学而努力工作。考虑到他们夜间辛苦劳作的性质，这些饱经风霜、废寝忘食的天文学家既不会有平静时光和奢侈的享受，也不会让自己的思绪奢侈地漂流到充满诗意幻想的诡谲世界。事实上，这种至关重要的舒适观念，与坐在软垫椅子上观测的行为有关，而这种观念正是在伯德和纽科姆发表上述言论时逐渐发生改变的。正如我们将在下一章所看到的那样，他们的这种论调很符合当时人们对观测椅日益失望的评论风潮。而随着新型天文台平台的发展，人们可以通过强大的发动机来直接升高或降低观测平台。

此外，当时的美国正处于进步主义时期（Progressive Era），恰好出现了一场有充分记录的“男子气概危机”，望远镜的新趋势也据此找到了立足点。[64]那时，美国开始以其尖端的天文台为傲，尤其是那些建在西海岸山巅的观测站点，这些设施后来为该国在20世纪天文学方面的领导地位奠定了基础。最近有人提出，美国天文学——特别是在美国边疆论的观点中——构成了“一种新型的实践者，即天文学冒险家，这是浸泡在美国边疆神话中的一种独特的西部身份认同”[65]。因此我们应当看到，纽科姆和伯德对天文学劳动的表征的重新建构，应该与一种带着边疆性格底色的、更勇敢的天文学实践者的理想有关。这种表达与理查德·普罗克特（Richard Proctor）和卡米尔·弗拉马里翁（Camille Flammarion）等欧洲著名天文学家所说的“诗意的思辨”形成了鲜明的对比。美国人以当时的新天文学为依据，认为那些欧洲的天文学家会威胁更精确严密的天文学劳动。像普罗克特和弗拉马里翁这样的天文学家代表了当时天文学的一个受欢迎的学科分支——一种“富有想象力的天文学”，在19世纪晚期新兴的民粹主义印刷文化的推动下，这种天文学被逐渐吸纳到一个日益增长的文化市场当中。[66]

当天文学领域的学科格局面临激烈竞争时，很多人认为“富有想象力的天文学”破坏了天文学作为一门精英的、专业化的学科刚刚树立并兴起的公众形象——不仅在美国，在英国也有同样的声音。例如，爱尔兰的英国皇家天文学家罗伯特·鲍尔爵士（Sir Robert Ball）就声援了他的美国同事。他清楚地说明：“当一个天文学家进入他的天文台做夜间工作时，他会发现，将身体中所有激情和诗意的部分都留在天文台外面，会让他更加方便地工作。”[67]然而，这些英裔美国人的身份认同——与爱做梦的诗人相比，他们明显是严谨而善于归纳推理的科学家——不仅来自美国当时兴起的“边疆主义”或构建得更加系统的英国帝国主义，而且可以追溯到一种更古老的、在历史上更深刻的对立。这种对立在20世纪引起了广泛的共鸣，也就是充满诗意但了无生气的“东方”和乏味平淡但充满活力的西方之间的对立。

在我们开始分析这些想象出来的二元对立，以及相互竞争又相互构成的诸多身份之前，我们需要在舒适的观测椅的设计和形象之外，添加另一个重要的历史和文化维度，以便我们理解。这个维度以前就存在过，它为后来天文学领域许多不同的、此消彼长的表征赋予了意义。早在19世纪80年代，有关性别、种族和历史的特定观点，就已经将诗意和梦想，与充满活力和男子气概的归纳式劳动，以对立并列的形式铭刻在人们的坐姿之中。为了分离出铭刻在19世纪天文观测椅上的表征，并进一步分离出这些表征的意义，我将转而讨论另一种来自19世纪早期的图片，它将成为索引，帮助西方观者观察另一种姿势、另一种科学。我们接下来会转向观察东方天文学家的某种形象，这类天文学家既没有站着，也未坐在任何一种椅子上，而是被西方艺术家以盘腿的坐姿描绘出来。在下一章中，我会审视这样一个世界：从资产阶级观者及其启蒙历史主义的角度来看，这是一个远远落后于自己的世界。我重建了西方对所谓的“东方”及其“无椅科学”的凝视。西方观者解释东方的盘腿姿势的方式——因为他们始终能强烈地意识到坐姿中编码的意义——不仅让我们能够重点关注西方观者臆想中的东方天文学的认识和道德地位，还会启发我们找寻那些对天文观测椅和其上的人物形象来说至关重要的元素。一种具有历史特殊性的“反视觉性”伴随着其自身的他异性形成了，这种“反视觉性”不仅对天文学家、天文学劳动和天文观测椅的功能和机制的公共表现有着深远的影响，而且其影响还远远超出了人们舒适使用望远镜目镜时的既有认知边界，直指观测天空的合法途径这一根本命题。

路德维希·多伊奇（Ludwig Deutsch）绘，《一位阿拉伯男教师》（*An Arab Schoolmaster*），1889 年，木板油画，54.4cm × 47.4cm。（图片来源：© Touchstones Rochdale,Lancashire, UK / Bridgeman Images.）

第四章

盘腿观测的天文学

从远处看时，土耳其的城市非常壮丽。但只要你进入那里，这种错觉就立刻消失了。那儿有许多塔楼、圆形屋顶和清真寺的光塔。这些建筑从城墙上看去，总是呈现出壮观的景象。但就个人住宅而言，它们既不优雅，也不舒适。

——查尔斯·A. 古德里奇（Charles A. Goodrich），《环球旅行者》（*The Universal Traveller*，1836）

对于人类进步毫无用处的人真是可悲！这种人会立时遭受唾弃，被时代碾压直到被遗忘。所谓的“属于阿拉伯人的科学”在将其生命之胚植入讲拉丁语的西方世界之后，就彻底消失了。

——欧内斯特·勒南（Ernest Renan），1883 年 3 月 29 日在索邦的演讲

19 世纪的中产阶层观者经常带有一种文化和社会预设，以使他们能够驯化现代生活中的各种景观，包括那些熟悉的、陌生的和异域的景观。无论是在商店橱窗里、广告上，还是在诸如巴黎或伦敦这样拥有众多面孔的城市中，中产阶层的观者都会动用相应的预

设，并将它当成一种解释性的注脚来解释他们所遭遇的任何事物。这些臆断不仅在公共场合施展其功能，也在合作伙伴、朋友和家人等私人关系中发挥作用。在不同的环境下，城市中的观者会不断观察并评判陌生人的举止。如此一来，像坐姿这类事情就得到了观者的解码和破译，以揭示被观者的社会地位和个性、智力或信誉等信息。这些信息都是对观者在城市街道、拱廊、晚会和沙龙，尤其在印刷品上看到的精神和道德本质的主动诠释。中产阶层读者会坐在家里各种各样的椅子上，阅读、吸收各种各样的言论的观点，包括那些关于“他者”的表征，其中最著名的内容当数游记。在这一章中，我将解码一位法国艺术家在 19 世纪上半叶为欧洲消费者所作的一幅重要版画，他画的是阿拉伯天文学家盘腿坐着的模样（图 4.1）。

图 4.1　安德烈·迪泰特所作版画的局部，该画名为《天文学家》。[图片来源：*Description de l'Égypte: ou, Recueil des observations et des recherches qui ont été faites en Égypte pendant l'expédition de l'armée française*, État Moderne, Planches, tome premier (Paris, 1817), Costumes et portraits, PL.B. Courtesy of the Rare Book Division, New York Public Library.]

为此，我收集了一套资产阶级观念和修辞手法。那么，这幅画究竟对它的资产阶级观者诉说了关于“东方”及其在科学史上地位的哪些内容？这幅画又表明了资产阶级观者自身的什么现象呢？

观察异域

考虑到上述那些用来揭示本质的“镜头”的强度，我们可以想象到，西方的中产阶层在街头巷尾和博物馆里，或是在歌剧院和展厅里看到这种异域奇观时，一定会有非常震惊的反应。1847 年 5 月，在伯克和黑尔一带声名狼藉的苏格兰解剖学家罗伯特·诺克斯（Robert Knox）在伦敦的埃克塞特会堂——伦敦传道会（London Missionary Society）举办年会的地方——展示了活着的非洲南部桑人（San people），这个民族也被称为“布须曼人”（Bushman）。正是在这种背景下，诺克斯在演讲中提出他那富有影响力的种族理论。该理论认为，人类实际上可分为多个物种（species），每个人类物种都有专属“特征”（trait），他还探讨了这一发现对帝国建设的影响。几年之后，在锡德纳姆新建的水晶宫中，自然博物展厅（Court of Natural History）便展示了人类的石膏模型，并将其与世界历史上不同发展阶段的动植物一起呈现。这一展厅被设想成一本立体的百科全书，类似于 1851 年的伦敦世博会，在里面参观各种各样的展廊时，过去的信息会以视觉形式呈现，进入他们的眼睛，让参观者见证人类的“进步”。展览还向参观者证明，欧洲文明如何自然而然地达到了人类文明的顶峰。在这些展览中，参观者会非常清楚地看到，“未开化”“不文明”的人实际上不使用椅子。在那里被展示的活人或石膏模型中，“原始人”经常保持蹲着或盘腿坐在地上的姿势。当西方参观者解码、理解这些视觉信息时，也会带着他们自己的想法和关切。[1]

自 15 世纪以来，不同人种纷纷被带回欧洲进行展示，这是一种帝国殖民性质的行为，它构建起了西方人更广泛的精神动力的一部分，包括收集动物、植物、矿物和文物等。这项活动在 19 世纪初迅速变得活跃，范围不断扩张，并一直持续到了 20 世纪。（我们应该记住，直到 1958 年，比利时布鲁塞尔世界博览会还在展出人类。）但对于欧洲人来说，除了可能见到这些来自人类发展早期阶段的外来民族的立体展品之外，他们更多的是在印刷书籍的插图中见到关于“他者”的描述。在此类创作的最初阶段，我们可以看到，汉斯·施塔登（Hans Staden）于 1557 年以图皮印第安人（Tupi Indians）为主题制作的“野蛮人”木刻，还有法国胡格诺派殖民者让·德·莱里（Jean de Léry）在 1578 年于巴西制作的作品，它们都展示了类似的形象。到了 18 世纪，有许多作品，如约瑟夫-弗朗索瓦·拉菲托（Joseph-François Lafitau）、亚当·弗格森（Adam Ferguson）、威廉·罗伯逊（William Robertson）等人的作品，都体现了“野蛮人”形象的表征。他们建构的“他者”形象影响深远，以至于将整个启蒙运动时期欧洲关于政治、认识论和历史的思考都结构化了。[2] 这些表征显著地影响了人类学、考古学、心理学和艺术史等新兴领域，并为后者打下基础、提供依据。这些艺术作品和世界博览会上的展品、市集上的商品一样，有意在属于他们自己的进步主义目的论的历史叙事中，将观者带到另一个时代。这些景观就像一面镜子，更多的是想要反映欧美观者自己在这段历史中占据了何种地位。

这些表征的“时间机器”性质，早在欧洲大航海时代背景下就已经相当完备地确立了。法国学者约瑟夫·玛丽·德·热朗多（Joseph Marie de Gérando）在1800年就做出了如下描述：“那些处变不惊的旅行者，他们看似航行到了地球的尽头，实际上是在进行时间旅行；他们其实正在探索过去的事情，他们迈出的每一步都代表了岁月的流逝。他们所到达的那些未知的岛屿，对他们自己来说，正是人类社会的摇篮。”当欧洲人开启旅程时，无论他们是通过展览了解，在书中读到，还是在船上目睹，他们都提供了“一种用以构建不同地区文明程度的精确尺度，并为每种文明分配了各自独有的特征，还为说明这些特征提供了所需的材料”。但更重要的是，这些描述将欧洲人“带回到我们自己历史上的原初时期”，从而产生了关于现代人类自身发展的结论——“从野蛮人身上，我们可以发现一个对自己很有用的指导对象”。[3]

拿破仑的阿拉伯天文学家

当德·热朗多向当时刚成立的法国人类观察家学会（Société des Observateurs de l’Homme）的成员介绍观察“野蛮”民族的指导方针时，拿破仑·波拿巴正忙着占领奥斯曼帝国统治下的埃及和叙利亚。1798年7月1日，拿破仑率领34 000名陆军官兵、16 000名水手和167名学者登陆亚历山大城，其中包括19世纪最著名的部分化学家、数学家、天文学家、博物学家，以及科学制图员。让我列举其中一些：蒙日、克劳德·路易斯·贝托莱（Claude Louis Berthollet）、傅立叶、艾蒂安若弗鲁瓦·圣伊莱尔（Étienne Geoffroy Saint-Hilaire）、马吕斯、德农等。然而，这场入侵行动是失败的，至少从军事角度来看是失败的。饥荒和瘟疫等诸多因素叠加在一起，使拿破仑的军队蒙受了巨大损失；虽然拿破仑仅在埃及待了一年就秘密地逃回了法国，但是留下来的总指挥官梅努将军先是在埃及皈依了伊斯兰教，后来又在1801年向奥斯曼帝国和英国的军队投降。与此相比，那些跟随拿破仑出征的学者则要成功得多，他们收集的材料足以供他们在之后几年里进行研究。法国人试图带回巴黎的东西包括文物、素描、笔记、测量数据、地图和一般战利品等，这些物品对于科学史的意义再怎么强调都不算夸张。但人们往往只会简单地提及他们对罗塞塔石碑、丹达腊黄道十二宫浮雕（Dendera zodiac）和古代木乃伊的“发现”。[4] 尽管英国人最终夺走了法国的大部分战利品（包括著名的罗塞塔石碑），但根据拿破仑在1802年2月颁布的领事法令，这场殖民入侵带来的科学成果，以尽可能“光彩”的形式出版了。尽管法国遭受了耻辱性的军事损失，但像博物学家圣伊莱尔这样的法国学者相信，他们之后公布的科学成果仍将给失败但以“启蒙”为目的的殖民事业带来“荣耀”。

1809—1828年，《埃及志：法军远征埃及期间的观察研究合集》（*Description de l'Égypte: ou, Recueil des observations et des recherches qui ont été faites en Égypte pendant l'expédition de l'armée française*，简称《埃及志》）陆续出版，共有24卷，包括文本、华丽的版画、

当时的地图和古埃及地图。这套丛书的内容远超一般书籍，它们是如此巨大而笨重，以至于读者需要专门为其定制藏书柜。迄今为止，《埃及志》在欧洲许多最好的国家图书馆、大学图书馆、私人图书馆和王室图书馆中都是珍贵且重要的藏书。在整个 19 世纪，人们都将这套丛书作为查阅各类科学领域相关知识的主要和基础来源。著名的法国数学家傅立叶为《埃及志》作序，他说明了这次远征的目标："我们要废除马穆鲁克的暴政，扩大灌溉和种植面积，让地中海和阿拉伯湾（波斯湾）建立持续的联系，然后建立大量商业据点，为东方打造一个采用欧洲工业模式的有用样板，最终使当地居民的组织制度更加温和，并让他们获得一个臻于完美的文明能够带给他们的所有好处。"[5] 这次多方面的考察和随后的各项工作带来的多项重大科学成果，完全符合收集科学知识的传统做法，这是归纳式科学与帝国主义及其文明传播相适应①的一大标志。[6]

《埃及志》用版画展现了将近一千个人物。这些印刷在超大开本书页上的精美图片，需要经过多道工序，经年累月才能完成，这项繁杂的工作甚至促成了用新雕刻机器来增强工作效率的需求。版画异彩纷呈，不仅展示了埃及的各类风景、清真寺和古墓的内部情况、城市街道和建筑规划模式、农具和外科手术器械、硬币和鸟类、陶器和鱼类，还展示了当时一些阿拉伯人和土耳其人穿着各种服装、保持各类姿势的肖像。在形式丰富的视觉"课堂"上，有一幅雕版蚀刻版画被简单地命名为《天文学家》（*The Astronomer*，图 4.1）。[7] 它最初是由拿破仑东方远征中最有成就的艺术家之一

① 原文为"sat comfortably"，此句可直译为"归纳式科学舒适地坐在了帝国主义及其文明传播的旁边"。

安德烈·迪泰特（André Dutertre）画的。迪泰特详细绘制了法国人在埃及遇到的许多文物，为拿破仑远征东方的重大军事行动中的每一位科学家和工程师都画了素描像，并因此而闻名于世。在《天文学家》这幅画中，迪泰特描绘了一个阿拉伯人坐在奢华的阿拉伯式房间中，周围是装饰华丽的坐垫和地毯，更不用说有着华丽装饰、写着假阿拉伯文字的墙壁了。很难判断这位天文学家是坐在家里，还是在某个官方场合。通过天文学家右肩上方的窗口，我们可以瞥见开罗城的样貌。画面中有着很难分辨究竟是在拆除还是在建设的清真寺，远处则有与之相对的金字塔；事实上，画中呈现的景象含混不清，界于古代和现代之间。[8] 尽管这幅画描绘的是当时开罗的一位天文学家，但它所呈现的时代是模糊的：画中的人物似乎被夹在了两个时代之间。这位不知名的天文学家不使用望远镜，而是用他那双年轻而清澈的眼睛直接对着天空观察，同时在一张纸上记录一些内容。人物周围还有写字台、钢笔、墨水和更多的纸，以及一个地球仪和一本书，以便他随时使用。在这幅精美图画的中心，引人注目的人物形象是天文学家本人。他穿着制作精良的长袍，盘着腿坐在一张波斯式厚垫睡榻（divan）上。

19 世纪的西方读者所凝视的，正是这种被创造出来的“视觉性”，那么，当他们看到画中的这位东方天文学家并未坐在望远镜旁的观测椅上，而是直接盘腿坐在东方式的矮榻上，他们会怎样理解呢？有关这种姿势和科学的图像引发了哪些文化联想？如果确实存在某种形式的科学，正符合这位东方天文学家的姿势，那么它应该是什么样的科学？为了回答这些图像学上的问题，并理解这种异域姿势对于西方读者的意义，接下来我会转向许多西方旅行者书写的关于“东方”的游记，并做进一步观察——正如萨义德已经强调的那样，“东方”是一类观念，而不仅仅是一个地方。我将逐步明确欧洲和美国的旅行者在不同情况、不同地方遇到盘腿的东方人形象时，他们所记录的一些比喻、印象和联想；其实这些记录本身就充满了文化预设和判断——更不用说面相学的影响了——因此，当我将这些材料收集起来并进行归纳，就能获得当时中产阶层解读这幅《天文学家》的视角。[9] 毕竟，这一时期游记的主要读者就是这群中产人士。[10]

在表征之场中对“东方”的建构，同样构成了“西方”，这个概念本身就是在帝国时代开始固化的一种观念和形象。行文至此，我们已经获得了许多 19 世纪这一场域的主要组成部分和资料来源，而在这一章中我们还会发现，在西方读者的眼里，盘腿的人物有自己的生活方式，其中充满道德观和认识论的隐喻，西方观众所关心的不仅仅涉及可以感知东方的诸种条件，而且还涉及如何理解东方在历史上的地位。《天文学家》不仅仅是一幅画，它也是一种索引，指向了过去的价值观，一种被征服了的知识体系，这种知识体系影响西方人对天文学的历史和图像志的理解，还影响西方人对观测椅在西方发挥何种作用等重要问题的回答。[11]

“民族姿势”

鉴于扶手椅伴随欧洲和美国的旅行者一起巡回漫游，让我们移步西方的东部边界进行观察，然后进入东方，在那里，我们不可避免地会遇到盘腿坐着的“他者”形象。当时，一位美国作家从士麦那港经希腊前往土耳其。不知为何，土耳其的边防警卫没有“一句抱怨”就允许他入境了。然后，这位美国旅行者就被一种“奇怪的”景象震撼了。“我好奇地看着几个昏昏欲睡的官员，他们盘腿坐在桌子上，一只手笨拙地拿着文件，另一只手则悠闲地写字。”[12]另一名经历丰富多彩的旅行者——这次是英国的社会名流，还兼职间谍和《泰晤士报》记者——通过有着“难闻气味”的海关到达摩洛哥。在那里，他看到“戴着白头巾的摩尔人正盘腿坐在高腿长凳上。他们盘着珠串，眼睛半睁半闭地盯着其中一颗珠子，好像世界上没有什么工作可做，如果有的话，他们也不是该工作的人”[13]。英国外交官 A. H. 芒西（A. H. Mounsey）和他的本地向导乘坐木筏来到土耳其–波斯世界的边界，迎接他们的是西方人最熟悉、最喜爱的事物：电报局。这家电报局经营着连通印度和英国的主要电报线路之一。芒西深情地回忆，这些电报线路“是我在第比利斯［位于格鲁吉亚］的忠实伙伴，也是能到达德黑兰古城门的西方文明的唯一踪迹”。然而，一进入电报局，这位英国外交官就直接与“东方”面对面了：那里有一个“孤独的官员，是一个本地人……他盘腿坐在地毯上。随后他站了起来，而且以所有波斯人一贯的庄严和礼貌，用最隆重的礼节欢迎了我”[14]。在这里，我们注意到，这位旅行者显然将“文明”与“他者”对立并列，并且这种观点受到了姿势和技术的影响。

不论是西方的旅行者还是东方的“他者”，在这些最初的接触中，他们都抱持这样一种预设——每个人都以独特的坐姿，被安上了专属于自己的身份特征。芒西离开电报局后，继续前往德黑兰的漫长旅程。到达那座古城时，芒西已筋疲力尽。而他沮丧地发现，自己的住处设备简陋，也很不舒服。这让他的情绪非常激动，于是命令他的翻译员去寻找当地的木匠。“拉扎尔，”他叫道，“你去看看能不能给我买一把椅子。”[15]就像受到芒西欢迎的电报线路一样，这把椅子也把他与“文明的舒适感”重新联结起来。相比之下，进入东方城市的其他西方人有时更为幸运。在阿拉伯部落向导的带领下，有个英国人花费好几个月前往黎巴嫩，旅途艰苦，最终他抵达目的地，城市商人为他提供住所，照顾他。“我可以独享一间极好的公寓，”这个幸运的英国人写道，“里面有一张好床、一套沙发、一张桌子、一把椅子和一个抽屉柜，旁边还有一间更衣室，里面有壁橱……我以前几乎没有享受过如此突然和完全的转变，从之前那种野蛮的、近乎原始的生活方式带来的各种折磨和痛苦中一下子解脱，来到一个文明的、社会性的生存状态，这里充满快乐而丰富的生活。”

对当地居民而言，他们那时已经注意到了西方游客的需求，有时还会特意为他们寻找并提供椅子。一个为英国东印度公司工作的旅行者，受邀以贵宾身份参加一场印度的王室婚礼。“在婚礼上，”他感激地坦言，“主办者为我提供了一把椅子，这是在向我所属的民族表示礼貌。”除他以外，在场以这种方式坐着的人，便只有新娘和新郎了。[17]在摩苏尔，一名美国游客参加了一场天主教仪式。当他在教堂的地板上坐下时，他的一位牧师朋友坚持要他坐在圣坛旁一把裹着已经褪色的天鹅绒的大椅子上。“祭司和执事都不肯听我想盘腿坐在百姓中间的请求。‘这不是你们的风俗习惯，’他们说，‘我们知道法兰克人是不能不坐椅子的。’”[18]与之相反，西方旅行者经常提到，东方人觉得坐在椅子上是非常困难的事。谢尔夫人（Lady Sheil）在炫耀她对东方的熟稔时指出，描绘卡扎尔王朝缔造者的一幅著名画作是不正确的，因为画中的每个人都坐在椅子上。她如此评价，是因为她与丈夫贾斯汀·谢尔爵士（Sir Justin Sheil）在波斯有多年的生活经验。在那里，波斯人到她家做客时，经常坐在椅子上不到一个小时就痛苦地抱怨道："哦，我太累了；行行好，让我直接坐在地上休息吧。"[19] 大多数人似乎都认识到，坐姿——不管有没有椅子——不仅是个人偏好，而且揭示了具有民族性的习俗。著名的东方主义作家和翻译家理查德·F. 伯顿（Richard F. Burton）和他的妻子伊莎贝尔每周三会向宾客开放他们在大马士革的家，不论访客是外国人还是"当地人"，都会根据各自民族的习惯坐下来。[20] 就像椅子提供了"西方式"的惯用姿势一样，盘腿被认为是"东方式的姿势"。[21] 事实上，正如克里米亚战争中奥斯曼军队的美国外科医生所说，盘腿坐着的方式正是东方的"民族姿势"（national posture）[22]。

命运与自由意志

当西方旅行者到访那些举世闻名的东方集市时，他们经常写下关于自己受到催眠从而进入一个梦幻世界的故事，在那里，他们会遇到盘腿而坐的人。"一旦你到了埃及，"一个美国人写道，"你会感觉自己离那些熟悉的东西非常遥远，你会希望在那儿完全放空自己，抛却你自己所属民族的一切痕迹，并让你与过去的自己分离。

在开罗那些昏暗而美丽的集市上，所有最具想象力的东西都会出现在那里，你会模糊地梦见，一个严肃清苦的占星家盘腿坐在他那散发着滚滚恶臭的坩埚前，在一呼一吸、吞云吐雾之间，他陷入了深思。”[23]（姿势类似图 4.2。）这种陌生感只会让西方旅行者不断强调，他们及其读者需要去理解自己的所见所感。而这种理解方式，便是从西方内部已然成熟的文化母体（cultural matrices）出发，去驯化（domesticate）那些他们不熟悉的文化。在这个过程中就发生了一些著名的故事。例如，林赛，也就是第二十五代林赛伯爵，如此描述他最初几次进入东方集市的经历：“现在，我们已经对东方

图 4.2　一个印度占星家盘腿坐在一个平台上，上面摆着他的专业仪器。这是一幅水彩画，由一位匿名的印度艺术家于 1825 年左右绘制。这是詹姆斯·斯金纳（James Skinner）上校委托的一系列展示印度贸易和职业的画作中的一件。（图片来源：Courtesy of Wellcome Collection.）

的事物相当熟悉了；但是，我们走进集市的头三四次，就像在参观另一个世界，尽管我们在想象中已经对那种场景了然于胸，但当我们第一次意识到自己正在目睹‘东方’时，那种感觉很奇怪……商贩带着令人好奇的商品在集市上沿街叫卖，街道两侧则是小商店，店主正盘腿坐在里面抽烟——每一处场景都会让我们想起《一千零一夜》和哈伦·拉希德的故事。”[24]《一千零一夜》是一种文化参照系，也是一条确保西方人不被命运和梦想的洪流卷走的安全绳。《一千零一夜》拥有众多译本，当时家喻户晓，其中的各类故事能帮助西方读者和旅行者理解自己在东方不寻常的经历，但这些故事肯定不是唯一一种被如此使用的文化母体。

一个美国人同样描述了自己在大马士革集市上的类似经历，却采用了现代哲学术语来理解它：“刚开始时我们脚步轻快，但很快我们就发现自己正在散步，然后成了闲逛，后来几乎变成做梦的状态了。在那里，我们不会在露天道路上行走，总是需要穿过拱廊而行……每个摊位上都有一个或多个大马士革商人，正盘腿坐在地上。”作者惊讶地发现，这些商人从不主动拉客，他描述说，那些坐着的商人很被动，完全听天由命，并且拒绝推销。根据作者的说法，这些商人如此表现是因为：

> 他们不相信［上帝］和命运……如果你想要停下来从一大堆［货物］中抽出一些来，你就可以凭自己的意愿这样做。无论是你意识到信用证早已透支，还是朋友拉你的袖子阻止你购物，都不能让你离开既定的命运之路；而如果你不买，也不会有人催促你改变心意……至少，这似乎很像是崇高的禁欲主义

者的想法。商人会吃东西、睡觉和抽烟。如果他死于饥饿，那也是出于他自身的意愿；如果没有，他依然会死于别的东西。这些阿拉伯商人就是赫胥黎主义（Huxleyism）的具象化身，不过只带着相反的力量。对这种人来说，物质不过是自由思想变得僵化的表现，思想并不从属于物质。[25]

这里的“赫胥黎主义”指的是托马斯·亨利·赫胥黎的唯物主义理论。他提出，人类的思想只不过是一系列“分子变化”。英国政治经济学家威廉·托马斯·桑顿（William Thomas Thornton）在1872年就对赫胥黎的这一理论进行了抨击。[26]然而，在盘腿的大马士革商人的案例中，我们面对的是另一种秩序的决定论，它建立在唯心主义基础上，是如此僵化和“不灵活”，就像重力一样，物质似乎就要屈服于它了。西方的观者将盘腿姿势解释为消极、梦幻、宿命论和唯心主义的象征，所有这些合在一起，形成了一种根深蒂固的、缺乏活力的“东方性”。鉴于存在这样的命运观，我们似乎需要直接面对一位在集市中央盘腿坐着的占星家。正如我们之前已经见过的那样，他已经做好准备，随时可以进入那个由宿命决定的世界。

尚未差异化的劳动

一些欧洲旅行者的联想更加直白，他们把盘腿的东方人形象和自己家乡的裁缝联系起来，因为裁缝也用类似的姿势坐着。[27]有趣的是，这些联想引出了东方人的劳动性质的问题。随着夏洛克·福尔摩斯熟练的探案技巧逐渐广为人知，一部关于面相学的著作宣称：“人们可从一个人的步态中看出此人是不是裁缝。裁缝的独特坐姿使他们的膝盖成为支撑点，他们的腿从膝盖到脚踝的部分是弯曲的，而膝盖是僵硬的，这使得他们的步伐短而轻盈，脚尖朝外撇。只要凭这些特征判断，你就永远不会看错。”[28] 但裁缝的走路姿势不仅是一种令西方人感到不适的步态，而且是一种东方语境下的姿态。在西方观者的凝视下，它意味着严重缺乏差异化和专业化。

在一部名为《木乃伊与穆斯林》（*Mummies and Moslems*）的作品中，美国小说家查尔斯·达德利·沃纳（Charles Dudley Warner）讲述了他抵达开罗一个港口时的经历：“这是我第一次看到彩色的东方之地，就像图片中的那样，人人都在闲逛或等待。仅仅看这一眼，就足以让一个敏感的、易受影响的人发狂……我们遇到了很多从港口驶来的平底船，船上满载着工人，他们成群结队，黑压压的，一动不动地蹲在甲板上，这是东方最有特色的姿势。那里没有人站着或坐着——每个人都蹲着或盘腿休息。”[29] 一个在叙利亚和巴勒斯坦漫游的英国人告诉他在国内的读者，他们“决不会被［阿拉伯人］对盘腿坐姿的无比迷恋打动……对阿拉伯人来说，几乎所有的职业都是久坐不动的；你可以看到铁匠坐着敲打铁器，木匠坐着凿木头，或者坐着琢磨如何拼装木板，女人也是坐着给他们洗衣服……当你看到裁缝也是盘腿坐着工作时，你并不会惊讶；虽然全世界的裁缝都会这样做，但是东方的裁缝在丈量你的身体时，甚至不会离开他的柜台。他只会伸出自己的手臂，用铅垂和线为你测量”[30]。德农是一位法国学者，也是参与拿破仑埃及远征的成员。他详细阐述了阿拉伯世界的工人阶层。他如此写道：“他们不喜欢一切需要他们站立的职业；细木工、铁匠、木匠、蹄铁匠等所有工种的工人都坐着工作，甚至泥瓦匠在建造清真寺光塔时也没有站着工作。”他继续说：“他们就像那些野蛮民族一样，几乎每一种工作都可以用一件简单的工具完成。”德农推测，这可能会让一些读者转而欣赏阿拉伯人手艺的灵巧，甚至“试图让他们自己拥有发明创造的能力”。实际上，德农却认为阿拉伯人那“一成不变的方法”是从一种“本能”演化而来的。“就像昆虫，我们一样会欣赏它的技艺，但我们也知道，它并没有能力把同样的技能应用于不同的目的。”[31]

简而言之，在那时西方人的眼里，东方还没有充分劳动分工，离现代标准还很远。因此，表现东方性劳动特点的盘腿姿势也具有同样的性质，所以这种姿势一直遭到西方人根深蒂固的怀疑。特别是西方人认为，这种盘腿姿势与“不作为”（inaction）有关，而“不作为”本身就被西方人看作一种大错特错的病灶。“当地宗教使劳动俗化，”1857 年，一名在土耳其的美国战地记者如此写道，“而基督教则使劳动更加高尚……在这两种体系中，一种会让现实存在退化为一种空想，它承诺的是一个仅仅满足于感官需求的天堂；而另一种则将生命升格为为我们自己及我们的种族而进行的英勇斗争，它会为我们许诺一个精神上的快乐天堂……人的虚弱是一种错误。只有真理才能赋予我们不朽的活力。”根据这位作者的说法，东方人因为无法摆脱懒惰——他们仿佛已经被错误的重量压垮了——所以只能坐在地毯和榻上，从而不可避免地“成为一个爱睡觉和吸烟的民族”。[32]

被阉割的男性特征及其固化

另一些人则用戏剧术语来解释他们在东方街道和集市上看到的坐姿——比如将坐姿当成戏剧舞台上场景的一部分，或为表现照片主题而出现。但他们这样做，只是为了强调他们所看到的东方坐姿是永远“固定”和“静止”的。一位美国作家在试图为读者描述开罗街道时，建议用宏大的歌剧术语来构思：“要让一千名土耳其人、埃塞俄比亚人、叙利亚人、犹太人、阿拉伯人都盘腿坐在他们的小商店里，要让那些土耳其人每一个都穿戴打扮好，然后在巴黎的下一部‘神圣歌剧’中扮演亚伯拉罕或以撒。他们都留着长长的白胡子，嘴里叼着水烟，静静地坐着，你甚至会怀疑他们的腰部是否被割断了。他们会坐在树桩上，无可救药地静止不动。”[33]他们的想法是，在一个景观中嵌套另一个景观，就可以满足西方读者的口味（就像对待食物似的，提前切好以便一口一口吃下去），西方的读者就可凭他们自己的文化背景来理解东方。但是，以我们的研究目的而言，这种做法中最引人注目的不仅仅是对“他者”的男性特征的阉割，还有用盘腿的姿势来表示东方人有着所谓的“无可救药地静止不动”的特征。在来自西方的外国旅行者眼中，这种景象已经司空见惯了，因此在某种程度上，他们认为“因为从来没有见过这些有自尊心的人露出他们的腿，[作为一个]西方人甚至可能会怀疑那些富得流油的东方人有残疾”[34]。旅行者很少看到东方人四处走动的样子，这很可能意味着东方人有残疾乃至阳痿，这使东方人的坐姿看起来更接近病痛下的无奈选择，而不是一种主动的自我选择。盘腿的东方人那种喜欢静止不动的性格，被西方人视为一种普遍的疾病（如果不能称之为一种错乱失调的话），经常被西方人指指点点。正如一位爱尔兰旅行者在描述另一个集市时所说："戴着头巾的商人们盘腿坐在柜台后，身上有一种深沉的宁静；他们被来自印度和波斯的披肩和丝绸包裹着，看起来好像会永远坐在那里，变成一幅画像；而且，他们很少运动自己的肌肉，除非是用留着胡须的嘴唇呼出一团烟雾。"[35] 事实上，《新闻摄影》（*Photographic News*）的北非记者愉快地宣称："这些阿拉伯人简直是完美的模特。"因为他们很少注意到外国摄影师在给自己拍照。最重要的是，他们坐着时永远都保持静止的状态。[36] 这些道德化和性别化的修辞以及关于姿势的面相学的根本逻辑在于，西方人普遍认为东方已经耗尽了动力，也就是说，东方不再蕴含对于人类文明及其进步至关重要的精能。东方人那永远保持静止的姿势导致他们非常虚弱。19 世纪有一出非常流行的劝导题材的滑稽模仿秀，其中有一个虚构的人物切斯特菲尔德夫人，她以简洁、谴责的口吻概括了这些面相学假设和陈词滥调，她写信给女儿说："那些最残暴的罪犯的双腿已经变得多么可怕了啊……［同样地］让我们看看他们是怎么用裁缝一般的坐姿［即盘腿坐］惯坏自己的腿的，这种坐姿也给土耳其人带来了同样的坏处。作为一个能用双腿自由行走的民族，他们的祖先占领了亚洲，征服了君士坦丁堡；但他们自从开始盘腿坐，就变成了一群身体虚弱的、堕落的野蛮人，他们蹲坐在长榻上，抽着烟斗，整天喝咖啡……"[37] 这类修辞在整个 19 世纪不断地得到呼应，并使得许多其他相关的修辞也得到了强化。例如，另一位旅行者指出："奥斯曼帝国在其征服扩张的浪潮之后，出现了一段衰败时期。当奥斯曼骄傲的后代放下手中的宝剑后……他们拿起了烟斗，把自己的生命做成了一个可以一辈子享用的美味小蛋糕。奥斯曼人就这样从狂热的征服者民族，变成了一个充满睡眠者和吸烟者的民族。”[38] 让我们再以一位多产的苏格兰旅行家和小说家为例。他引用了一位瑞士军官的话。那位军官在奥斯曼苏丹跟前目睹了一场大规模的阅兵式后，却评价说，这真是一件“可怜的事情”。“他们并没有骑在战马上……在一个大帐之下，虚弱而阴柔的苏丹盘腿坐在用丝绸和天鹅绒制成的诸多垫子上，就这样满怀安逸地看着他的军队。”[39] 虽然那些徜徉在《一千零一夜》冒险故事里的欧洲人可能非常憧憬东方的将军们骑上装备华丽的大象或战马，但现实情况是完全不同的。1781 年，一位参加过臭名昭著的第二次迈索尔战争的英国上校提醒他的读者，苏丹海德尔·阿里（Sultan Hyder Ali）——作为将军领导迈索尔军队对抗英国——的作为是违抗资产阶级愿望的。“从战斗开始到战斗结束，他一直盘腿坐在一个棚架上（那是一个大约 9 英寸高的便携式凳子，被毯子覆盖）。”[40] 只有被迫撤退时，那位苏丹才设法调动足够的精力，从他的座位上站起来逃跑。

西方旅行者经常指出，从盘腿的姿势站起来并不容易；那种保持固定的姿势是如此沉重，似乎产生了属于姿势本身的重力。作为一位著作被广泛翻译和阅读的法国学者，德农写道，对东方人而言“仰卧比坐正更轻松，而对土耳其人来说，需要非常用力才能让自己从盘腿的姿势站起来”[41]。在一场看似与此无关的、关于美国在校学生最佳坐姿的讨论中，一位 19 世纪中期的作家同样把西方学校的桌椅与“东方式坐姿”放在一起比较，因为后者是一种“让人坐在弯曲下肢上的姿势”。他由此指出“东方人的姿势会让行走后疲劳的双腿更加疲劳。所以我们认为，一个人越是像土耳其人那样长时间盘腿坐，就越不喜欢走路或小跑”[42]。西方人认为，要解开盘腿这种不幸的固定姿势，就需要一种反向的力量，但是即使这样操作成功了，东方人还是几乎不能走路，更不用说跑了。英国的土木工程师亨利·C. 巴克利（Henry C. Barkley）在伊斯坦布尔发现两名土耳其“小偷”后，就和他的同伴们奋力追赶——用双腿奋力追赶。“我们从窗口跳出，”他回忆说，“然后迅速追赶。他们比我们先开始移动；但是，由于我们的腿不像他们的腿那样长期盘曲成半圈状蹲坐，因此我们很快就缩短了距离，我们赶到大路上时，已经追上了他们。然后，我们先照着他们的耳朵来了几记重拳，又用他们的烟斗痛击他们一顿，最后结束战斗。后来他们只得仓皇逃窜，消化这次教训。”[43] 可见，东方人的盘腿，被西方人认为是一种身体上和道德上的畸形。

空间、时间与运动

在西方人看来，盘腿的姿势不仅仅是被动的表现，这种孱弱无力的姿势还暴露出东方人缺乏男子气概（精能），接近一种永恒的停滞。本质上，东方的“他者”由此被西方人取消了获得现代进步的权利。现代性的独特节奏在东方世界的身体和姿势中或许是缺失的。在西方旅行者和他们家乡的读者眼中，“他者”无法从其静止的姿势获得进步。一位法国探险家在开罗众多的咖啡馆里观察到，即使是东方的音乐也没有进步：“音乐家们盘着腿，一排排地坐在软垫子上，手指在琴弦上跳跃，上身随着节奏前后摇摆。我注意到其中一个人，他具有做梦者般奇怪而温柔的、睡意深沉的眼睛，还带着微弱而没有变化的微笑。我觉得他甚至可以整夜坐在那里，一直保持微笑，同样永恒的东方箴言从形似竖琴的乐器中缓缓流淌而出。”[44] 但是，在这种盘腿的固定状态中，空间和时间并没有被扭曲，而是被人们以一种强烈的冷漠感忽视了，这种漠不关心的态度正是东方人缺乏活力及运动造成的。威廉 · 比蒙特（William Beamont）是一位律师、慈善家，也是英国沃灵顿的第一任市长，他说：“时间在欧洲就是一切，而在东方则是无关紧要的事情，或者说什么也不是。”[45] 一位自称“游手好闲”的美国人曾提到他对自己的翻译马哈茂德（一个典型的东方名字）的观察，碰巧证实了以上观点。他写道：

> 我早就证明了，很多东方人不知道时间及其价值，而且我断言，他们对于空间和数量也同样一无所知。马哈茂德只会依安拉的意愿行动；当安拉下达命令时，他就会行动；他的哲学可以成为抵御一切命运冲击的证据。每当一个烦恼到来时，他就会吸烟；当他吸烟时，他还会在一些咖啡馆前玩跳棋；而当他玩跳棋时，他就逐渐睡着了。睡梦就是他们的第二人生——如果称不上第一人生的话。当他们醒着时，他们很少思考；而当他们睡觉时，他们经常做梦；做梦就是一项专属于东方的伟大职业，他们对此倾尽全力、全神贯注……为此，他们发现了（叫我说几乎就是他们发明的）大麻制剂和致幻物质，也就是说，他们发现了醒着做梦的方法。[46]

尽管东方文化有着许多内容非常丰富且独特的、关于空间和时间的科学和哲学理论，但是19世纪西方人对于东方人的静止和嗜睡姿态的描述，削弱了任何可能暗示其现代观念的元素。[47] 事实上，从欧洲资产阶级的角度来看，“时间纪律”既从根本上重新定义了西方的身体习惯，也重新定义了西方的社会和文化风俗，而这正是东方所缺乏的。这种“时间纪律”为现代科学、现代资本主义乃至工业奠定了基础。[48] 这种时间纪律给现代的进步赋予了独特的节奏，而且这种纪律可以为了满足许多事业而不断被测量和再测量，其中就包括西方工业化国家的天文观测和对工厂工人（劳动力）的支配与控制。如果没有时间纪律，西方的旅行者可能会反问：“怎么会有像科学、工业，甚至劳动力这样的东西出现呢？”这也就解释了，为何当地居民的当地时间系统常常被忽视，取而代之的是现代的时间系统，后者通常以英国格林尼治的皇家天文台为准；因为时间本身被西方殖民了，当地居民的历史、制度和仪式也因此需要符合以欧洲为中心的时间节奏——尽管在20世纪，人们进行了许多去殖民化的努力，但这种时间节奏一直持续到了今天。[49]

西方的时间节奏暗示着一种温和但充满活力的运动，这种运动源于一种内在的不安分，如果对此适当地加以利用，它将奠定现代知识和科学形式的基础。相比之下，东方对空间和时间的漠不关心，其实是一种对于静止不动的根深蒂固的满足感，即便在命途多舛之时也固定不变。在另一个时间和地点，这些暂停的、静止的盘腿人物则象征着一种静态的历史和存在。一名苏格兰人在土耳其的咖啡馆里看见“参加毕达哥拉斯式集会的盘腿的人”。“毫不夸张地说”，他强调道，这些人“一次聚会就能无声地、几乎一动不动地坐上几个小时……当然，在一个小时之内，除了需要把烟斗里的灰烬抖出来之外，我看不到他们有任何别的动作”[50]。就像古人认为地球是天球的固定中心一样，这些盘腿而坐的人又回到了前现代的习惯和知识里面。另一位旅行者、贵族弗雷德里克·亨尼克（Frederick Henniker）漫步时，走进一家咖啡馆坐下，一边喝咖啡，一边享受着他的烟，看着他面前的如下场景徐徐展开。他观察并记述道：

> 几个土耳其人进来了，给自己占了位置，之后开始喝咖啡、抽烟斗，就这么待了半个小时，什么也没说，然后就走开了——我看不出他们这是在进行什么仪式、娱乐还是商业活动——他们一句话也没说——但是，一个土耳其人能说些什么呢——他既没有书，没有报纸，也没有好奇心，更没有任何活动——他除了抽烟斗之外没有任何兴趣爱好……一个人应该行万里路，读万卷书……在旅行之后，他们之中最开明的人也会感到惊讶……然而，尽管他们十分懒惰，缺乏思想……但看起来却很幸福。如果说“无知便是福”，他们应该真的很幸福吧。[51]

因此，与西方旅行者相比，“阿拉伯旅行者与我们自己是完全不同的”，另一位评论者如此写道，“从一个地方搬到另一个地方，这种工作对他们来说仅仅是一种麻烦，他们不喜欢努力干活，却竭力抱怨饥饿或疲劳。那些东方人喜欢的是，下骆驼后就蹲在地毯上休息、抽烟，你不能期待看到他们有任何其他的动作，你也永远不能在这点上说服一个东方人。此外，再震撼的风景也不能给阿拉伯人留下什么印象”[52]。事实上，在西方人的东方叙述和前往东方的行动中，旅行与经验知识的获取息息相关。再举个例子，工程师巴克利在土耳其北部城市埃尔津詹旅行时，看到当地士兵“懒洋洋地过日子，通常盘腿坐在一家咖啡馆的榻上……这些人当中，在其一生中打开过一本书的人不会超过千分之一，看过哪怕一份报纸的人不会超过五百分之一，他们的全部知识都是通过和他们自己一样无知的人交谈获得的”[53]。这些生动的评论指出了当时盛行的一种观点：正是探索和发现所需要的好奇心和活力，构成了现代科学的必要条件；在东方人之中蔓延滋生的那种无知的幸福感，让他们本来能进行的探索和发现被一种没有根据的满足感挫败了，他们的“进步”受到了阻碍。在西方人看来，咖啡馆里盘腿的东方顾客就象征着这种有问题的认识状况。

获取知识的诸多姿势

在东方人的家庭中，我们同样也发现了处于昏睡状态的姿势，而不同仅在于家具的使用增加了。一位前往土耳其东部的美国游客详细描述了这一场景。他写道，土耳其人的家里通常有一个大理石喷泉，“喷泉的流水可以使懒惰的人安眠，还可以用它的阵阵低语为那些没头脑的人解闷”。[54]在客厅中央的喷泉旁，最重要的家具是厚垫睡榻，上面铺着华丽的布料，放着蓝色天鹅绒靠垫。空气充满了香味，使整个房间“迎合他们的感官”。这样的睡榻环绕房间一周，被置于“昂贵的地毯”上。这就是土耳其人“一边吃饭，一边盘腿坐在沙发、坐垫或床垫上”[55]的场景。正是在这种场景里，东方人被安放在道德经济与认识经济当中，他们陷入一种无法被外部世界的奇观打动的自我满足状态，不能脱身。“他们的思绪很少飘到自家房子的墙壁之外，他们只会坐在房中和自家的女人交谈，喝点咖啡或冷果汁，再有就是吸烟。他们对风趣愉快的交谈感到陌生；他们的家中也几乎没有印刷的书籍，除了《古兰经》及其评注书籍之外，人们很少读书。”[56]的确，正如德农在描述开罗家庭的舒适感时所说，“所有这些情况共同摧毁了他们的各类行动力及想象力的产生。因此，他们只能漫无目的地冥想，每天以同样无聊的方式度过，甚至他们在整个人生当中，都不会去寻找任何新东西来减轻这种沉闷的单调感”[57]。难怪苏格兰旅行家查尔斯·麦克法兰（Charles Macfarlane）会如此狂热地宣称：“如果我是土耳其的改革者，我就会改变这一切：我会烧毁所有这些滋养胖人和懒汉的睡榻，然后就发动一场冷酷无情的战争。”[58]

对西方观者来说，“有椅文化”和“无椅文化”之间的区别可以表明，现存的国家要么符合现代知识，要么不符合。当时，伊斯坦布尔的新医学院（加拉塔萨雷帝国医学院）获得了奥斯曼苏丹的大量资金支持，得到重建和现代化改造。在对这所医学院进行的详细的批判性调查中，麦克法兰注意到了一个年轻的土耳其学生，他竟然“盘腿坐在房间的一个角落里，还读着无神论者写的手册《自然体系》”！这是一本由法国启蒙思想家霍尔巴赫男爵所写的书，首次出版于1770年。霍尔巴赫男爵是一位唯物主义者和无神论者，因此这本书在西方一经出版便引起争议。事实上，麦克法兰面临的麻烦有两个方面：一方面，这所医学院主要的学生群体是土耳其人、亚美尼亚人、希腊人和犹太人，他们都明显接受了法国式的学术训练，因此他们的头脑都装进了“伏尔泰式的哲学”；另一方面，学生们接受的知识模式与他们的现状是不匹配的，这种状态主要体现为学生的盘腿习惯。换句话说，盘腿的人物所代表的国家道德经济，不见容于知识的现代潮流。在这个例子中，知识内容和身体姿势在西方人的凝视中仍然是互斥的。但是，即使这两者以某种方式得到了更好的融合，将所谓东方人的“嗜睡”当成一种道德、历史和认识方面的境况并做出种种议论仍然在西方普遍存在。在伊斯坦布尔的另一所学校里，麦克法兰采访了一个在那里教书的法国人，后者解释说：“无论一个土耳其人要做什么或学习什么，他们都会按照自己对舒适感的需求，安静地盘着腿，或者坐在角落里，此时他什么都可以做得很好；但是，他们无法克服自己天生的懒惰或者对于活跃的、激动人心的职业的厌恶感。”在这些人看来，东方人身上也缺乏对于现代科学至关重要的活力成分。这种缺失主要体现在他们的盘腿姿势上。[59]

同样，在其他主要的东方学校里，欧洲人不仅遇到盘腿的学生，而且经常会遇到盘腿坐着的老师，这再次向他们表明了另一种存在和知识（图 4.3），一种往往被看作前现代性的存在和知识。西班牙探险家、士兵兼间谍多明戈·弗朗西斯科·豪尔赫·巴迪亚·莱布利奇（Domingo Francisco Jorge Badía y Leblich）曾化名阿里·贝尔·阿巴西（Ali Bey el Abbassi），在摩洛哥非斯城（Fez）的世界上最古老的大学之一——卡鲁因大学（Al-Qarawiyyin，建于 859

年）——生活了一段时间。为了介绍这个著名的机构，阿巴西让他的读者“想象有一个男人盘腿坐在地上，嘴里还发出可怖的哭声，用哀叹般的声音歌唱。他周围有 15~20 个年轻人，这些年轻人围成圈坐着，手上拿着书或扶着书写桌，同时还重复着他们老师的哭声和歌声，但他们的表现完全不整齐。这一描述将会让你对这些摩尔人的学校有一个确切的概念……”[60] 在另一所世界上最古老的大学——这次是开罗的爱资哈尔大学（成立于 972 年）——一名英国人在进入学校时，被要求脱下鞋子。他发现“在爱资哈尔大学宽敞、通风、优雅的柱廊上挤满了各个年龄层的学生，他们都盘腿坐着，大约 40 个人一起躲避太阳……他们听着几位教授的讲演，明显以认真和热情的态度详细讨论学习的主题”[61]。另一位西方探险

图 4.3　路德维希·多伊奇绘，《在伊斯兰学校里》（*In the Madrasa*），1890 年，木板油画，79cm × 99cm，私人收藏。（图片来源：© Islamic Arts Museum Malaysia.）

家也访问了爱资哈尔大学，但他只是讽刺地指出，学生们“并没有椅子或其他像我们这些西方异教徒常用的家具的支撑，而是以真正的穆斯林风格蹲坐在地板上。有些人在开放式的庭院里学习，有可能学的是阿拉伯语语法。因为语法对于萨拉逊人的思想来说，不仅是工具，而且是教育的终极目的。这就好像我们把所有的时间都花在建立工厂上，却永远不让它们运转一样”[62]。在西方人看来，东方教育的空洞无物与他们周围的环境很是吻合。但是，即使当地的学习环境急剧改变，表现出一些现代建筑的感觉和品味，当地人的坐姿依然没有被改变，对于西方人来说，这种现象仍然是怪异而可怕的，从而进一步巩固了这种认识和文化不相匹配的印象。关于这一点，没有什么文献能比一个法国人第一次访问印度瓦拉纳西城（又名贝拿勒斯城）的女王学院时的记述反映得更确切（图 4.4）：

> 英国人称贝拿勒斯城为“印度的牛津”，因为当地人建造大学时采用的建筑样式似乎是从牛津学来的……大楼里面，在那尖尖的拱廊下，有一群学生聚集在他们的教授周围。但他们并不像牛津的类似大厅里那些一头金发的、大胆思考的学生，他们有着圆胖、温和又阴柔的东方面孔，他们那苗条的身体披着质地柔软的衣服。数学教授巴普–德瓦–萨斯特里是我的向导，当我们进来时，年轻人以一种优雅的姿势向我们行礼，他们眼睛低垂，双拳紧握，然后把手举到嘴唇上，反复做同一个手势。在一块写满代数符号的黑板前，男孩们盘腿坐着；他们头上戴着金色的天鹅绒帽子，他们的脸都是椭圆形的，有着长长的睫毛、白皙的皮肤和美丽的嘴唇曲线，还有一种迷人的温情和庄重感。[63]

图 4.4　这张照片展现了天文学教授潘迪特·巴帕杜瓦·萨斯特里（Pandit Bapudeva Sastri）在瓦拉纳西（贝拿勒斯）女王学院任教时的场景，摄于 1870 年。（图片来源：British Library, London, via Wikimedia Commons.）

在东方人学习的地方，那种特有的坐姿进一步巩固了西方人对东方世界的教育和知识的已有看法。这位进入爱资哈尔大学的英国人非常不愿意光脚，他接着描述说，学生们盘腿而坐时，他们将教授正在讲解的文章搁在大腿上，“许多学生……都在研究哲学、天文学、地理和其他世俗学科，而其他学生则在研习《古兰经》……”尽管学习内容具有多样性，但是根据这位作者的说法，师生们处于一个“在伽利略驳斥他们之前就存在的旧世界”[64]。西班牙人阿巴西则清楚地表示，他在“摩尔人的学校”遇到的是前现代的学习方式。根据阿巴西的说法，非斯城的学者仍然陷在那些连“他们自身都不了解”的作者的评论中。他进而说：“凭他们自身的理解能力，并不足以理解他们所捍卫的论点，所以他们并没有其他的知识基础可以支持自己的观点，他们拥有的论据只是大师们的语录或者著作。他们引用只言片语，然后判断孰对孰错。从这一原则出发，他们永远不能被说服。因为在他们的头脑中，没有任何理由能与大师先贤的话语或他们书中的语句平起平坐。”为了让他们中的一些人摆脱这种情况，阿巴西自己召集了一群穆斯林学生，并且“承诺会让他们对大师先贤及其著述产生怀疑。事实上，在做到了这一点之后，我开始为这些人的思想开辟新的通路，因为他们先天的创造力被一种停滞的精神麻痹太久了……终于，我使他们逐渐习惯了推理思考”。然而，这只是一场短暂的胜利，他很快就遭遇失败。因为这些学生最终在辩论时还是引用了他们新老师的话，他们宣称：“阿巴西就是这么说的！”阿巴西将阿拉伯天文学描述为“与占星术混在一起的知识体系”。他认为，阿拉伯人的物理学还是亚里士多德式的，他们对于现代化学则“毫不了解”，他们没有地理学，只有形而上学是“他们的乐趣所在”。在经历了这一切后，阿巴西总结道：“他们读起书来就像鹦鹉学舌一样，在他们面前，书本只是一件让他们看起来有学问的装饰品。这便是非斯城的知识状况，这是一个可以被当成……‘非洲雅典’的城市。”盘腿的人物体现了另一种形式的知识，他们的历史阶段与阿巴西或任何启蒙时代的欧洲人所处的历史阶段是不一致的。[65]

当面对东方的教育和知识体系时，一些盎格鲁裔欧洲人特别兴奋地采取了如下行动，或者至少确定了采取如此行动的迫切需要。“来看看穆斯林学校的内部吧，”伊莎贝尔·伯顿在大马士革写道，“这里有一排排的男孩，他们盘腿坐着，学习写作……老师正在向我解释他们的学习内容，包括阅读（Reading）、背诵（Riting）、算术（Rithmetic）和《古兰经》（Koran），最后一种课程并非我们所学习的第四个'R'，即'革命'（Revolution）。"[66] 在康沃尔出生的记者、旅行家兼《加尔各答日报》（*Calcutta Journal*）创始人詹姆斯·希尔克·白金汉（James Silk Buckingham）在书中写道，"这么说吧，东方世界的大部分地区"都可以直接等同于前现代阶段的欧洲，当东方人"在科学问题上依然限制思想和自由表达时，那些谴责伽利略天文学发现的异端邪说"仍然会在那里拥有至高无上的地位。事实上，作者还总结说，如果同样的情况在西方继续存在，"牛顿要么永远不会有他那崇高的发现，要么只能在地牢里渴望将这些发现公之于众"。[67] 如此说法的含义是非常清楚的：东方人的思想仍然被禁锢在历史上的某些阶段中，而西方早已跨越了这些阶段。这是一种认识上的暗示，它以历史叙事表达出来，后来这种说法还被用来构建西方的教育。例如，一位美国教育批评家在斥责那些往往年复一年地教授相同课程的美国教师时说，他们"类似于东方国家的土著，他们已经陷入了懒散而自我满足的冷漠状态，不想为将来获取知识付出任何努力"[68]。

坐在椅子上的当地人和盘腿的自我

然而，西方旅行者偶尔会碰到坐在椅子上的当地人，这又引出了另一种情况，唤起一种更接近"现代"的情感，因此也更接近历史的"当下感"（图 4.5）。英国皇家学会的成员蒙特诺里斯二世伯爵——瓦伦西亚子爵乔治·安内斯利（Viscount Valentia George

Annesley）——曾被邀请进入拉其普特王公的“客厅”。伯爵描述道：“那里面还配有英国式的桌椅……简而言之，在我看来，这位［王公］过的是一种充满理性的娱乐和学习的生活。”他继续补充说：“这是多么与众不同啊！从亚洲王公贵族的普遍情况来看，他们要么是渴望得到更多奴隶的野心家，要么就是沉溺于后宫嫔妃的放荡者！”[69] 同样，英国在加尔各答设立的亚洲学会（Asiatic Society）的秘书、著名的威廉·亨特（William Hunter）也曾被派往一个印度土邦的统治者家里。亨特不仅评论说，“这位统治者从面容上看充满智慧”，而且立即注意到统治者家中的椅子和桌子是

图 4.5 英国天文学家约翰·戈丁汉姆（John Goldingham）在马德拉斯天文台（Madras Observatory）工作，两名不知名的印度助手正在协助他。［图片来源：J. Goldingham, “Observations for ascertaining the length of the Pendulum at Madras in the East Indies...” *Philosophical Transactions of the Royal Society* 112 (1822): plate 14.］

“以欧洲人的方式”陈设的。他提到那里有设备齐全的图书馆，此外还专门汇报了印度当地统治者展示的某种“电机”，这位统治者甚至还做了一系列实验，让在场的“观众”感到惊异。亨特写道，这位统治者接着“对电流的性质提出了一系列明智的问题”，“这表明他并没有带着孩子气的眼光来看实验，或者仅仅被这种新奇的玩意儿逗乐，而是想更多地调查造成这种现象的深层原因”[70]。那些拥有欧洲式椅子的当地人会建议其他东方人接受启蒙思想，这样他们就可以摆脱静止、幼稚和幻想世界的种种诱惑陷阱，然后进入使用归纳法的现代世界。这种对坐在椅子上的当地人的描绘，不仅仅是在展示“文明化进程”，也是在展示对“文明化进程”至关重要的充满活力的运动。

反过来说，西方旅行者有时也会让自己习惯盘腿而坐，这却带来了很多让他们意想不到的结果。在努力摆脱追捕者的时候，沃尔特·B. 哈里斯（Walter B. Harris）就在路边摆起盘腿的姿势伪装自己。这一招效果奇好，竟然有一个路过的阿拉伯人直接坐在他旁边，用阿拉伯语跟他交谈了很长时间，这令哈里斯又惊讶又懊恼。其他一些人，比如美国诗人、外交家、记者和文学评论家贝亚德·泰勒（Bayard Taylor），则对人宣称他喜欢盘腿坐在榻上，因为这是“抓住一个懒人的最诱人的陷阱”。不过，他又立即为这一表述增加了限定语，称自己并不是“天生懒惰”，但他继续解释说：

> 我觉得我无法抗拒这间休息室的魅力。你若是待在这里，就可以盘腿靠在垫子上，手上拿着那根让人舍不得放下的烟斗，你还可以看到庭院的景色，那儿有些水池、花

朵和柠檬树，你的仆人和翻译员就在旁来回走动，或者在阴凉处抽他们的**水烟**——所有这些画面都被框定在美丽的拱门入口，东方的这一幕是如此完美，从古老的哈伦·拉希德时代就已存在的真实画面一直延续至今。你会惊讶地发现，当你默默地享受这一切的时候，好几个小时已经悄悄溜走了。[71]

然而，这种富有异国情调的享受很难避免来自西方本土的指责。当一位美国评论家提到一幅画着泰勒以东方人的方式坐着的图画（图 4.6）时，他指出泰勒有“认同多民族生活方式的天赋”，尤

图 4.6　贝亚德·泰勒的肖像。托马斯·希克斯（Thomas Hicks）绘，此作名为《伟大的美国旅行者》，绘于 1855 年，布面油画，62.2cm × 75.6cm。（图片来源：National Portrait Gallery, Smithsonian Institution, via Wikimedia Commons.）

其认同东方人的生活。他认为，泰勒的面相与东方特征是特别协调的。因此，泰勒被那个世界“自由的情感和高度的想象力”吸引并不令人意外。[72] 因此，他说，泰勒表现出的姿势和态度都是简单的返祖现象。然而，泰勒回到美国后，成了一名非常受人欢迎的演讲家。最近，一位历史学家将他受欢迎的现象归因于“泰勒身上的文明性和野蛮性的融合”。这种观点恰好对应我们将在下一章看到的，“一种于 19 世纪中期开始形成、在社会上广为流行的新男性理想，而在接下来的几十年里，它会取代强调自我节制的旧男性理想。这种新的理想男性拥有由原始激情迸发出来的无限的原始能量”[73]。

但最深刻的影响是采取盘腿姿势的行为与欧洲人的自我认同产生了直接冲突。著作颇丰的匈牙利人、突厥语言学专家阿米纽斯·万贝里（Arminius Vámbéry）就描述了这种经历。起先，他化装成当地苦修者，因为这是最“名副其实的东方生活的化身”，他在一些土耳其城镇周游时，都是盘腿坐在地上。后来，他讲述了自己伪装失败的那一刻。他写道，这正是他内心深处的一种能量突然爆发的结果：

> 我突然从座位上跳起来，带着些兴奋，然后开始在给我遮风挡雨的那座废弃的旧房屋里踱来踱去。几分钟后，我看见一群路人聚集在门口，而我却成了大家都很吃惊地看着的对象。我突然发现自己的伪装失败了，赶紧红着脸重新回到座位上坐好。不久之后，有几个人过来问我怎么了，是否还好，等等。那些善良的人认为我精神错乱了。因为按照东方的观念，如果

一个人在不必要或没有特殊目的的情况下突然离开座位，并在房间里走来走去的话，那他一定是疯了。

万贝里回忆起那股让他突然结束盘腿姿势的能量，他发现，**静止不动**的状态尤其让他感到“紧张”：

> 如果不是欧洲文明相比于东方文明的优越性如此明确的话，那么我几乎会嫉妒苦修者了。那苦修者衣衫破旧，蜷缩在某幢建筑废墟的角落里，他眼睛里闪烁的光芒显示出他正在享受幸福。那张脸表现得多么宁静，他的行动是多么镇定平和，这幅画面和我们欧洲文明所呈现的画面形成了多么彻底的对比啊！[74]

在试图习得东方的“民族姿势”时，万贝里反而学到了其他东西：他洞察到了欧洲内在精神中固有的躁动不安的本质，以及其蕴含的深厚能量。实际上，就连万贝里自己都被他的“兴奋状态”惊呆了，这种充满活力的状态与东方的异域姿势完全相反。他的苦修结果证明，后者是一种与他自己所属的文化背景如此不同的**存在状态**。在西方观者的眼中，正是安宁和静止的状态——以盘腿的苦修者和托钵僧为代表——与西方进步姿态的预设相悖逆；简而言之，正是这个原因，东方的文化和思想常常被西方认为是“静止的，或者可能是倒退的”。[75]

历史上的一种科学

我们已经得到了一个关于盘腿形象的相当普遍的文化表征，这些不同的人物形象又出乎意料地表现出了相当高的一致性。这些材料源于广泛的抽样分析以及不同种类的西方旅行者为他们的国内读者所描绘的内容。不论读者的凝视是在中产阶层家庭的舒适环境中，通过图片或文字形成的，还是在事情发生的原处通过亲眼观看形成的，这种表征之场都已经构建起了一个“东方”，并以多种令人信服的方式向其受众表达。这样一套话语，界定了“东方姿势”的道德特征、认识论特征与历史特征，它牵涉的是那些假定何为东方姿势的人，反过来，这种话语也重构了西方的凝视。这种凝视是对比的副产品，界定他者的过程也构成了属于自己的“自我认同”。尽管不同表征之间可能存在很多细微差别，但我们在这里已经得到了一种自洽且流传甚广的主要观点，现在我们能以此为透镜，来探究和解释我们看到的这些东方天文学家的原始图像。然而，当我们装备上这些新打磨出来的资产阶级透镜并进行观察时，我们就会发现，这一表征之场中的话语并不局限于上述游记的作者和读者，他们的印象和描述也在庄严的科学大厅里引起了共鸣。在我们用新装备的时代之眼重审这些原始图像之前，让我们先来解释，同样的话语如何在 19 世纪支持了天文学史学的形成。

那些关于东方的学习方式和知识体系的常见修辞，不仅隐含着道德评价，而且有对所谓的“麻木状态”的描述。在这些观点看来，东方世界很可能缺乏摆脱静止姿势的活力。西方旅行者都明确地表述，东方人无论是在海关、电报局、集市、咖啡馆还是在家里，甚至是在各类学校里，都保持静止不动的坐姿。西方人认为，正因为东方人静止不动，而且不幸地被固定在了特定的空间和时间中——弹唱着“一成不变的永恒的东方箴言”——所以东方国家及其人民，其实被禁止接触那种确实需要活力、精能以及“一种激动人心的职业”才能理解的知识；这种知识确实构成了相当大的风险，但也会带来巨大的物质回报。

> 苏格兰天文学家约翰·普莱费尔（John Playfair）认为，印度的天文学并不会给出任何理论，甚至也没有对天体现象做出任何描述，只会满足于计算天空中某些特定的变化。一个婆罗门坐在地上，面前排列着他的贝壳，他口中不断重复那些用来指导他计算的神秘诗句。他以极好的确定性和惊人的冒险性取得了结果；但是，他对自己的计算法则所依据的原理知之甚少，但他也不急于更深入地了解，因为他对现状完全满意。除此之外，他的天文学研究从未延伸过……[76]

可见，在西方人看来，盘腿的姿势（图 4.7）代表了这位东方天文学家的顺从性和满足感，这使他无法知道得更多。东方人不但缺乏那种热烈的激动感和活泼的不确定性，还缺乏可以推动他超越前现代知识体系所必需的那种叫人不得安宁的怀疑。换句话说，他被禁止使用以培根归纳法为标志的科学方法，而正是这种方法为现代科学奠定了基础，即满怀精能地、不懈地探索和发现、收集事实和观察现象、实验和归纳总结。东方科学正与之相反，它陷在一系列的推论和计算之中，这种做法的基础是过去几个世纪以来对前人评论的再评论，以及凭借无风险的沉思和非生产性的劳动就能得到的先验原则。也就是说，东方科学不是由冒险、怀疑或好奇促生的，而是依靠确定性与传统带来的稳定庇佑。东方人在惬意而静止的休息中，找到了推论出来的确定性，这让他们被固定在了一个“无助”又平稳的姿势上，即盘腿的姿势。

盘腿不仅被西方人当作一种下等的姿势，而且在历史维度上被西方人当作引起道德担忧的象征符号。苏格兰人詹姆斯·穆勒（James Mill）是著名的哲学家、历史学家、政治经济学家、英国东

图 4.7　一位婆罗门天文学家在计算日食。请注意，这位天文学家是在家里开展研究工作的，他并没有专门区分工作的空间。[图片来源：A. Geringer, *Collection de Portraits et Costumes* (*Voyage dans L'Inde*, n.d.), plate 10, colored lithograph. Courtesy of S. P. Lohia Rare Books.]

印度公司的雇员，也是约翰·穆勒的父亲，他在引用了我们上文所引的普莱费尔的文字后补充道："你几乎无法描绘出一幅更有冲击力的图景，来展现比印度天文学的现状还要糟糕的情况。"（图 4.8）詹姆斯·穆勒确认，婆罗门天文学家可能陷入停滞的历史时期，他们的演化阶段更接近在美洲的"印度人"（即美洲印第安人）。根据穆勒的说法，这两个族群的思想"既太粗鲁，又太柔弱，无法打破根深蒂固的传统习俗的力量"。有人继而提出，印度教和阿拉伯的数学家在几个世纪前就使用过三角函数的元素，并以此反对穆勒的观点［这是普莱费尔和让·西尔万·巴伊（Jean Sylvain Bailly）共同提出的观点］。穆勒对此反驳道，这仅能证明"印度教教徒在早期文明中多迈出了几步；并且，他们从事那些抽象的推论工作，以及那些形而上学和数学的思考，都是一个半野蛮民族强烈倾向去做的事"。"那些阿拉伯人，"他补充说，"最多不过是半野蛮人罢了。"[77] 穆勒在他假想的框架里，和其他许多人一样，都呼应了一位当时最有影响力的天文史学家的观点。这位学者便是前面提到的法国人让·西尔万·巴伊。巴伊是第一个用启蒙历史主义来界定天文学历史发展阶段的人。[78] 在他看来，婴儿期的"蹒跚学步"影响了童年的发展，然后是青少年时期，以及随后走向成熟的成年期（manhood）①，这正与历史发展阶段相对应，正如我们之前已经看到的，这是一种流行的历史主义观点，对椅子和科学都产生了相同的影响。西方人将这些表明智力成熟和道德成熟的历史步骤，视为一种评估性的阶段划分标准，以此将历史划分为一系列智力与生存能

① "manhood"在英文中兼有"成年时期"和"男子气概"的含义，毋宁说这一概念体现了使用者以成年男性作为人类发展阶段"顶峰"的思想背景，下文将根据语境予以翻译。

图 4.8　在上一张图的另一个版本中，版画家韦斯特福尔（W. Westfall）选择将这位天文学家的家庭背景从画面中明确抹除。[图片来源：The Library of Entertaining Knowledge, *The Hindoos*, vol. 2 (London: Charles Knight, 1835), 318–319.]

力的进步过程。他们根据这种方案，将所有历史时期——无论是婴儿期或成人期，不成熟期或成熟期，还是原始期或文明期——进行了分级，每个阶段都对应了不同程度的精能和独立性；这也是现代科学的出现所必需的规范性条件。

但人类在各个时期的很多其他方面都是不平等的，这一点不仅对椅子的发展史很重要，对于科学史来说也同样重要。"成年期一天发生的事，"1884 年，一位天文学家如此写道，"通常比童年期一年中遇到的事更多，或比婴儿期发生的所有事还要多。如今正是天文学成熟期的开始，过去一个世纪里包含的历史事件，要比之前所有时期的总和还多。”也就是说，现代天文学的历史巅峰期，是当下的成熟期和以往的历史阶段相互结合而繁荣发展的结果。[79] 约翰·H. 威尔金斯（John H. Wilkins）在《天文学元素》（*Elements of Astronomy*）一书的前几页专门解释了天文学的这些历史发展阶段。他宣称，在天文学发展的“青少年阶段”，人们会发现“除了星星以外，所有的天体，也许还有太阳，都处于运动之中”。而随着历史的发展，天文学到了具备“男子气概”的成年时期，人们会用心仔细观察并探究这些天体运动的深层原因。[80] 莫斯利牧师（Reverend H. Moseley）的《天文学讲座》（*Lectures on Astronomy*）则进一步充实了这段天文学的发展史，这本书从人类早期阶段一直讲到以欧洲为代表的发展成熟的天文学。“当我们仰望大自然，我们就会发现，**我们自己**所处的有利位置是多么美妙又不可思议啊。与其婴儿时期相比，人类现在的智力正徜徉在创造的大道上，就像拥有了巨人的力量一样。这位巨人已经生长发育了很久才达到目前的高度，而他的全盛时期也已经过去了一段时间。”[81] 根据这种说法，西欧人花费了相当巨大的能量，才从诸如早期婴儿盘腿姿势的“奴性”状态里挣脱，伴随着现代科学的出现，脱离原始状态的人类达到了巨大的比例——他们能达到这种成熟的程度，明显得益于历史能量和男性能量。另一位 19 世纪的天文史学家则指出，阿拉伯人在希腊人之后出现，“培养”了他们所继承的天文学，但“就像其他东方民族一样，他们表现出了缺乏［创造性］思考的能力。因此，科学事业并没有因他们的劳动而得到任何发展”。继而他断定，无能为力的阿拉伯天文学家别无选择，只能“作为科学的忠实守护者，直到历史进步将科学转移到具有充沛智慧活力的种族”，即使用拉丁语的欧洲人身上。[82] 我们不仅需要注意到，不同文明层级的能量和成熟度是如何与科学的历史进步相匹配的，还要注意这些进步是如何映射到姿势的历史上的。事实上，正是前文提到的胡威立系统地将姿势的变化记录在了科学史之中，并进行了阶段性划分。

在其开创性著作《归纳科学的历史》(*Inductive Sciences*，1837)中，胡威立描绘了从古代到他所处时代的知识进步蓝图。在这种线性而渐进的科学进步观念中，在以哥白尼、伽利略、牛顿、拉普拉斯和法拉第为代表的现代科学的“归纳时代”(Inductive Epochs)到来前，有一段时期被胡威立称为“静止时期”(Stationary Period)，静止既是指历史和认识能力的静止，也是指身体素质及精能的静止。这一“静止时期”包括中世纪的阿拉伯哲学家和早期拉丁哲学家。这是一个以“模糊的思想”“评注的精神”“教条主义”“神秘主义”“令人困惑的事业”“乖巧灵活的奴性”“缺乏活力和生机”为特征的时代——用一句谚语来说，那是一个科学界在“正午沉睡”的时期。胡威立和他以前或之后的很多人一样，声称阿拉伯天文学家仅凭着对古希腊遗产的保护，就成了这一时期的领袖，但他们“一直是兢兢业业而无私利心的仆人，他们保持着[自己]的天赋，既没有损失天赋的风险，也没有增加的前景。在阿拉伯人的各类文献中，几乎没有任何东西可以影响到天文学的进步”。阻碍其前进的是他们对冒险、怀疑主义和未知事物的厌恶感。根据胡威立的说法，阿拉伯天文学家尽管受到了希腊天才思想的冲击，却还是畏缩不前，因为“他们的头脑不像后来的欧洲哲学家那样，拥有发明的天赋和旺盛的精力，因此也不能带来一个更简单、更好用的体系，以引领天文学走上发展进步的道路”[83]。当谈到无数引用亚里士多德的东方评注家时，胡威立毫不畏惧地评判、谴责：

> 讲到这里，读者们可能会想到，当古希腊哲学流传到具有不同民族性格和状况的种族的知识群体中，这种奴性传统的链条本应该被打破；一些新的想法会由此开始出现；寻求真理的人们会有一些新的方向，产生一些新的动力……然而，这一切都没有发生。阿拉伯人甚至说不出一个名字，来证明他们在科学或哲学上做出了伟大的贡献。他们当中没有任何人，也没有任何发现，对人类知识的进程和命运产生过重大影响……也许，再进一步想想，这一民族在青少年时期明显缺乏精神活力和生产能力，我们应该对其后续的作为感到惊讶吗？阿拉伯人还没有准备好如何适当地享受和使用他们所拥有的财富。就像大多数未文明开化的国家一样，他们一直热情地吟诵着自己的本土诗歌；虽然他们的想象力已经被唤醒，但他们的理性力量和推理倾向仍然非常迟钝。[84]

在这本很有影响力的书中，尽管胡威立关于“静止时期”的许多讨论都转向了使用拉丁语的西方人，但他依然提到了至少 15 位伊斯兰教哲学家。对胡威立来说，使用拉丁语的西方人的独特之处，以及他们与阿拉伯人的区别，是需要特别的回顾性探讨的。二者的区别在于，拉丁人最终利用了一种能量，将他们自己从“睡梦”中唤醒，这样，他们就会结束静止的状态，激动起来，继而获得现代科学技术，走向伟大的“归纳时代”，获得自我救赎。因此，欧洲将蓬勃成长，直至成熟，成为莫斯利口中不可阻挡的“巨人”。然而，阿拉伯人在这一过程中被远远地甩在了后面，对胡威立来说，正是这个进程不容忽视的影响，构成了科学通史和人类思想史的框架。[85]

因此，在 19 世纪的西方学者和探险家的眼中，阿拉伯人（或任何其他非西方民族）形象之模糊是根深蒂固的，这反映了西方人对东方的存在及其在时间中的位置持模棱两可的态度。他们认为，自己当下在东方旅行中遇到的阿拉伯人，其实是过去的前现代时代就一直存在的历史文物。这种流行的历史主义的前提是，当时的东方人与遇到他们的欧洲和美国的同时代人，两者的时间并不是同步运行的，即东方人完全是存在于另一个历史时代的族群。[86] 这是一种适用于地理学的历史主义观点。从这一观点出发，无论西方人是通过旅行、展览、文本还是通过图像了解东方，都是参观“过去”的游客，他们由此进入了西方人自身发展的早期阶段。他们将欧洲人的发展阶段普遍化，并认为在东方看到的就是被困在之前历史时代的已经被普遍化了的“欧洲孩童”。[87] 这种流传甚广的观点，有着非常深远的影响，甚至直到 20 世纪依然存在。例如，乔治·萨顿（George Sarton）作为建构了科学史这门学科的巨擘之一，就根据这种久经考验、屡试不爽的历史主义，总结出了伊斯兰国家获得科学知识的途径。“也许可以这么说，那些东方人，就拿穆斯林来说吧，”他写道，“已经达到了他们发展的极限，因为他们就像那些富有天资的孩子一样，依靠其早熟的成就震惊了整个世界，然后却突然停滞下来，变得不那么有趣；而其他人呢，尽管起初不那么聪明，但后来远远领先于他们。”[88]尽管萨顿依然认为伊斯兰科学的历史是存在进步性的，并且他一贯支持对伊斯兰科学史的研究，但不难看出，即便是在他身上，这种可怕的历史主义观点也仍然继续存在着，难以突破。

胡威立关于科学史上“静止时期”的主张，正符合他对**静止**姿势的各种比喻和印象。在他看来，东方世界充斥着静止不动的姿势，它是属于一个东方民族甚至整个种族的磨难、一种存在状态，也是一种在盘腿姿势中人格化了的道德境况。这种通常被描述为“他者”所摆出的坐姿，以及“无可救药地静止不动”的特征——无论是在咖啡馆、家庭、学校、工坊、商店，还是在建筑工地或其他商业场所，**都没有区别**——与“他者”静止的历史及科学状况天衣无缝地吻合了。我们已经看到，自 19 世纪末起，欧美的记者、历史学家、流亡者、外交官、东方学家、工程师、间谍、传教士、小说家、游客、考古学家、教师、社会名流、外科医生、探险家、市长、科学家、士兵和商人等，是如何用他们的帝国视角，联想并解释他们在东方的遭遇的，这种帝国视角同样也反映在西方科学与科学史的崇高殿堂里。而这正是某种由特定历史概念所构成凝视与可见性导致的。借用迪佩什·查卡拉巴提（Dipesh Chakrabarty）的一个令人难忘的短语来说，那些静止不动的人沉默地盘腿坐在“虚构的历史候车室”里，他们一直以一种非自愿配合的方式，沉默地将这类历史构架与感伤反馈给现代观者，而现代观者并不包括他们自己。[89]

盘腿观测的天文学家

我们现在终于准备好解读这位盘腿坐在长榻上、耐心等待着的佚名阿拉伯天文学家了（图 4.9）。我们的解释可能会引起 19 世纪资产阶级读者的共鸣。我将根据游记和编史学所形成的基线，进行一种三角分析，我试图捕捉中产阶层的凝视目光，并将它应用到对盘腿天文学家形象的解释上。我们已经看到，就像在欧洲或美国评价本地人的坐姿一样，西方人在穿越东方旅行时，也做了差不多的事，只是他们会在不熟悉的地方产生更为激烈的文化联想。正是我们介绍的这些文化背景，在法国版画家创作阿拉伯天文学家画像时，对他产生了影响。

图 4.9　安德烈·迪泰特绘《诗人》和《天文学家》。[图片来源：*Description de l'Égypte: ou, Recueil des observations et des recherches qui ont été faites en Égypte pendant l'expédition de l'armée française,* État Moderne, Planches, tome premier (Paris 1817), Costumes et portraits, PL.B, 50cm × 70cm. Courtesy of the Rare Book Division,New York Public Library.]

首先，画像的坐姿代表了整个世界观，它以消极被动为前提，并建立在对于千年来状况的满足之上。这种世界观不是由好奇心和活力驱动的，而是由命运和平衡性驱动的。这位天文学家的盘腿状态和工作环境暴露出他没有任何满足现代性所需的特殊成分。他没有在身体姿势或动作调整方面表现出专业化的努力，也没有使用任何为特殊目的服务的座椅家具——比如为生产知识等产出性工作服务的专用座椅。相反，这些东方天文学家进行劳动的物质形式，与东方铁匠、建筑匠、裁缝、鞋匠、音乐家、苦修者、将军乃至咖啡馆顾客几乎没有什么不同，他们都是盘腿坐着的。和其他人一样，东方天文学家也陷入了一种前现代的状态，他们的劳动与其他人无异，最后都是徒劳无功的。事实上，在西方人看来，这种劳动的标志就是不作为，显示不出任何驱动的精能，更不用说跟着那种进步的节奏前进，我们看到的是一种更接近沉睡的状态，而不是现代性的活力四射的状态。

即便我们的东方天文学家想要移动，这种姿势也会像个沉重的负担一样阻碍他，并把他固定在被他自己扭曲的时空感中。好奇、怀疑主义、冒险、不确定性、发现、发明和风险，这些都不会刺激或推动他前进，甚至不能促使他踏上现代科学的道路。我们的天文学家被消极地安置在一个前现代宇宙的中心，他只是一直等待着星星从他的肉眼前经过。在他眼前出现的一切，都会被天文学家用那种塑造了其宿命观的决定论来解释。谁也不知道，他在古代世界和现代世界之间的“正午沉睡”中心满意足地徜徉了多久。事实上，当我们仔细观察面前的印刷图像时，我们回顾、深入的是另一个纪元、另一个时代。我们看到这幅图中年轻天文学家的大眼睛睁得更大了，“寻找将要从天上掉下来的珍宝”[90]。但我们不能确定，这个虚弱的人是在向外窥视物质意义上的天空，还是在向内窥视充满梦一般的演绎与幻想的主观世界。

事实上，我们这里所遇到的，是关于这位天文学家的科学世界观的视觉证据，这种科学世界观不会因为一些内在的精能、危险的活动或怀疑带来的不满而改变或进步，而是在消极被动的姿态中继续保持坚定的满足和永远的稳定。东方人的身体不会移动，其历史和科学也同样不会移动。由于他们对空间和时间的感觉不敏锐，东方人的科学不可避免地与一种烟雾缭绕的神秘主义相结合，结果变得与诗歌极为相似。我们在这里面对的，正是一种强烈情感的典型人格化身，我们将在最后一章证明，19 世纪稍晚些时候的欧洲和美国天文学家所表露的这种感情，与天文台里的一切诗意感觉截然相反；这种感情还曾被用来谴责一些西方天文学家，比如普罗克特和弗拉马里翁。因此，在这本拿破仑时代的巨著中，我们会发现另一个引人注目的形象——一位蹲坐着的诗人（图 4.9）——和我们的东方天文学家的版画画像一起被印在了对开页上，这是不足为奇的。在这里，两者的并列并非为了对比，而是编者将两张同类的图像进行配对展示，以彰显它们的无差别和同质化；只不过，后来这两幅图又被法国编辑加上标签，来强作区分。因此，图中东方天文学家的姿态特征，揭示了关于东方世界静止的历史、科学和天文学的广泛图景。

无论 19 世纪西方世界对东方人的夸张描绘在今天的我们看来多么偏执和仇外，它们都深刻影响了西方对于“他者”的看法，这一印记是不可磨灭的。不幸的是，许多类似描绘甚至到今天还在延续使用，令我们今天的世界为之惶恐（它们使我们困惑，今天的世界是多么停滞不前）。[91] 但我们的关键任务，是要从多种印象和联想中建立一种视角，重现当时人们对这幅拿破仑时代异国天文学家肖像进行的欧洲中心主义凝视。然而，与此同时，我们也不能忽视这样一个事实：许多被称作“东方民族”的人，他们看待坐姿时，肯定都有**属于他们自己的**丰富多彩的文化联想。无论是准备冥想的瑜伽士、每天祈祷的穆斯林，还是卧佛，许多非欧洲文化都为坐姿赋予了它们自己的形而上学和宗教意义。[92] 更重要的是，在各式各样的“异域”（foreign）历史中，我们**确实**发现了椅子有其独特的社会文化地位。当然，这种社会文化地位也嵌入了这些文化意义自身的独特宇宙，并根植于这些文化自身的丰富多彩的表征之场中。

让我举一个简单的例子：请回想一下“卡拉西·伊尔米亚”（karāsī ‘ilmiyya，字面意思是知识椅或科学椅）的悠久历史吧，至少从9世纪开始，它就代指在伊斯兰大学工作的讲席教授。从历史上看，这些“卡拉西”属于得到永久资助的“瓦克夫”（waqf）①——拥有悠久历史的伊斯兰教机构——资助可能来自政府、苏丹、清真寺、社区、私人捐赠或学生自己。机构中的椅子作为真正的实体家具，专门用于不同的目的——有的是世俗目的，有的是神圣目的——并被专门命名、设计和放置，以进行区分。人们便以这些椅子来区分坐在椅子上的教授。在清真寺或伊斯兰学校里，教授椅通常被摆放在特定位置，其位置也表明了授课的主题，学生们也据此认可这些教席的重要性（图4.10）。教授椅周围是被称为“马吉里斯”（majālis）或“哈拉卡特”（ḥalāqāt）的环形空间，现在已经证明，这便是中世纪欧洲大学“学术圈”（academic

① “瓦克夫”（waqf）在阿拉伯语中一般指用于安拉的正道事业（如公益慈善事业）的土地和产业，比如寺院、学校、医院、养老院等。

circles）的起源。[93] 我们这里的简短描述应当可以引出更多的问题。例如，11 世纪成立的第一所欧洲大学设立讲席教授职位是不是受阿拉伯的“卡拉西·伊尔米亚”的启发？如果是这样的话，这些家具——尤其是它们的思想和学术象征意义——是如何传播到中世纪欧洲的拉丁语地区的呢？现在的学者尚无法回答这几个问题，更不用说其他问题了。

最后，我们应该认识到这样一个事实：在面对西方主张的自我优越性时，传统的东方学者会用他们自己的逻辑自洽的、一以贯之的观点来回应。毕竟，西方旅行者的游记是一种对于横跨东西方的“接触地带”（contact zones）的纪实性表述，只不过其中明显缺失了“他者”的声音。[94] 现在确实已有大量学术著作和历史性文献探讨东方的现代主义“改革者们”如何对西方做出反应，但是从定义来说，大多数此类研究并未提到，东方传统学者在面对上述来自西

图 4.10　阿拉伯教授们坐在高过学生的椅子上，每一个学习圈子都位于一根柱子下。《开罗爱资哈尔清真寺内部》，英国匿名摄影师摄于 1900 年。（图片来源：私人收藏。© Look and Learn/Elgar Collection/Bridgeman Images.）

方人的刻板印象时，会做出怎样的回应。[95] 由于在西方的案例中要找到这样的传统声音是十分困难的，为了说明这一点，请允许我引用一个罕见的例子：土耳其伊斯兰教法官所写的信，写信者是一位名叫阿里·扎德（Ali Zade）的伊玛目，他在信中答复了 19 世纪中期的西方科学探险家希望在这位伊斯兰教法官管辖的小镇进行数据统计的请求。他写道：

> 虽然我所有的日子都是在这里度过的，但我既没有数过那些房子，也没有询问过当地居民的人数；至于一个人的骡子上驮着什么，另一个人的船舱里装着什么，这些都不是我分内的事……不要再去追问那些与你们无关的事情了。你之前向我们示以敬意，我们也欢迎过你了！请安静地离开这里吧……你和你们民族的其他人没什么两样，你们都喜欢从一个地方漫游到另一个地方，直到不再快乐，也不会满足。我们（被真主赐福）降生在这里，从未想要放弃在这片土地上的生活……难道我们应该说‘看哪，这颗星在绕着那颗星旋转，另一颗有尾巴的星星走了又来了’之类的事吗？它们年复一年都是如此。别让我再想这种事了！既然宇宙星辰已经从真主的手中显现，真主也会指引它们运动。但是你非要在这里对我说：“哦，老兄，撇开你的成见吧，我比你博学多闻，见识更广。”如果你认为你这方面的技艺确实比我好，你大可坚持这种想法。赞美真主，让我不会寻求那些我并不需要的东西，所以我也并不关心你已经学会的那些技艺。[96]

其实，伊斯兰教的传统一直承认知识和旅行之间具有非常紧密的关系，甚至认为旅行对知识而言是必不可少的，这位法官强调要留在自己出生的地方，这当然是一个例外情况。[97]关键在于，这位法官的特殊回应应该被如何理解呢？他的潜台词是这样的：如果现代科学那些令人印象深刻的主张不能帮助人的灵魂结束漫漫苦旅，并使其在此生和来世重新回到真主之领域的话，那么它就必须让位于其他更紧迫、更实际、具有超越意义的问题。[98]毕竟，这位法官的世界的传统科学，是以宇宙和灵魂之间不可阻挡的交会为前提的，天体位置和炼金成分也是影响个人的精神与身体，以及幸福的共同因素。[99]一个人要保持这些因素相互平衡，就必须在其身心内部进行艰苦的努力和斗争，这值得他倾尽全部精力和能量。因此，从这个角度来看，阿拉伯人可能认为，人们应该做真正重要的事，西方现代科学只不过是干扰罢了；而真正重要的事，就是净化自己的灵魂这一艰巨任务，也就是说，任何有价值的"科学"，都是达成这一神圣化的救赎目的的手段。

这位法官的回信最初被收录在奥斯汀·H. 莱亚德的《尼尼微和巴比伦遗址的发现》（*Discoveries in the Ruins of Nineveh and Babylon*，1853）一书中，此后经常被西方人引用，而且评价中往往充满蔑视。哈佛大学的心理学家威廉·詹姆斯（William James）在其名著《心理学原理》（*The Principles of Psychology*，1890）中完整引用这封信，他的目的是揭示西方当时的一种焦虑："追求'科学'的愿望已经成了当前世代'部落'顶礼膜拜的'偶像'，仿佛一出生就在母亲怀中吮吸这种渴望。"这甚至让西方人很难想到，其他民族的人有着和自己不同的优先考量和追求目标。[100]即使西方人允许东方人发声，后者也会像一面镜子一样，被西方人拿起来重新评估、重新审视西方自身的面孔；这是一种同时建构“自我”和“他者”的行为。[101]

这些东方天文学家的特定画像，是为了能够被特定的表征之场预设的西方凝视看见，而被特意塑造出来的，这正是米尔佐夫所说的“视觉性综合体”（complex of visualities）① 的一个例子：它是帝国权威的一种表现形式，帝国的权威以分类、区隔和审美化的模式为基础运作，以便持续控制其臣民，并通过特定的、得到正式许可的历史，来维持西方拥有不言自明的“自然”权威的表象。[102]

在这一章中，我以那个时期最具影响力的欧美文体之一——游记为例，通过识别各类广为流传的文化修辞，试图使这种“视觉性综合体”本身变得可见。通过这层透镜，我们看到并解释了盘腿东方天文学家的形象如何发挥了视觉性综合体的功能。我们所看到的不只适用于解释这一实践本身，它也可以指引我们去分析任何可能的反视觉性实践。这层透镜同样还使我们开始重新认识天文观测椅。作为一件家具，天文观测椅被运用于一个多种因素交叉的视觉性综合体中，辩证地塑造了资产阶级的自我感知。特别是，我们现在能够查明这种观测椅最重要的特征之一——尽管早已有迹可寻，却长久被人忽略——天文观测椅与种族化的帝国精能之间的关系，正是后者驱动了现代科学与其实践者的发展。换句话说，我们现在可以解读，当时的西方人是如何理解自己所处的历史时刻的：他们处在一个充满躁动不安的男性能量的时刻。从视觉和道德经济的角度分析，尤其是分析它们与欧洲的躁动不安的关系，将使我们更好地理解观测椅作为一种天文仪器是如何被设计的。这些视觉经济与道德经济，同时也是关乎认识经济的。

① 米尔佐夫认为“视觉性”（visuality）是统治团体压迫和奴役被统治者的工具和手段，一般是通过划分等级的图像和数据网络实现的，并形成了三种视觉性综合体，即军事工业综合体、帝国主义综合体和种植园奴隶制综合体。——编者注

天文学家库诺·霍夫迈斯特（Cuno Hoffmeister, 1892—1968）在班贝格天文台（Bamberg Observatory）的彗星搜寻器旁边的工作照。（图片来源：Courtesy of the Sonneberg Observatory Museum for Astronomy.）

第五章

躁动不安的精能

在［北美］这片土地上，凯尔特人和撒克逊人对自身定位的不同，导致了各自不同的命运和不同的处境；凯尔特人的殖民地（加拿大）一直保持不变；而撒克逊–凯尔特人，则在“撒克逊能量”（Saxon energy）的推动下，得到了迅速发展，以至于达到了惊人的规模，甚至还叫嚣着成为世界第一……撒克逊人高喊着：我们可是当地土著啊！

——罗伯特·诺克斯，《人类的诸种族》（*The Races of Men*，1850）

我认为，（人体）各部位会产生适应性变化，并相互结合，以达到特定的目的。但这并不意味着这些部位自身寄寓着任何能量或力量。这些人体部位本身，只是人体内部能量发展延伸的结果……也就是说，外在形式不是内部能量的产生原因，而是内部能量的结果。我们能看见并不是因为我们有视觉器官，我们的视觉器官从来都是我们身体内部的**视觉能量**（visual energy）演化的结果。

——亨利·休厄尔（Henry Sewell），《关于人类与外界关系的思考》（*Thoughts on the Relation of Man to the External World*，1848）

上一章里，我们已经用充实的案例彰显了东方性的“对位”（counterpoint）①，由此突出并强调了19世纪西方科学家的一个重要方面。现在，我们将从这个方面继续考察坐在观测椅上的天文学家的图像。西方人投射出的东方“他者”形象是与独特的现代科学形象截然相反的，作为对比，西方自身的科学形象也发生了变化，强调其躁动不安的活力和充沛不息的精能。这些变化将是本章关注的重点，我们将由此出发，推想19世纪的观测椅被西方人赋予了何种功能和形象。这是一种更广泛的自我形象的一部分——其中包含着特殊的历史观，和现代西方人在这种历史观中的特殊地位——这种自我形象既形塑了西方帝国的各类政策，也影响了天文观测椅的设计样式。在本章中，我将从图像开始讲述，当然这只是为了逐渐回到对实物的研究上，以便勾勒它们共享的表征之场。在接下来的内容里，我将追溯“西方精能”（Occidental energy）在帝国背景下是如何被性别化和种族化的，并探究它对19世纪中期的科学人物形象和科学知识产生了何种影响。

我将从当时观者的视角，展示西方科学家们是如何凭借自己在种族和性别方面的所谓“美德”而被赋予充沛的精能的。乍一看，这似乎与天文学家安逸地坐在舒适的机械椅上的形象是冲突的。事实上，在知识获取过程中，一些艰苦甚至危险的活动展示或引起了不舒适感，一些科学史学家往往通过衡量这种不舒适感，正确地指出了男子气概与科学的关系。[1]那么，观测椅中包含的资产阶级舒适感，又是如何适应这种日益流行的“艰苦科学”的表征的呢？

---

① 这里作者的大意应当是上一章虽然各类案例有所不同，但都一致揭示了西方人对于东方事物的“对比”心态。

我们将看到，舒适感与艰苦的冲突只是表面的，而且当我们运用前文已经指出的“精能”——天文学家及其观者一定也非常乐意如此——我们就能够看到，这种“精能”在舒适的观测椅上依然发挥着作用。我认为，天文学家专用椅子的设计，正是为了利用并管理这种由西方人臆想出来的充沛的固有能量，这种“精能”代表了当时欧洲的历史自觉的特征。这些男性精能一方面推动着帝国、科学乃至现代世界的生成，不仅促使它们向前发展，也将它们推入不舒适和危险的境地；另一方面，这些精能——在表征形态和实物功能上——受到观测椅的舒适感的管理。

在本章中，我将特别关注所谓的“英国精能”（British energy），因为它在全球范围内都得到了广泛应用。这种精能是驱动现代世界和帝国主义在科学技术方面保持进步主义观念的核心能量，我们可以先来看看天文观测椅是如何变成一种观测工具的，并从这一角度开始理解。我们将看到，坐在望远镜旁的天文学家采用资产阶级的“舒适”姿态有一个重要的原因：他们这样做，能最大限度地提高视觉聚焦能力（即“工作成效”），同时最大限度地减少身体摩擦（即“能量浪费”），因为身体的摩擦可能会破坏视觉经济，从而降低其输出的价值（即“观测结果”）。这样一来，望远镜使用者对身体舒适感的追求也被深深赋予了认识论的意义。因此，正如科学史学家伊丽莎白·格林·马塞尔曼（Elizabeth Green Musselman）所描述的，那些饱受幻觉、偏头痛或色盲症困扰的英国自然哲学家非常不愿讨论“神经状况”（nervous condition），我将讨论舒适感和认识论之间的紧密联系，但这种关系并不像马塞尔曼所言，纯粹是在艰苦的脑力劳动中形成的，这种关系是通过设计与操作椅子管理和驱动精能，避免疲劳和浪费。对知觉的管理和规范，是被有意识地整合到了椅子的设计当中的。

视觉经济也是一种道德经济，它通过“工作成效”和“浪费”①与其他经济形态联系起来，其中涉及社会、身体和心理健康以及政治敏感度等诸多因素。天文学家在他们的观测椅上向观众证明，他们也是更广泛的、进步主义的经济要素的一部分。本章探讨了机械观测椅是如何作为一种增强天文观测精确性的技术而被设计出来的，本章特别关注1825—1880年的观测椅的历史。在这一时期的末期及其后的时期，很多其他技术被引入天文观测之中，平台和升降层取代了机械椅，尽管这些设备的运作仍基于对天文学视觉经济的类似假设，但它们出现的前提是存在新的能量形式——电动和液压。也就是说，到19世纪末，人们将向外寻求能量。

男性主义科学

大约在19世纪中期，英国出现了一种新的男子气概观念，这种男性观明显是维多利亚式的和帝国式的。[2] 历史学家记录了英国在这方面发生的许多转变，人们理想的男士形象从讲究礼貌的绅士变成了风格粗犷的“男人”，从摄政时代讲究礼仪的男性变成了维多利亚时代的“刚毅男性”。特别是在不断壮大的中产阶层中，男子气概产生了独有的道德准则，最终这一准则进入了其他阶层。在

① 在下文中，译者会结合语境将“work”（工作成效）与“waste”（浪费）译为“有用功”（或“有效能量”）与“无用功”（或“废功”“能量浪费”）。

19世纪中叶英国传统上层社会的贵族规范中，男子气概被视为有闲和有权阶层的一种外在表现，它被认为是可靠、单纯且具有活力的。性别史学家约翰·托什（John Tosh）写道，男子气概“包括活力、力量——所有这些属性都是帮助一个人在世界上留下自己身体印记的装备”。除了人们在军旅生活和战场上已注意到的品格，男子气概的粗犷品质还包括托马斯·卡莱尔（Thomas Carlyle）所说的“肌肉的强韧”和“心的坚韧”。这些男性主义特征在托马斯·休斯、查尔斯·金斯利和拉尔夫·康纳等著名作家那里得到深刻共鸣，并逐渐融入了他们的“强身派基督教”（muscular Christianity）的观念。它形成了很多地方对男孩进行身心教育的基础，比如托马斯·阿诺德（Thomas Arnold）的拉格比公学（Rugby School）。在那里，学生的运动锻炼和体力消耗抵消了过度的“书呆子气”，这尤其体现在男孩变成蓄胡子的男人这方面。事实上，在这种情况下，拥有“真正的男子气概”意味着成熟，这显然是在追溯甚至延续康德为启蒙运动设定的历史主义框架。[3] 从官方规定的日常运动方案到新成立的高山运动俱乐部，男子气概在大英帝国的鼎盛时期发展出了各种各样的表征方式。男子气概不仅对军人十分重要，而且关系到电影放映师、工程师、造船工人、实业家、筑路工和其他劳动者的工作，这些人都开始被视作帝国的积极贡献者。事实上，艺术史学家蒂姆·巴林杰（Tim Barringer）已经指出了十分关键的一点，即在1851年的世博会前后，英国出现了一类描绘“工作中的男人们”的肖像画。在乔治·埃尔加·希克斯（George Elgar Hicks）和福特·马多克斯·布朗（Ford Madox Brown）等英国艺术家的作品中，男子气概来自手势、身体姿态和眼神，由此他们制定出一套男性主义劳动的视觉修辞，突出强调了精力充沛的英国劳动者作为英雄的形象。[4]男性主义的精能正在这一时代得到展示。

科学史也不能幸免于男性理想观念的变化。例如，维多利亚时代的男子气概就塑造了一种“科学男性”的形象。[5]新形象诞生的关键，在于科学和权力的联系的重新构建，这种联系建立在培根式的科学发现和科学实验——一种积极主动的归纳科学——的基础上，让科学为19世纪的帝国与工业化事业服务。这些为了英国的科学事业而生成的联系，在19世纪初的化学家和发明家汉弗莱·戴维爵士（Sir Humphry Davy）那里得到了最深刻的阐述。[6]例如，1802年他在英国皇家学院向广大听众宣布，为了了解现代科学的地位：

> 首先，我们应该审视一下社会的历史，去回溯人类不断进步完善的过程，或者更直接地把未经教化的野蛮人与沐浴在科学和文明之中的人类进行比较。人类，在所谓的自然状态下，是一种具有近乎纯粹感觉的生物。人类只有拥有积极的欲望才会开始活动，人的一生要么是在满足人类共同欲望的渴求中度过，要么是在麻木不仁的状态或沉睡之中度过。他活在精打细算的当下，却很少关心未来。他没有对于希望的强烈感觉，也没有付出持久且有力行动的想法。由于他无法发现事物的成因，因此他要么被迷信的梦幻困扰，要么安静地、被动地顺从于自然和天气的怜悯。而通过科学和艺术，人类得到仁慈的神所启迪的智慧，这是多么不同凡响

> 啊！……从某种程度上说，人的快乐不受偶然或意外的影响。科学可以使人了解外部世界各部分之间的不同关系；更重要的是，科学赋予了人类几乎可以被称为创造的力量；这使他能够改造、改变他周围的存在，他还可以通过科学实验用权力来质问自然，人类不只是被动地试图理解大自然运作的学者，他是自然的主人，积极地使用着自己的工具。[7]

戴维所表达的这种可怕的愿景，将影响许多不同领域的自然哲学家。事实上，胡威立创造的“科学家”（scientist）这个词正是捕捉到了这种新的意义。这一愿景以工业和帝国为目的，以通过科学手段掌控自然为中心，这些也是吸引了下一代“科学家”的部分要素。19世纪一些最典型和最突出的特征线索就这样被结合在了一起。戴维描述的这一具有深远影响的“科学家”形象，显然是受到了启蒙运动时期历史主义意识的启发。这种形象区分了“被动的”“顺从的野蛮人”与“主动的”“主人”，并倾向于用“永久和强大的行动”来“改造、改变他周围的存在”。这些历史划分反映了人类和科学的特征在各发展阶段彰显的不同品质，从这一点来看，戴维的历史划分既是道德性的，也是认识性的。因此，特别有趣的是，戴维还区分了人类对自然界的被动研究和主动研究（即实验科学），这两种研究方式不仅分别对应了野蛮人和现代人，也分别对应“学者”（scholar）和科学家。科学家与学者不同，科学家会“积极使用自己的工具”，成为一个会用权力和改造来“质问”自然界的“主人”。[8]然而，这里的“学者”一词不仅暗指中世纪用拉丁语上课的经院学生，正如我们已经在胡威立的历史编纂中所看到的那样，这其实也是对东方学者的描述，也就是说，它指的就是胡威立所谓的科学史的“静止时期”。

对于“学者”一词，戴维明确表达的内容似乎类似于我们今天所熟悉的带有贬义的“扶手椅上的科学”。虽然根据《牛津英语词典》，“扶手椅上的科学”这一词组第一次出现是在1809年，往往被写进旅行随笔类型的文本框架之中。当然，那时的语境与今天有所不同，而它更为人所熟悉的具有嘲弄意味的词义，则是在19世纪后期逐渐流行起来的，这种情况正是在戴维成为帝国时代“科学家”的领导人物、其思想逐渐成为英国主流观点之后产生的。戴维设想的“科学男性”与在书房壁炉旁的安乐椅上独自思考的绅士学者不同，在某个未知的无名森林里艰辛跋涉的科学家才符合戴维对“科学男性”的想象。这类人以归纳经验主义为指导，以服务集体的科学事业为目的，他们会冒着生命危险在公海上艰苦航行，或穿越危险的异域沙漠，一路上，他的行动、姿势和对知识积极主动的追求都表现出了其不知疲倦的活力。在另一个文本中，戴维再次强化了“科学男性”的形象，培根式的比喻描述贯穿始终。戴维解释说，“科学男性”并“不满足于只在地球表面上发现东西，他还会深入她（大自然）的胸膛，甚至去搜索海底，以减轻他那焦躁不安的欲望，或者扩大和增加他的权力。在某种程度上，他是周围所有元素的统治者，他不仅能根据他的意志和意愿来使用常见的物质，而且还能令热和光的原理为他的目的服务”[9]。此时，这种躁动不安的感觉刚刚开始被认为是西方人在科学技术的许多最重要领域取得进步的源泉。在拿破仑战争之后，作为战胜方的英国欣然采用了这种男性主义的观念和科学形象，这种观念继而主导了公众对于科学家、帝国和工业的看法。[10] 戴维的独特的培根式科学观，是在英国与法国的战争后出现的，并为顺应 19 世纪的目的而得到重新设计，它与更广泛的英国社会和文化的重塑相吻合。正如我们将看到的，这一新兴的科学形象将为天文学观测椅的设计提供必要信息。

英国皇家学会早在 17 世纪中期创立之初，就追随弗朗西斯 · 培根的脚步，意识到他们需要强调归纳科学是一项积极而活跃的男性事业，以改变隐逸学者的孱弱的、被阉割的形象。[11] 然而，到了 19 世纪初，当时人们认为英国皇家学会已退化成了另一种绅士俱乐部，原本在俱乐部中"虚弱无力"的纨绔子弟和游手好闲的贵族，在学会中找到了另一种消遣，以发泄其奢侈与放纵，那便是科学。到了 19 世纪 30 年代，有一群人"诊断"说，英国科学正在"衰退"，这引发了一场大争论。最近的研究表明，这场以"科学的危机"为议题的论战是带有浓重的性别色彩的，建立在一些有关"男子气概"的莫衷一是的概念上，而每种概念都争相成为最符合 19 世纪背景的科学人格形象。[12] 当时的批评家包括查尔斯 · 巴贝奇（Charles Babbage）、戴维 · 布鲁斯特，以及天文学家兼医师詹姆斯 · 索思爵士（Sir James South）。他们显然受到了戴维的观点的启发，并提出了一种更男性化的科学发展方向，这种科学的特点是充满活力，对帝国及其工业有重大作用，同时也要付出劳动、耗费体力。如前所述，他们的批评呼应了此时英国更广泛的文化和社会变化，这一点集中体现在约翰 · 斯图亚特 · 穆勒的文章《论时代精神》（The Spirit of the Age，1831）当中。这位哲学家写道，"我已经注意到了"，"随着一个人阶层的升高，他的天赋活力开始衰减，因为他的天赋逐渐被懒惰的生活享受剥夺了。与他们在人性和优雅方面的进步相反，这些人智力和意志方面的能量都在下降……他们的思想曾经非常活跃——现在却是被动的：他们曾经输出自己的影响——现在只是接受外来的影响”[13]。穆勒的政治批评充满了各种各样的戴维式培根主义观点。事实上，戴维作为一名在各个阶层和学科领域都受到尊敬的科学家，他的这一概念在很大程度上建立在英国科学促进会的那些创始人的思想之上，而这些创始人则与英国皇家学会直接对立，他们还将皇家学会蔑称为“老太太”。英国科学促进会正是“科学家”这种新兴公民的孵化器。[14]

罗德里克·麦奇生爵士（Sir Roderick Murchison）就是英国科学促进会的创始成员之一，也是一名退伍军人。他讲述了自己如何从贵族懒惰的道德危险中拯救自我，并扮演一种新的对女王和国家都很有用的勤劳角色——精力充沛且不安分的科学家。据他的妻子所言，麦奇生那“泛滥的兽性精神和身体活动”使其在负债累累的环境中吃尽了苦头，他是在科学中找到自我救赎的。此后，对科学的追求便成了其丰沛能量在道德上可行的“发泄口”。在一次狩猎旅行中，麦奇生恰巧与戴维同行，于是他发现了科学能够拯救他的魅力所在。“当我们早上一起猎鹧鸪时，”他写道，“我发现，一个人竟然可以在不放弃野外运动的情况下追求哲学思考。”麦奇生转向了戴维的科学概念，并被崭露头角的那些榜样吸引，而他们正是“科学家”这种男性形象的人格化身；用麦奇生的话来说，像亚历山大·冯·洪堡和英国地质学家威廉·巴克兰（William Buckland）这样的人，很好地诠释了“拿破仑式的地质学家形象”[15]。

在其亮点颇多的科学生涯中，麦奇生一直担任许多协会的主席，其中就包括英国科学促进会和皇家地理学会。在同时代人的记述中，他经常被描述成一个为科学鞠躬尽瘁的人。据说，1828 年，在第一次与著名的地质学家查尔斯·莱伊尔同行的科学旅行中，麦奇生负责指挥，“就像一次急行军，他以如此坚定无情的速度大步迈过乡村，以至于他甩开了更年轻的莱伊尔而自顾自前行”[16]。后来，当另一位科学家回忆起麦奇生在俄国内陆地区著名的地质探险时，他惊奇地说，麦奇生竟然“把伊比利亚半岛战争老兵的剑重新锻造成了地质学家的勘探锤”[17]。可以肯定的是，麦奇生在他的出版物中明确表示，他愿意同时效忠于科学和帝国。麦奇生正是这种新科学家的典型代表。

科学史学家的研究已经表明，到了 19 世纪中叶，人们在认识层面对科学工作成果的信任，与他们获取这些科学成果时可能遭遇的个人风险与危险成正比。这就说明，科学考察报告必须经过精心编写才能发表。例如，詹姆斯·福布斯（James Forbes）、路易斯·阿加西斯（Louis Agassiz）、约翰·罗斯金和约翰·丁铎尔等科学家，都不留情面地争论彼此关于冰川运动的科学理论，他们的论据通常是自己在瑞士阿尔卑斯山遭遇了多少危险、勇敢地克服了多少困难。[18] 不过在天文学领域，即使欧洲殖民地网络不断扩张，探险变得越来越普遍，男子气概的声誉也仍旧岌岌可危（图 5.1）。让我们了解一下这种情况在当时有多么严重。戴维·吉尔（David Gill）在公开发表关于如何进行联合天文探险的讨论后，便失去了他在林赛伯爵创立于苏格兰的邓埃希特（Dun Echt）私人天文台的第一份工作。那时，林赛伯爵（即后来的克劳福德和巴尔卡雷斯伯爵）偶然发现吉尔曾在阿伯丁哲学学会上做了一次演讲，演讲叙述了他们最近一同前往毛里求斯观察1874年金星凌日的情况，而这次探险完全是由林赛伯爵资助的。在一封给吉尔的措辞严厉的信中，林赛伯爵写道："你本应该在做这件事之前得到我的许可，而你却在没有征求我的意见的情况下就这样做，这真是让我十分震惊……你知道我正要把这项工作讲给外面的人听——你一定觉得或者应该觉得，我要讲的故事已经被别人讲了，这种事情对我来说无足轻重吧——但是，这件事并不会因为人和人之间普通的友好关系，或者雇主和雇员之间的人情关系而轻易翻篇。"[19]可见，由于吉尔的讲述，林赛伯爵不再是他自己的探险活动的代言人，从而失去了对探险叙事的控制权。[20]于是，他给吉尔提供了一笔金额可观的遣散费，双方都同意之后对此事保持沉默。吉尔最初是一名钟表

图 5.1　格林尼治的皇家天文台在一间房舍内建立了一个临时的野外天文台，以便天文学家在 1874 年前往埃及探险以及观测金星凌日之前，测试这台将被一同送往埃及的李氏赤道仪（Lee Equatorial）。[图片来源：*The Graphic: An Illustrated Weekly Newspaper* (June 27, 1874).]

匠，后来在好望角的皇家天文台成为一名为英国女王服务的天文学家，这是他职业生涯的高光时刻。由此可见，男子气概的美德、精心操作的手工活动与科学叙述的表现方式，是科学权威及其吸引力的重要组成部分。

伊丽莎白·坎贝尔（Elizabeth Campbell）是西方天文学探险活动的代表之一。她的丈夫威廉·坎贝尔（William Campbell）是当时的著名天文学家，担任美国一座重要天文台的主任。在讲述 1898 年前往印度观测日食的天文探险时，伊丽莎白写道，她的丈夫先是在那里迅速地搭建起了营地，然后打开包裹，组装好脆弱易坏但十分沉重的科学仪器。她说："来自当地印度村庄的观察者说，他们以前从来没有见过一个白人自己做完所有的工作，他们都是下令让别人去做……对当地人来说，他（威廉）的耐力似乎是惊人的，他们还讲述了受人尊敬的坎贝尔老爷在村子里展现超自然力量的故事。'他从黎明前就开始工作，一直到太阳离开天空之后才停下。我们四个人都不能移动的石头，他可以轻松地举起来。而且他永远也不会劳累！'"[21] 回到美国后，坎贝尔夫妇大部分时间都在加州代阿布洛岭（Diablo Range）的汉密尔顿山（海拔约 1300 米）度过；那里的山顶坐落着著名的利克天文台（图 5.2）。[22] 到 19 世纪末时，在美国，以及南美洲和欧洲的一些地区，越来越多的天文台被建在了岩石山顶。在关于这些令人惊叹的山巅天文台的公开描述中，人们往往着力强调天文台位置的偏远和建筑的坚固。根据历史地理学家 K. 玛丽亚·莱恩（K. Maria Lane）的说法，对"雪、冰、恶劣的天气和危险的地形"的描述，"强化了这样一种科学概念，即［最好的］天文学观测是在那些条件十分艰苦的荒野环境中开展的。在这样的书写表征中，天文学家常常被描绘成一种颇具男子气概的个体，他独自面对山区的荒野，并以科学的名义迎接挑战”。这些“崇高的科学场所”证明在科学的道德经济和认识经济中，将男子气概和天文学研究密切联系起来的趋势是确实存在的。[23] 公众的科学观就通过这种方式被精心地管理，以符合当时的社会理想和价值观念。

图 5.2　位于加利福尼亚汉密尔顿山的利克天文台。底特律摄影公司摄于 1902 年，彩色印刷。（图片来源：Courtesy of the Smithsonian American Art Museum.）

这些男子气概的能量还蔓延到了天文学家的日常生活中，而不仅仅出现在冒险的探索之旅中。在好望角的英国皇家天文台，戴维·吉尔经常使用他最喜欢的仪器进行观测：这台太阳仪是 19 世纪最复杂、最灵敏的望远镜之一，它被天文学家用于测量恒星视差，并确定非常精细的角度。吉尔一直倡导严格、精确测量，这一目标如果不是现代天文学唯一目标的话，也可称得上一个非常基础的目的。尽管这种观测工作只是重复性的例行工作，但遵循这种基本形式的天文学劳动依然被人们认为是一种独特的生活方式，正如一位美国天文学家所言，它是“治疗心不在焉和白日梦的最佳方法”。在例行中天位置观测中，由于“极端”守时，观测者在观测时很难走神，无法“进入抽象思想的领域”，即进入幻想的空中楼阁之中。[24] 天文学的精确观测需要极高的警觉性，这通常与狩猎等运动联系在一起。在一篇为吉尔而写的颇具文采的讣告中，作者称吉尔“不仅仅擅长……瞄准并射落那些星星，也擅长射鹿”。这位作者继续写道，吉尔（工作时）“就像子弹出膛时‘爆鸣’的步枪一样，他会成为一名出色的射手……他凭借高超的观测技巧操作望远镜和许多微小的附属设备。他的手是那样坚定，他的触觉是那样敏锐，他的视力又是如此优异，他的一步步操作只是将步枪技术按顺序延伸开来罢了”[25]。在作者看来，无论日常的天文观测工作是多么乏味、辛苦、枯燥，观测者都需要一种类似于神射手的耐力和活力。这种能量的痕迹在天文台中随处可见，其中的测量和计算便是这场游戏的名称。当吉尔的前任研究员托马斯·麦克利尔爵士（Sir Thomas Maclear）在好望角的英国皇家天文台去世后，吉尔写信给乔治·艾里说，那本“观测记录彰显了那人[去世的人]的品行”。这些观测记录不仅展示了一位“一丝不苟”的天文学家——他“对每一个细节都保持了持续性的个人关注”——而且还显示他是一个“充满躁动不安的活力的人”。[26] 尽管艾里、吉尔和麦克利尔所从事的常规天文工作单调乏味，但他们精心塑造的形象确保人们认为这项工作需要一种特殊的、属于男子汉的躁动不安，而这种躁动不安后来被种族化了。[27]

种族化的精能

塞缪尔·斯迈尔斯在他那颇有影响力的著作《自助》(*Self-Help*, 1859)中宣称:“精能使一个男人强迫自己完成一些烦人的苦差事,通过那些干巴巴的细节考验……无论追求何种事物,确保一个男人的成功的,并不是卓越的才能,而是目标——不仅要拥有实现目标的力量,而且必须具备一种积极向上、坚持不懈地劳动的意志。因此,意志的能量可以被定义为一个男人性格的中坚力量,也就是说,这取决于一个男人自身。”这种能量与纪律和坚持有关,它能促使人完成哪怕是最无聊的任务。正是这种能量,而不仅仅是天赋或天才,成了工作中的男人们的特征。但精能除了缔造男性特征之外,还可以让一个男人和他的同胞团结起来,甚至让整个民族国家都变得团结。根据斯迈尔斯的说法,人们因为普遍拥有为某个共同目标服务的精能而团结,比如为帝国服务。为了证明这一点,斯迈尔斯举出来自商业、军事、文化、政府、科学、技术和工程等多方面的例子进行说明。无论是士兵还是行政人员,天文学家还是海军,工程师还是艺术家,教师还是大企业的负责人,他们都能团结起来,尽管这些人在社会阶层、经济阶层、教育程度和职业等方面存在诸多差异,正如福特·马多克斯·布朗的绘画所体现的种种工作的不同,或是圣西门主义(Saint-Simonianism)所指出的社会分化的差异,但是,为民族或帝国服务时消耗的精能,使男人们聚集在了一起。

然而,在斯迈尔斯等人看来,这种能量并没有被平均地分配给每个人。在他眼中,自然的分配往往就是不公平的,从这条“真理”出发，斯迈尔斯可以证明精能的种族化是完全合理的。从这个角度来看，人类种族之间的区别在于，有些种族拥有比其他种族更大的精能储备。由此他指出，“条顿式库存”（Teutonic stock）是最为典型的、最大的内在精能储备。他宣称：“[条顿式]种族的伟大特征”就在于其“工业、能量和独立的精神”。这些特征在日耳曼民族的历史中一直延续着，在每个英国士兵、水手和贵族军官身上，甚至是斯迈尔斯同时代的英国农民身上，“维京人那可贵的冒险精神依然会时不时地显露出来”。[28] 被种族化的精能由此也被历史化了，它将英国的历史与一条被认为创下丰功伟绩的英雄血脉相连，将过去的“英雄精神”召唤出来。对于某些种族来说，他们的精能比其他种族更容易穿越时间，更长久地发挥作用。[29]

大约在此十年以前，苏格兰解剖学家罗伯特·诺克斯在他那影响深远的著作《人类的诸种族》（1850）中表述了一种更极端的说法。在书中，他主张人类由多个不同的物种组成，也就是说，他主张一种多祖论，这种说法否定了不同人种拥有共同祖先的看法，反对不同人种在历史上曾共享能量之池（pool of energy）的观点。相反，某个人类物种似乎比其他所有物种更具有生物学优势。更具体地说，这个人类物种就包括“撒克逊种族”（“Saxon Race”，这是19世纪西方想象中的一个日耳曼人亚群）在内，它拥有最大的精能储备。诺克斯这样描述：

> 这一人种擅长深思，喜欢沉闷地苦干，还十分勤奋，在这一点上他们超越了其他任何种族。他们不但热爱秩序、工作守

时，还保持着整洁和卫生。任何其他种族的品质都不能望其项背……他们在年轻时对工作、劳动、激动人心的事情、肌肉消耗的渴望是如此强烈，以至于他们根本不能安分地坐着。他们的自尊是如此伟大，他们的自信无与伦比，他们甚至无法想象任何一个人或一群人能够比自己优越。[30]

在他们看来，正是这种躁动不安的能量——或者如诺克斯所说，是“撒克逊人和凯尔特人的野蛮能量”——将人类历史推入了由现代科学、工业和帝国组成的精力旺盛、运动变化的时代。[31]

在达尔文的《物种起源》(1859)出版之后——尽管该著作主张人类有共同的起源——这种“能量”被标记为特定种族胜过其他种族并幸存下来的关键原因。[32] 在19世纪70年代，达尔文的亲戚、早期优生学家弗朗西斯·高尔顿将这一想法进一步扩展，以此描述科学本身是如何留存下来的，这使得精能成了“英国科学男性”的一种不可或缺的“品质”。根据对180名科学家的问卷调查，高尔顿得出结论：“顶尖的科学家通常被赋予了巨大的能量。”在专门论述精能作用的部分，高尔顿还补充道：“典型的科学家从童年到老年都在全力工作，在如梭的光阴里，他一直热爱冒险，充满精神活力。”事实上，高尔顿还认为，“当能量或神经之力分泌不足时……一个人的力量会被他的日常琐事过分消耗，他疲于奔命，于是就会失去健康，很快他会就被自然选择淘汰了”[33]。在写作并发表这篇文章时，高尔顿的言论只是重申了当时西方人广泛持有的一种观点。然而，他们的任务不仅仅是利用这种能量，还要对其进行重新分配。

殖民地的精能流动

至于那些被西方人认为天生能量储备较低的种族，他们面临的所谓“困境”有时被归结为能量应如何转移到他们身上，即如何由能量储备高的种族转移到这些储备低的种族。斯迈尔斯写道：“在上个世纪，印度一直都是凸显英国精能的一个绝佳场域。”[34] 西方人认为，这种能量能够并且也应该被分配和共享。约翰·威廉·凯爵士（Sir John William Kaye）是英国军事历史学家和英国东印度公司的雇员，也是约翰·斯图亚特·穆勒在印度的继任者，他曾如此说道：“认真和精能是有传染性的；在印度西北部的一些边远地区，沉重的生活节奏很快就被（我们）唤醒，随即活动起来了——那麻木不仁的生活终于产生了刺痛感。”[35] 凯爵士接着描述了印度当时所有的“提升”经历，并将其归功于在这块土地上人数相对少的英国管理者所表现出的“非凡的能量”。据东印度公司的另一名员工——他也是一位成功的艺术家——詹姆斯·福布斯说，大英帝国统治下的印度，其主体实际上需要“仰望英国的能量”。福布斯认为，英国与印度分享了这种能量，必然会促使启蒙式大学在印度纷纷建立起来，由此，“恒河两岸的科学、学说和真正的哲学复兴了。我们可以满怀期待地看到，毗湿奴的寺庙从此将供奉耶和华，而在婆罗门的丛林里，原先那种充斥着占星术、泥土占卜术等各类毫无意义的追求的神学院，将成为学习古典主义、传达自由主义情感的讲席”[36]。

1857 年印度爆发了大起义，给了东印度公司致命的一击。尽管这个事件标志着东印度公司在印度的政治垄断和经济垄断的结束，但斯迈尔斯依然在庆祝英国那“几乎接近至高无上的英雄主义”[37]。其他英国人对这一事件的看法尽管比较悲观，但仍然根据英国精能的流动和管理这一观点来制定其分析框架。一位评论家在《工程师杂志》（1858）的第一卷中写道：“当我们回顾百年以来盎格鲁-撒克逊统治者在亚洲土地上取得的进步，可能依然能看到一些可悲的事物。”在他看来，问题在于，虽然“盎格鲁-撒克逊人的活力和能量”在美国、澳大利亚、新西兰和南非已经能够通过建造道路和运河“掌控”自然，并由此“迫使文明之河从此处流淌而过”，但印度的情况与此不同。东印度公司的失败和随之而来的当地人民的反抗，又重新浮现在这位作者的脑海中，他坚持认为：在印度，文明的能量流动被阻断了。于是，作者建议道：“若要正确地统治印度，我们就必须拥有盎格鲁-撒克逊人的活力和精能，就要引入大规模的公共工程——尤其是电报线路和铁路，这些比其他任何手段都重要得多——这将是使我们能够在当地实现集中管理的有力方案。”[38]在这里，修建铁路、开通运河、铺装道路和电报线路被看作象征“文明”的中转管道（conduit），它们携带货物、信息和人员，被英国人当成盎格鲁-撒克逊精能在整个印度不断流转的回路。天文观测椅的设计同样是为了实现极其相近的能量流动。

然而与此同时，英国人认识到，许多其他因素的存在会进一步抑制他们的印度臣民中流通的能量。福布斯警告说，在所有这些能量的转移过程中，会对大英帝国在印度的成功统治构成威胁的一个要素便是气候，因为正是气候“在某种程度上抑制了他们的精能”[39]。据胡威立的密友、英国政治经济学家理查德·琼斯（Richard Jones）说，抑制精能的另一个因素是印度古老的经济体系。他说，印度的“乡村体系”，“给他们的精能结结实实地泼了一盆冷水”，因为它排除了市场竞争，限制了更广泛的资本市场所需要的商品和货币流通的最佳环境。[40] 在他看来，印度这个古老的社会体系太狭隘了，无法满足全球商品的自由流通。除了认为这种过度发展的当地经济对印度本土的精能有负面影响以外，对货币潮汐一向敏锐的琼斯，还强烈反对英国减少征收印度臣民土地税的一切意见。琼斯认为，距离印度当地人“被英国人的精能提升……到与主人同等水平”的那一天“仍然很遥远”。[41] 因此，高额的土地税是必要的，这可以给印度的“主人”提供充足的时间和资源，为印度本土精能充分提高的遥远未来创造条件。在那一天到来之前，更高的税收一直至关重要。然而，他在这里所讨论的精能是借来的，它就像铁路、运河和电报线路一样，要依靠英国的税收才能让它继续朝着“正确”的方向前进。因此，英国人必须永远保持警惕，防止再次陷入懒散的状态，因为这种状态会过度消耗、干扰甚至阻碍英国精能的持续流动。

他的警告在许多层面上都受到了欢迎。例如，在一份十分重要的土地调查手册的“一般性指导”这一条中，作者就建议英国殖民当局的监督官员在调查印度土地时时刻露面并留神注意。特别是在调查丘陵和崎岖的地形时，这项工作可能会被“转移”给当地的印度助手，而“当那些土著发现自己不受英国人控制时，他们很快就会变得粗心，对工作漠不关心”。相反，欧洲测量官员可以在现场以身作则，现身说法，“激励”当地人。“作为测量员，他人生中的首要原则应该是俯身实践，努力工作，然后才能期望并要求他的下属具有同样的工作热情。”[42] 因此，英国在管理当地人的精能时的警惕心一直扩展到了殖民地天文台的建设上，就不足为奇了。（印度）喀拉拉邦特里凡得琅天文台（Trivandrum Observatory）台长、英国天文学家约翰·艾伦·布龙（John Allan Broun）在刚到当地工作时写道，当地人已经作为助手在那里工作了许久，却几乎没有任何科学知识。他补充说："持续性的学习和不懈的共同努力（对他们来说）仍是未知的。"即使在他解雇了几个助手之后，这个殖民地天文台仍有麻烦。一天晚上，他惊恐地发现有两名当地观测者——大概是坐在他们的观测椅上——竟然在望远镜前呼呼大睡了"好几个小时"。雪上加霜的是，第二天早上布龙查明，那两个助手伪造了整晚的观测结果。布龙宁愿解雇大多数天文台助手，这样他就可以雇一批新人。据他说，开始这样做的目的是"训练人员的诚实品德……如果可能的话，提高哪怕一点点属于他们自己的自尊心"。在这里，在这个远离西方的殖民地天文台，我们看到了似乎遍布整个东方的美梦安眠的习惯。用布龙的话来说，这种习惯不仅不利于精能的流动，而且不利于贯彻"真理的原则，无论是在道德意义上还是在科学意义上"。[43]

"天文观测不是让人昏昏欲睡的工作"

睡眠不仅威胁到当地助手在殖民地天文台里的工作，而且它的诱惑也出现在家庭天文台的观测活动中。然而，观测椅的舒适感明显与睡眠以及静止不动的习惯无关。西方天文学家的画像都是经过精心设计的，预设了他们缺乏活力的解读。事实上，这些图像一般的设计方式，恰恰证实了在天文台中精力充沛的男性主义科学形象日益增长的影响力。在格林尼治皇家天文台的公开记录，比如一些有广泛读者的期刊和书籍中，有大量关于使用天文观测椅的评论（图 5.3）。一位评论者写道，观测者在“调整望远镜后”，“坐在了一把舒适的椅子上。椅背倾斜着，他的姿势类似于我们大多数读者躺在牙医诊室里的姿势……如果观测对象是天顶的一颗恒星，那么观测者几乎要仰面平躺；而且，保持这种非常令人愉快的姿势一段时间后，打个盹当然是可以被谅解的！尽管如此，我们仍不能确定天文台的法则是否包含了对如此可怕的罪行的惩罚”[44]。在其他描述中，我们还可以看到位于格林尼治的皇家天文台的这些“非常舒适的椅子”诱人入睡。但同时，作者这番言论将天文观测工作的男性特征表达得非常清楚：“天文学家就像哨兵一样，很少忽视他肩负的职责……天文观测不是让人昏昏欲睡的工作，在恒星或行星进入［望远镜］视域时，观测者会焦躁到颤抖，这感觉就像爱犬刚刚得了满分，主人正在全身心等待犬赛再次开始。”[45] 在另一篇法国作家的评论中，我们看到，舒适地坐着的观测者“［在望远镜目镜上投入］的专注力可与运动员媲美，他的专注力比一只指针犬更好，更不用说与鹧鸪或丘鹬相比了。那时，天文学家会心情急切地等着看一颗星星升起来”[46]。因此，观测椅的设计可以满足这些警惕的哨兵、埋伏在夜间的猎人（图 5.4）。

正如人们将戴维 · 吉尔鼓吹成一位“神枪手”般的观测者，我们现在看到的这些作者也热衷于指出天文观测在诸多方面体现的男子气概，哪怕他们坐在观测椅上工作往往便捷而舒适。正如吉尔描述自己在椅子上进行日常天文学劳动时所说，虽然这项工作要“看

图 5.3　这幅图最初的标题是错误的，它断言图上的观测者正在使用大赤道仪进行观测。事实上，图片描绘的是艾里的子午环。[图片来源：Engraving by W. B. Murray, "Night Work at Greenwich Observatory: The Great Equatorial Telescope," in *Illustrated London News* (December 14, 1880): 565.]

图 5.4　进行夜间观测的天文学家。[图片来源：Camille Flammarion, *Histoire du Ciel* (Paris, 1872), plate 5.]

一颗又一颗星星，挨过一个又一个小时，熬过一个又一个夜晚”，但它依然“不需要梦幻般的沉思”[47]。这里的天文学家并没有被描绘成游走于室内装饰和空虚幻想之间的人物，反而被塑造成了一个耐心且不知疲倦的运动员、一个战士，抑或是耐心地等待下一个目标的猎人和猎狗。与这些形象一样，天文学家也参与到了躁动精能的建构之中，特别是在科学、技术和帝国的进步过程之中，在这些因素共同参与的历史主义框架的背景之下，这种精能恰恰标志着天文学家在历史上形成的性别特征和种族特征。的确，天文学家丰富的内在能量可以使他在严苛的条件下也能耐心地坐在望远镜前观测，观测椅的设计所提供的纪律规范和行为规则也能帮助他克服困难。因此，即使观测者沉浸在资产阶级的舒适感之中，天文学劳动本身仍可以被描述成一种管理并控制内在能量的机械化方法。

因此，对天文学家坐在可调节的椅子上的描述基于一种广泛的文化假设：西方的天文学家不仅拥有这类性别化的、种族化的能量，而且这些能量必须在为天文学研究提供服务的过程中得到适当利用和指导（图 5.5）。所以，从表面上看，人们对从事探险工作的冒险科学家的描述，与躺在观测椅上的天文学家的形象是完全不同的，然而在更深的层次上，他们都向 19 世纪的资产阶级展示了，西方种族共有的内在精能是如何被消耗的。这并不是在否认两种“科学男性”之间的明显差异，毕竟其中一种活跃在未知的领域，另一种则坐在观测椅上。当然，前者的科学活动比后者更依赖物理意义上的身体，但两者都代表了以精能为核心、以现代经验主义为价值导向的科学劳动。

图 5.5 《工作中的观测者》，这是大开本报纸上的手工上色木版画，展示了道斯椅与墨尔本天文台的大墨尔本望远镜是如何被一起使用的。[图片来源：*Australasian Sketcher* (June 13, 1874). Courtesy of Museums Victoria Collections.]

懒惰和疲劳

然而，我们有时会发现，西方天文学家在观测椅上打盹的样子也被记录了下来。据说，被称为“鹰眼”的天文学家道斯有一次在椅子上睡着了，他醒来时发现，“机械钟驱动的望远镜离他的眼睛已经有一段距离了”[48]。考虑到道斯还患有神经衰弱性头痛症，他在观测时睡着的次数可能比这位伟大的观测家愿意承认的次数还要多。美国天文学家刘易斯·斯威夫特（Lewis Swift）也在他的私人天文台收集了一些观测椅。他写道，在使用望远镜时，他“时而睡觉、做梦，时而醒来观察一下”[49]，之后他偶然发现了一颗彗星。但他们认为，这种睡眠与东方助手们懒散的睡眠是完全不同的。即使欧美的天文学家在望远镜前睡着了，他们也认为这种睡眠不同于东方天文学家的嗜睡状态——事实上，他们还认为这两种睡眠有不同的源头。[50]一种睡眠是由于内在固有精能的基本缺乏，另一种睡眠则是因为科学家主动消耗了大量特定的精能。他们认为，东方人的睡眠是一件懒散怠惰的事，西方人的睡眠则只是因为单纯的疲劳罢了。在19世纪的评论家眼中，这两种睡眠状态实际上反映了关于工作成效和浪费的两种不同的宇宙观。虽然懒惰在现代欧洲的贫困人群或贵族阶层中依然广泛存在，但西方人对懒惰进行了伪装，并将其看作“野蛮人”的主要“特征”之一。懒惰并不是工业化的现代劳动带来的品性，而是来自内在的状态，它是某些种族因为缺乏精能而导致的“对劳动的恐惧”。而对于西方社会的穷人和上层阶级而言，正是因为他们被排除在工业化的劳动关系之外（因此可以说他们不参与现代经济），他们才被认为是懒惰的。西方人恐惧“懒惰”，并不是担心自己过度劳累而导致能量浪费，永久的低能量储备才是对他们的持续性威胁。

然而，疲劳感是工业化社会特有的，因为它起源于现代形式的劳动消耗；疲劳感也是人们进入现代劳动关系和经济领域的标志性特征，这是他们不得不忍受的。而且这一过程还需要大量消耗他们的内在能量。因为那时的人们认为，疲劳感是工业化劳动和进步的“敌人”，由此也被附加了“浪费”的观念；人们认为疲劳不利于生产性工作，而且是对现代劳动者身心的一种摩擦损耗。在最坏的情况下，疲劳感会削弱人的意志，使劳动者在工作岗位上粗心大意，无法维持状态，更别提优化流程、引导恰当的能量分配和能量流动了，结果只能导致能量的浪费和耗散。劳动者之所以感到疲劳，只是因为他们一直连续地处于“合法合理”的工作状态或行动状态；而那些静止的东方人或者懒惰的野蛮人则无法感到疲劳，这是因为他们在现代性的社会图式中没有从事任何有用的工作或做成任何有影响的事情。从西方观察家的角度来看，只有强烈的不适感才能促使懒散的人采取行动；而资产阶级的舒适感则能抑制疲劳感的产生。

舒适感是管理这种丰富精能的重要手段，它可以使精能得到适当利用，从而正确地指导工作。比如，人们在经过一天漫长的劳动后，会坐在家里的扶手椅上，他们这样做是为了在第二天产出更多有用的工作成果。现代人需要坐得很舒适，只是因为他需要超额的能量储备。这样做是为了避免疲劳感——或者更糟的疲惫不堪的感觉——而疲劳感便是拥有如此大量的内在精能导致的可怕缺点。从这个角度来看，懒惰者的睡眠与疲劳者的睡眠是完全不同的：前者以永恒的停滞为前提，后者则建立在充满活力、躁动不安的能量的基础之上。天文观测椅的功能性和舒适感是出于减少疲劳感以免浪费内在能量的目的而设计的。因此，它是专门为现代性的工业图式提供服务的，这与“懒惰的东方盘腿者”截然不同。虽然道斯和斯威夫特有时会让自己的思绪流入睡眠的世界，但他们仍然是工业化社会的居民，仍然是“科学男性”。由此，他们认为，自己的睡眠不是诗人的睡眠，而属于科学家的睡眠。

有用功与无用功

文化史学家安森·拉宾巴赫（Anson Rabinbach）指出，为了应对工业化的疲劳感给人们带来的危险，在19世纪80年代之后，特别是在法国和德国，出现了一门关于疲劳的科学。它利用了自19世纪中叶以来逐渐改变物理科学和社会科学的一门新兴科学——热力学。19世纪50年代，有关热力学第一定律和第二定律的比较严谨的表述才刚刚建立，但一经形成，它们就极大地塑造了同时代人对于能量和功的理解。与充满乐观的热力学第一定律（能量守恒定律）相反的是，疲劳感逐渐被视为一种“熵增”，即不可避免的能量耗散。而根据热力学第二定律，熵增会影响整个宇宙的演化。从有关疲劳的科学这一角度来看，人体及其工作机制实际上是在模仿发动机的设计，身体就是一台“人类发动机”（human motor），这个吸引人的类比帮助理论家们在一系列广泛的理论体系中精确量化了能量（或者功）的消耗及其明显的损失（也就是浪费）。到了20世纪，物理学家、生理学家、社会卫生学家、工程师、实业家和人体工程学家等各学科的专家，都将这些类比广泛地运用在理论当中。在他们看来，“人体发动机”的工作方式基本上与机械发动机相同，只是效率要比后者低得多。事实上，热力学及其相关科学不仅将人体与发动机联系了起来，而且将人体与政治经济乃至更广阔的宇宙联系了起来。人们用能量或功的守恒和耗散来描述所有这些系统的基本性质：“从每个人手上的指头，到每一个发动机的齿轮，或者行星的运动，[所有这些]基本上都是一样的。”[51]不必说，工作也可以被量化、被分解成各个部分，然后得到分析和管理，以实现最佳的效率。一位作者从这一框架出发，写道："疲劳感可以被定义为制约持久性工作的那些不良影响。人和动物作为有生命的活物发动机，其疲劳感要么会降低肌肉力量的强度，要么会削弱肌肉的收缩功能……疲劳会导致工作能力下降。"[52]

早在热力学理论得到适当阐述之前，疲劳感就已经进入了天文学家们的议事日程。也就是说，在"欧洲的疲劳科学"出现以前，欧洲的天文学家就已将疲劳感视为天文工作的一大敌人。尽管我们在研究时非常期待看到，这一时期的天文家会想到运用热力学理论处理天文工作，但很明显他们并没有这样做，而且他们后来也没有对有关疲劳的科学产生明确兴趣。事实上，我们还未发现 1825—1880 年有关天文观测椅的观念和设计与热力学之间存在任何明确的联系。而另一方面，天文观测椅似乎涉及一种更加广泛的背景，其中就包括在 19 世纪初已经开始发生的力学方面的重大变化。

19 世纪早期，工程师们受蒸汽机的启发，发展出了一门动力力学科学（science of dynamical mechanics），这种理论重新表述了"有用功"（work）[①] 和"无用功"（waste）之间可量化的关系，从而促进了之后热力学的出现。正如科学史学家 M. 诺顿·怀斯（M. Norton Wise）经过仔细研究后所指出的那样，这种在 19 世纪 20 年代被阐明的新力学，到 19 世纪 40 年代已经变得"无处不在"，并为许多人提供了一种谈论自然、社会和政治经济的方式。[53] 这种共同语言中十分重要的一点是，有用功和无用功不仅被视为机械"价

① "work"在社会学意义上直译为"工作"或"工作成效"，在物理学上称之为"功"，用于衡量单位时间能量的积累或释放。有助于系统实现其目的的被译为"有用功"，反之，产生浪费的则译为"无用功"。

值”的重要组成部分，也被视为经济“价值”和道德“价值”的重要组成部分。这些被共享的类比的核心是力学的时间性和演化性特征；总而言之，这是一个用“不平衡”来解释价值优化与工作优化的动态模型。这种观点的原始版本是一位法国工程师在18世纪与19世纪之交首次提出的，他将这种力学理论与年代更早的启蒙时代力学辩证地对立并列在一起。启蒙时代力学是由上一代物理学家和数学家提出来的，这是一种建立在平衡基础上的力学模型，强调“静力平衡”（static equilibrium）是一种仅在自然条件下就可以实现的最佳状态。因为他们认为，一个系统的固有本质就是倾向于平衡。相比之下，新力学采用了动态的观点，探索了在面对不平衡状态时，如何对系统进行积极干预从而实现优化，如此一来，经过适当管控和调整，“潜在的功”（potential work）就可以被转化为产出成果的力量。

这种力量后来拥有很多名字。例如，胡威立更喜欢称之为“劳动力”（labouring force）。他写下了颇具影响力的教科书《工程力学》（*The Mechanics of Engineering*，1841），这本著作首次将欧洲大陆发展出的动力学理论带到了英语世界。胡威立描述说，劳动力是由生产性劳动和非生产性劳动组成的，两者的区别基于工程师对发动机劳动力消耗的划分：对发动机工作有用的力（有效阻力，useful resistances）和阻碍发动机工作的阻力（阻抗阻力，impeding resistances）。有效阻力会通过消耗劳动力来产生对人类有用的工作效果，阻抗阻力则会消耗劳动力来克服摩擦或抗力。[①] 其中，阻抗阻力

① 目前，我们一般把“useful resistances”翻译为“有效电阻”，把“impeding resistances”翻译为“阻抗电阻”。而在胡威立的语境下，两者不单指电阻，故作文中的翻译。

代表了无生产力或价值浪费。怀斯解释说，有效阻力则“保留了劳动力的价值——哪怕是在给黄铜门把手抛光时，由摩擦产生的不可逆转的劳动力损失——而其他阻力则会导致价值浪费。在这个意义上，工程的经济运转依赖于有用功的最大化与无用功的最小化。对于劳动力的消耗来说，有用功和无用功分别具有生产性和非生产性的地位”[54]。事实上，胡威立还指出：“劳动力可以被认为是消耗性的；因为它会损失，一旦使用过就无法恢复。”这一主张只会使得维持系统动态平衡方面迫切需要有效管控和干预措施，而且这种紧迫性是最为重要、最符合道德要求的。[55]对动态系统的管控，架构起了连接机械、自然、社会乃至宇宙秩序的桥梁。胡威立所得出的是一种统一，是“形成同一套语言和同一种计算方案，从政治经济学到一切有关机械事物的统一术语”[56]。如果我们知道，在这种“机械动力学”最基础层面上运作的，正是胡威立所说的“对人的持续刺激和锻炼，或曰激发意志的力量、道德动力学”，我们将清楚地看到这一点。道德动力学是一套积极主动地利用不平衡状态的办法，它会在一段时间内定期记录劳动力当中不可避免的浪费和不可挽回的损失。

这种管控体制此后将得到深远、广泛的拓展，并将通过蒸汽机的隐喻，有效地与宗教、自然、宇宙、政治和经济挑战联系起来。这种联系甚至下沉到计算营养价值以“改进”农业的方法。胡威立主张，不平衡性是一切将材料变为有用功的生产性转变的基础；但他同时解释说，在面对不可避免的损失或浪费时，**管理**这些浪费具有非常深刻的道德紧迫性。胡威立认为，根据怀斯的说法，“正是通过对不平衡性的维持，也就是来自负责任阶层的道德力量的持续输入，一个民族国家在面对自然的耗散和普遍的衰变法则时，才能够维持自身并使其逐渐丰富。因此，道德动力学可以为经济进步提供发动机，它打破了马尔萨斯学说那惨淡的平衡性，以及李嘉图的‘趋势’理论”[57]。对于保守派的胡威立来说，政治经济学方面的管控和干预，应当来源于社会精英和政治精英。而对科学的管控和干预，则来自“天才”或“科学家”个体。有人认为，这里的“科学家”是一种基于“企业家”的角色。[58]由此出发，那些掌管科学的人有了道德义务，为实现劳动生产的目的而殚精竭虑地发挥主观意志，而不是让事物逐渐趋向某种自然的平衡。在他们看来，无论是在西方内部还是在非西方国家，不平衡性都必须得到人为的管理和监控。正是在这种背景下，我们必须理解，前文关于欧洲精能的讨论，特别是关于西方内部的“英国精能”的讨论，实则与西方遍布全球的“财产”和海外殖民地息息相关。这种能量是一种“道德力量”，特别是在面对不可避免的殖民地反抗时，不论反抗是以起义还是以消极怠工的形式展开，这种能量调节并维持了一种有效的道德动力。一方面，丰富的西方能量在海外不断释放、转移并借出，作为借贷资本的能量通过全球性的帝国财产不断流动；另一方面，在西方内部的工厂、工业区、海军造船厂、中产阶层家庭和天文台中，也可以找到同样充沛的能量。

这种对于有用功和无用功的计算颇具影响力，流传甚广，无疑为理解人们认知中的天文观测椅的功能提供了一个重要的背景。天文观测椅实质上是这么一种机械装置：它被用于管理和调节西方天文学家那已被性别化和种族化的精能，以促进有效用的天文学劳动，同时尽量减少精能的浪费。天文学家承认，身体所受的干扰和疲劳感会造成不可避免的能量浪费；问题在于，在面对身体、仪器和天空持续不断但具有规律的变化时，天文学家该如何管理。机械观测椅便是应对这一问题的解决方案（图 5.6）。各种不同的观测椅设计是为了在保证观测者身体稳定和放松的同时，引导出他们体内那躁动不安的精能。观测椅不是平衡者，而是监管者。这把舒适的、针对特定任务而设计的椅子用温和的方式让天文学家的身体安定下来，这样他们的精能就可以被转移并集中到自己的视觉观察设备上。正是通过这种方式，这一时期的动力力学观念也为视觉经济带去了影响。

图 5.6 这把观测椅大约在 1880 年由托马斯·库克父子公司为阿德莱德天文台制造。（图片来源：Courtesy of the Museum Victoria Collections.）

观测椅的生理保健功能

19 世纪 50 年代后，当热力学开始占据科学的主导地位时，它为“能量”赋予了新的意义，“能量”既不可被摧毁，又不可被保存。同时人们认识到，能量会不可避免地以人类不可利用的形式消散到宇宙当中。正如我们所看到的，关于疲劳的科学是在 19 世纪 80 年代热力学的背景下发展起来的。在这一教条的引导下，生理学家、社会卫生学家和工程师纷纷研究起了日常社会疾病的解决方案，研究题目从学生的适当姿势到大型工业城市大街小巷的适当照明条件，可谓种类繁多。[59] 在这些解决方案中，还有由医生、生理学家和工程师专门设计的椅子，以满足他们从生理学、道德、经济到社会方面的考量。从有关疲劳的科学的角度来看，当人们谈到“视觉经济”时，下列陈述应该是那个时期的一种典型表现：“视觉上的观察应当是一种无意识的行为。一旦一个人意识到他必须付出努力才能看得清楚，他可能会由此断定自己在视觉经济的某些方面出了问题。因为一台完美的机器应当平稳地运行，不带一点摩擦，以相当的精度准确地完成工作。所以，一只完美的眼睛不应该感到疲劳，也不需要任何有意识的努力，就能全力发挥它的预定作用。”[60] 我们不难发现，这一观点与此前天文学家看待其观测椅的观点是如此相似。值得注意的是，在 19 世纪末和 20 世纪初，为家庭、学校、办公室和工厂等环境专门设计家具的那些人，其设计思路也以有关疲劳的科学和有关身体运动的生理学为基础，他们特别关注后来被称为人体工程学的方面的因素或相关的人为因素。但事实上，这些人并没有为在望远镜旁工作的天文学家专门设计观测椅。因此，在关于人体工程学史、工作效率史和卫生运动史的标准记录中，并未包含天文学家的观测椅。

然而，这里可能有一个例外。1872 年，德国眼科医生里夏德·利布里希（Richard Liebreich）就视力和姿势之间的关系向广大听众做了两次演讲。利布里希曾在柏林师从赫尔曼·冯·亥姆霍兹和阿尔布雷希特·冯·格雷费，但最终他还是移居英国，在伦敦圣托马斯医院（St. Thomas's Hospital）工作。在这些听众覆盖面广泛的讲座中，他详细描述了一些应该避免的姿势："例如，脊柱无力和某些视力缺陷之间存在作用和反作用的关系。事实上，近视会增加脊柱的弯曲度，而后者又往往导致或加重近视。"于是，他专门针对脊柱侧凸、脊柱侧弯及这些问题对在校女生视力的影响，设计了一种椅子（图 5.7）。"那些有脊柱侧弯倾向的女孩，如果在做她们能做的一切工作的同时，以 45° 的角度斜靠在这样的椅子上，她们就会发现这很管用。"[61] 但非常奇怪的是，这把椅子中弯曲的胶合板结构与伦敦新邦德街的眼镜商威廉·卡拉汉（William Callaghan）设计的椅子的结构是完全相同的（图 5.8）。我们说它很奇怪，是因为卡拉汉的设计后来被归类为天文观测椅。1872 年，卡拉汉申请了弯曲桦木胶合板的设计专利；而就在同年，利布里希就沙发设计等话题举办了多场讲座。考虑到两人设计上的相似性，两人对于光学器件的共同兴趣，甚至利布里希实际上就住在卡拉汉商店所在街道的拐角处（步行只要三分钟便可到达）的情况，我们可以推测，这两个人很有可能共享了一些知识。

如今，仍然存在一些以"W. 卡拉汉"签名为商标的产品，其中一些近年来通过佳士得拍卖行出售；还有一些产品依然保留在位

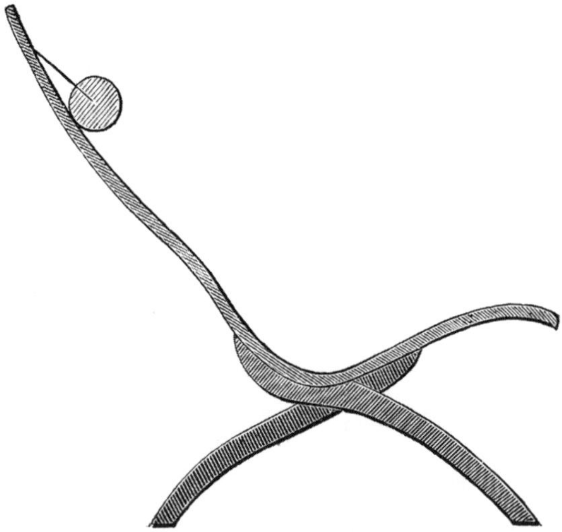

图 5.7 这便是由生理学家和眼科医生利布里希设计的椅子，目的是鼓励女生保持正确的姿势，保护其视力。[图片来源：*School Life in its Influence on Sight and Figure. Two Lectures* (London, 1878), 35, figure 8.]

图 5.8 一把维多利亚时代的红木天文观测椅，带有 W. 卡拉汉的商标，第 26 批次，制造于 1873 年。(图片来源：Private collection. © Christie's Images / Bridgeman Images.)

于伦敦的维多利亚与阿尔伯特博物馆的仓库里，也有一些椅子留存在利兹附近的洛瑟顿庄园（Lotherton Hall）的图书馆里。令人好奇的是，在上述所有的留存之地，这些椅子全部都被标为“天文学家的椅子”。[62] 现在就让我们来谈谈这把为治疗脊柱和保护小学生的视力而制造的椅子，它很可能是由利布里希设计的。这把椅子似乎后来被重新用作天文观测椅，甚至可能被卡拉汉这样的商家出售。考虑到这种椅子与视觉健康和增强视力的联系，及其可调节性，上述推测应该不会令人太过惊讶。无论这把座椅出现得多么无意，这仍然是我所知道的唯一由社会保健专家和生理学家为天文学家专门设计的观测椅的案例。我们是时候开始观察由天文学家自己设计的天文观测椅了，这种椅子在资产阶级视觉经济的环境中，被用来消除疲劳感并管控能量的输出。当然了，这也是一种符合当时道德要求的手段。

视觉经济

经过一天漫长的工作，威廉·凯钦纳博士（Dr. William Kitchiner）向其他天文学家建议，在用望远镜开始一整晚的观测之前，观测者应该“躺在一个安静且黑暗的房间里小睡一会儿”。凯钦纳在他那颇有影响的《眼睛的经济学》（*The Economy of the Eyes*，1825）一书中写道，半小时的“平躺休息”（Horizontal Refreshment）会恢复人的活力，“复原你那视觉器官的色感，并会使你的视力更加敏锐”。他建议说，如果没有这种“恢复性的准备工作”，对那些“在条件良好的情况下需要眼睛的全部力量才能看清的对象，就别再进行无谓的观测了”。这不仅是为了简单地调整自己的眼睛以适应黑暗，也即获得天文学家所说的“黑暗适应性”（dark-adaptation），它还能以身体姿势为手段，强化并聚集眼睛的“力量”，从而使双眼在使用望远镜进行观测时保持最佳状态。凯钦纳是以天文学家、望远镜的发明者以及眼镜商的身份写下上面这段话的。约四十年后，天文学家和科普工作者理查德·普罗克特在他自己的望远镜观测指南中，用“专家的信条”这个短语附和了凯钦纳的“权威”表述。[63]在疲劳感面前，天文观测的价值实在是岌岌可危，解决方案便是设计专门的椅子。

在《观测者的诸种技术》（*Techniques of the Observer*）一书中，乔纳森·克拉里（Jonathan Crary）论证说，19 世纪初西方人对观测结果的理解发生了重大转变。[64]当时，观测结果与观测者的生理机能密切相关：它不仅与观测者的主观体验有关，还和观测者感知器官的物理条件和功能有关，甚至与观测者视网膜的健康状态存在关联。因此，观测者自身是可以被科学地研究和机械地调节的；事实上，就像任何观测仪器一样，19 世纪科学观测中的观测者，也开始被人们视为一个可调节的变量，在那之后，人们开始有意识地逐渐减少观测者对于观测本身的影响。[65]但人们往往忽视了，这种在天文学等学科中关于观测的主流看法，不仅适用于人眼的物理状况和功能，也适用于观测者的整个身体机能（正如上文利布里希已经证明的那样）。毕竟，正如许多心理–生理学家所展示的情况，身体的生理机能不但与知觉器官有关，而且对后者的运作有直接的影响。观测行为也被包含在这样的关系中，而观测椅在其设计和使用层面也反映了这一事实。

不仅眼睛在观测中会遇到麻烦，天文学家的整个身体都是如此。他们要尽可能长时间地保持一定的姿势，如此一来视觉经济的最佳状态就可以在数小时内保持不变，但这也为天文学家带来了挑战。为了维持这种高强度集中的视觉效果——或者为了精细地调整能量，并让能量很好地定向流动——导致天文学家分心和疲劳的源头必须在观测中被尽可能地管控。当身体为了与望远镜的运动位置相匹配而反复做出调整时，天文学家就会面临这样一种风险，因为他们要维持一种尴尬不舒适的姿势，所以肌肉可能需要保持紧张，还可能疼痛甚至受伤。当天文学家过于关注肌肉的紧张感时，身体就可能严重地扰乱体内能量朝向观测设备的集中流动。正如普罗克特所说，“即便是最小的身体限制或姿势的局促也会大大地削弱清晰视觉的力量”[66]。他并不是唯一评论身体姿势对于天文观测的重要性的人。在19世纪初，凯钦纳曾建议，观测者要在最有利的情况下进行观察：他们“应该处于最轻松的位置：他们的姿势不能产生任何抽筋或痛苦，因为这一定会让身体扭曲，或让心灵受到刺激；观测者全部的力量必须集中在眼睛那里”[67]。

然而，我们可以肯定地说，再多的纯粹意志力也无法满足对最佳的身体姿势的要求，因为人们越注重保持适当的姿势，必要的“视觉能量”就越少地被引导向眼睛。此时，观测者持续将注意力和能量保持在适当水平的努力就会收效甚微。所以，要想获得最佳的身体姿势，主要需要思考如何在动态的过程中，通过一种舒适的方式将观测者的身体调整到与望远镜相适应的位置。这就意味着人们必须认真考虑观测仪器的安装方式。例如，乔治·钱伯斯在他那本实用天文学手册中写道，赤道仪的安装方式是最好的，因为其他形式的望远镜支架会导致观测者在寻找和跟踪天体的过程中造成“大量的劳动损失和时间损失”以及“时间浪费”[68]。不过，在更普遍的情况下，天文学家的身体应该通过观测椅保持在最佳观测位置，这“也是一个很重要的问题”[69]，普罗克特如此写道。凯钦纳也认识到一把好的观测椅的重要性，尤其是当“我们的身体必须处于最舒适的姿势时，我们期待自己的眼睛会因此完美地聚集起它拥有的所有能量”[70]。可见，观测椅在当时被看作一种对于天文工作至关重要的仪器，正是因为它可以管理并控制人体固有能量的流动——包括种族化和性别化这两种调节方式，从而提高了观测结果的质量。舒适的观察椅便是这样一种为视觉服务的器械。

从凯钦纳的时代到普罗克特的时代，这四十年里许多天文学家都认为观测椅是为观测活动赋予价值的不可或缺的一部分。时人认为，通过利用和管理天文学家的能量流动，专门设计的椅子可以提高天文观测的质量，增加天文观测结果的数量，因为它们会调节观测者的不适感，避免其他干扰，而这些干扰一旦产生，观测者难免感到身心俱疲。例如，一位作者公开发表过一段关于伦敦摄政公园毕肖普天文台的斯珀林椅的描述，他强调，这把精心设计的机械椅为观测者提供了“将身体置于完美暂停位置的方法”，他认为这种令人舒适的静止姿势在精细观测和精确测量双星时是必要的。由于安装了墩座，望远镜会处于完全稳定的状态。但是，如果没有合适的方法来保持天文学家身体的相对静止，或保持身体处于舒适的最佳位置，整个设备都毫无意义。换句话说，如果没有配备正确的椅子，“观测者只能依靠身体肌肉维持有限的姿势，这就需要他们的身体习惯于这一姿势，至少一段时间内保持肌肉紧张；但随后，他的身体就会止不住地颤抖，这就使观测对象在望远镜的视域范围内产生明显的颤振运动”。而椅子即使在运动过程中也可以成为保持身体稳定的方法，就像当时的机械生产需要标准化工序一样，也就是说，椅子可以在动态过程中管控天文学家的内在能量。斯珀林制造的一款椅子获了大奖，它可以通过机械结构跟随望远镜一起运动，从而使观测者的身体保持舒适和静止。这样，观测者的“头部和整个设备的框架完全被椅子支撑，观测者可以放松每一块肌肉，全神贯注地工作”[71]。即使在局促窘迫的环境下，观测椅也能通过提供舒适感放松天文学家的肌肉，它会控制疲劳感并允许天文学家进行更长时间的观察，从而得到更多的观测结果（图 5.9）。

图 5.9　图为亨利·劳森为他的赤道式折射望远镜设计的大倾斜躺椅，图片显示这把椅子以英国的方式进行组装。[图片来源：*A Paper on the Arrangement of an Observatory for Practical Astronomy & Meteorology* (Bath, England, 1844), plate 2.]

道斯在赞扬劳森的倾斜躺椅时，也同样强调“为了进行长期观察，最好使观测者避免笨拙的姿势所造成的不稳定性和疲劳感。［倾斜躺椅］是非常有价值的，它能为观测者带来极大的舒适感，并非常有利于观测结果的准确性”[72]。此外，在一篇 1871 年发表的关于木星诸多卫星之间亮度比（brightness ratios）的比较研究中，德国天文学家鲁道夫·恩格尔曼（Rudolph Engelmann）实际上试图量化使用观测椅所造成的观测差异。在莱比锡的天文台工作时，恩格尔曼比较了用望远镜分别对真实天体和人造光源进行观测的结果，他先是利用椅子观测，然后又研究了没有用椅子的情况。他断定：“只有保持完美的平静……观测才能变得更舒适，这会减少眼睛和整个机体的疲劳感。”这种“平静”是由观测椅带来的。他进一步量化研究了使用观测椅对于观测数据精度的影响。对于我们来说，关键不在于上述发现是否正确，而在于当时人们确信，椅子在天文观测中会发挥作用，正是这个观点促使恩格尔曼做出了调查研究。[73]

至少在一段时间内，对于椅子如何对抗疲劳的资产阶级式的关切，在天文学家圈子中司空见惯。无论是在公共天文台还是私人天文台，天文学家的椅子都是用来放松身体的。天文学家们使用望远镜时可以用椅子稳定地调整身体，从而控制、调节并维持集中于眼睛的能量，并使其充分流动。这些视觉能量对于天文观测十分重要，天文学家要确保椅子不会受损、被破坏或卡住不动，总而言之，它不能造成能量的浪费。观测椅会通过管控能量流动，将能量浪费最小化，从而优化这一动态的视觉经济过程。正如著名的美国望远镜制造商阿尔文·克拉克（Alvan Clark）在他的光度实验中所证明的那样：在系统比较研究太阳与其他恒星时，为了“以一种合适的姿势在三分钟之内聚集起最多的能量”，他要求盖上一张毯子，还要求“舒服地坐在观测椅上”[74]。在另一个事例中，《英国机械与科学世界》（*The English Mechanic and World of Science*）杂志的一位记者写下了自己的望远镜在观测名目繁多的天体时的出色表现。但他仍然指出，自己的观测的“局限”不仅在于“这个制造业小镇”的“天空”，也在于他不得不使用“一把普通的椅子”进行观测。这位作者话锋一转，在他的简短说明中声称，“我希望，在我收到自己订购的霍利斯观测椅（Hollis observing chair）时（正如最近的报刊专栏宣传的那样），后一个缺陷能得到填补。而且我希望更有效地进行精确、细微的天体观测”[75]。对观测椅的需求到这时好像已经变得稀松平常。天文观测椅是一种连通观测者的内在精能的观测仪器——而这种精能，正是我们之前所看到的，在整个西方民族和帝国疆域之中动态地起伏与流动的能量。

视觉中心的舒适感

天体、椅子和望远镜之间难以避免的不平衡性与天文学的视觉经济息息相关。事实上，保持一定的平衡十分重要，因为许多旨在解决这一问题的创新设计和方案的构建，都是为了控制疲劳感，而不是试图完全消除它。早在 19 世纪 20 年代，托马斯 · 迪克（Thomas Dick）就推出了他的“空中反射望远镜”（Aerial Reflector），这是一种专门用来减轻观测者在观察高度角较大的天体时颈部和头部所受压力的望远镜。迪克新设计的望远镜可以将天体的图像投射到一个目镜上，这个目镜被放置得非常巧妙，无论天体在夜空中处于什么位置，观测者都可以“完全直立地站着，或者坐在椅子上，就像我们平时看书或写信时坐在桌子前一样轻松”。在这种情况下，望远镜的创新设计所提供的身体姿势“比任何其他装置都更令人轻松，也更正确”，比如在详细绘图过程中，天文学家即使工作“一两个小时，也没有丝毫的疲倦和劳累”[76]。

同样在19世纪20年代，斯坦霍普勋爵（Lord Stanhope）的科学助理塞缪尔·瓦利（Samuel Varley）在前者去世多年后报告说，他们一起设计了一台精妙的反射望远镜，长达384英尺，反射镜的直径达6英尺。除了巨大的尺寸，这台望远镜的创新点之一便是它给予观测者一种舒适的姿势。“观测者可以坐在或站在一个温暖的房间里，”瓦利写道，“而不改变他的位置。他可以观察到地平线上一半以上的天区，天体则会直接出现在他眼前。无论天体的高度角有多大，观测者都可以继续保持最简单的姿势，而永远不必暴露在露天的环境中。其他望远镜无法提供这些非常令人满意的优势。”[77]事实上，斯坦霍普勋爵的反射望远镜从未建成。虽然上文没有具体说明是何种类型的椅子，但这些例子表明，早在19世纪20年代就明确出现了在视觉和道德两方面关于舒适经济的品味和偏好——先出现的是一种意识，进而产生了一种需求。

让我们看看内史密斯的创新设计，观测椅、望远镜的支架及其运动是结合起来的整体。内史密斯称之为“舒适的望远镜”，其设计目的是让观测者“在令望远镜移动时，仍可以轻松地紧贴目镜观测……因此，无论望远镜所指向的高度角或方位角为何……观测者永远不必从他舒适的座位上离开”。对内史密斯来说，在天文观测时不必注意自己的身体是至关重要的，他宣称观测椅的最大优势是“避免一切个人因素的干扰，从而带来轻松、舒适和宁静”。内史密斯同时补充说，这把椅子会带来“频率更高、更仔细的天文观测，科学将从此进步”[78]（图 5.10）。在他看来，舒适感优化了能量流动，主动地减少了观测者在劳动期间的能量浪费。内史密斯很清楚，观测椅通过舒适感所优化的能量，最终会成为推动科学发展和社会进步时那种躁动不安的能量的一部分，正如其所言：“科学将

图 5.10　詹姆斯·内史密斯坐在他那“舒适的望远镜”旁。[图片来源：James Nasmyth, *Engineer: An Autobiography*, ed. Samuel Smiles (London, 1883), 352.]

从此进步。”[79]

天文学家的双眼，无论处于什么观测位置都应当保持舒适、注视目镜，这个目标将激发更多组合望远镜和椅子的设计出现。让我们以巴登·鲍威尔（Baden Powell）的赤道仪为例（图 5.11）进行说明。在他的设计中，观测者平躺在一把“观测长椅”上，这把长椅会随着望远镜移动，同时将观测者眼睛的位置维持在望远镜的轴线上。观测者的眼睛被置于整个仪器运动的中心，这一设计使人眼成为“由高度和方位组成的空间的不变点”。在他看来，观测者如果能融入望远镜本身的设计，便能“指挥一切……只要他把头从一边转到另一边”[80]。他还设计了一套彗星搜寻器（图 5.12），将一个小望远镜直接安装在一把机械椅上，机械椅则固定在带有滑轨的可转动平台之上。一位发烧友针对这个仪器写道，这种“带点新奇元

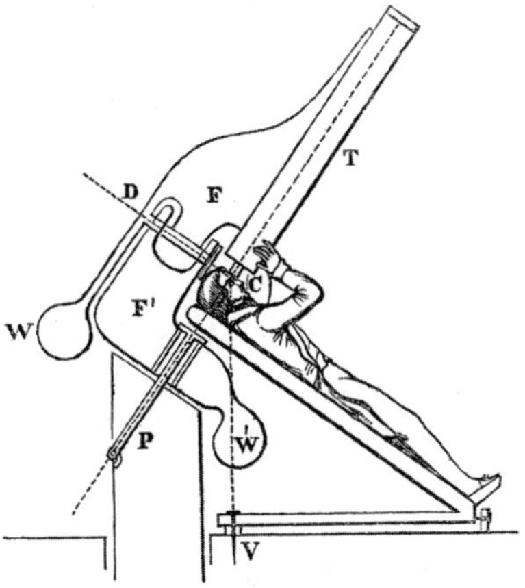

图 5.11 由巴登·鲍威尔牧师设计的观测椅。[图片来源：“On a New Equatorial Mounting for the Telescope,” *Notices and Abstracts of Communications to the British Association for the Advancement of Science at the Birmingham Meeting, September 1849*, (London, 1849), 3.]

图 5.12　班贝格天文台（Bamberg Observatory）的彗星搜寻器。约摄于 1896—1899 年。[图 片 来 源："12 stereoskopische Ansichten der Remeis-Sternwarte" (Bamberg, Germany: Verlag Wilhelm Kröner), plate 4. Courtesy of the Sonneberg Observatory Museum for Astronomy.]

素的结构"，"就像一把普通的办公室椅子，所以天文学家可以快速且没有疲劳地审视整片天空"[81]。这种被描述为"舒适"的观测椅，于 19 世纪后期在斯特拉斯堡（Strasbourg）、基尔（Kiel）和班贝格（Bamberg）的天文台得到使用，这让人想起后来在 20 世纪的战争中被放置在转盘上的机枪。关于彗星搜寻器，还有一个有趣的例子。它是在 1868 年由精力旺盛的法国天文学家兼工程师安托万–约瑟夫 · 伊冯 · 维拉索（Antoine-Joseph Yvon Villarcéau）在巴黎设计的，仪器使观测者的头部和眼睛直接对准望远镜的主轴。十年之后，机械师 E. 施耐德（E. Schneider）对椅子的设计做了修改，并根据维也纳天文台台长埃德蒙 · 魏斯（Edmund Weiss）的要求，为他专门制造了一台望远镜。这台望远镜的椅子正好被固定在支架的正轴线上（图 5.13）。[82] 在所有这些例子中，整个设计结构都以观测者的眼睛为中心，也就是给予了观测者以视觉为中心的舒适感。如此一来，为了使固有能量在受控状态下畅通无阻地流动，身体其

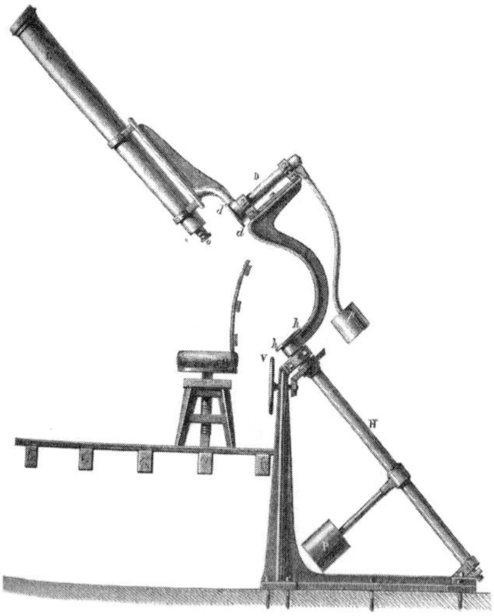

图 5.13　在巴黎的维拉索设计的仪器问世多年后，维也纳天文台有了另一种由 E. 施耐德改良的彗星搜寻器。在这里，椅子被固定在支架本身的正轴线上。[图片来源：Nicolaus von Konkoly, *Praktische Anleitung zur Anstellung Astronomischer Beobachtungen* (Brunswick, Germany, 1883), 441, figure 133.]

他部分的存在就被简单地抑制住了。

但这是詹姆斯 · 内史密斯的另一项设计，它反映了观测椅与望远镜创造性整合的程度，以及这种整合对于视觉经济的重要性。他在 1852 年向联合委员会（即英国科学促进会和英国皇家学会）提议制造这样一台巨大的反射望远镜，以完成南半球天文观测任务。19 世纪 30 年代末，约翰 · 赫歇尔爵士在好望角用他自己的巨型反射望远镜成功地进行了天文测量，此后许多英国人相信，应该在赤道以南建立一个永久的天文台，用一个足够大的望远镜来延续赫歇尔的遗产——主要是关于星云的研究。[83] 英国南半球望远镜委员会（Southern Telescope Committee）包括了一些当时最著名的天文学家，他们也是大型望远镜的著名使用者：罗斯伯爵、托马斯 · 罗宾逊（Thomas Robinson）、乔治·艾里和赫歇尔。在他们的要求下，詹姆斯·内史密斯、查尔斯·皮亚齐·史密斯（Charles Piazzi Smyth）、威廉·拉塞尔以及都柏林著名的望远镜制造商托马斯·格拉布（Thomas Grubb）提交了他们关于建造南半球新望远镜的建议。内史密斯的设计便是最早提交的方案之一。他设计的望远镜是赤道式反射望远镜，其运动是通过机械发条实现的（图 5.14）。但内史密斯设计的一个独有特点是，他选择把观测者安置在望远镜旁“一个非常舒适的箱式座舱里，或把他的箱式座舱吊挂在目镜凹槽的旁边”。这个位置处于在望远镜的一侧，悬挂在最高可以距离地面 40 英尺的地方。内史密斯在推荐这个单人箱式座舱的设计时解释说，在选择并瞄准了一个天体后，观测者“只要坐着跟随仪器观

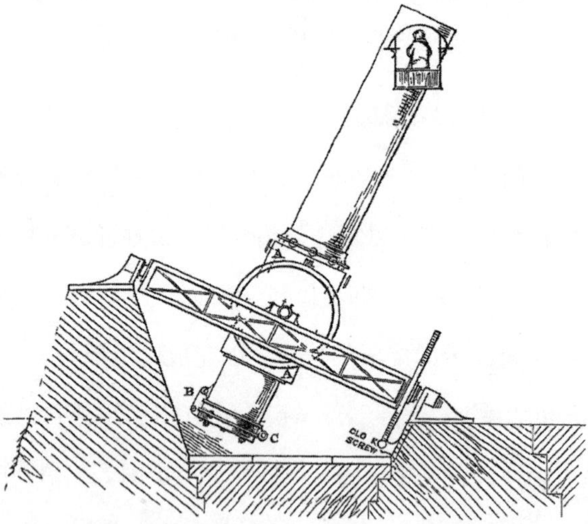

图 5.14　观测者在望远镜牛顿焦点旁的不稳定的座舱里进行观测，这被内史密斯描述为“那感觉就像在自家壁炉旁边一样舒适”。[图片来源：James Nasmyth, *Proposed Design for the Southern Telescope*, print made after a drawing in a letter to Lord Rosse, December 15, 1852. In *Correspondence Concerning the Great Melbourne Telescope: In Three Parts, 1852–1870* (London, 1871), 2.]

测就好了，天体会一直出现在他［视域］的范围内，除此以外无须多虑”。在给罗斯伯爵的一封信中，内史密斯甚至声称：“我不会担心这一设计在什么情况下会缺乏稳定性。即使是有风的夜晚也完全适合观测。任何一个观测者都可以关上他的百叶窗进行工作，那感觉就像在自家壁炉旁边一样舒适。”[84] 就这样，我们又被带回了资产阶级家庭的舒适感，这种感觉表达了天文学家关于其姿势、身体和椅子等观测条件的理想。

尽管内史密斯对观测椅的稳定性做出了保证，但他的方案还是被联合委员会否决了。最具毁灭性的批评正是来自赫歇尔。赫歇尔对内史密斯的总体设计一共提出了五项反对意见，其中三项意见都质疑将观测者悬挂在距离地面如此之高的地方是否足够慎重。[85] 观测者自身的重量会导致望远镜不稳定，而观测者必须依赖地面上的助手，这也会带来风险，除这两点以外，赫歇尔的主要反对意见是，没有明显的办法来保持箱体座位的稳定，因此坐着的观察者也不能完全保持稳定。坐在离地面这么高的地方工作，这不仅让观测者面临危险，还会让天文学家因为过分关注身体安全而将本应聚集在视觉设备上的能量转移出去。（虽然方案被否决，但内史密斯为如此庞大的反射望远镜设计的座舱启发了另一种类似的设计，那便是他的好朋友、同样是巨型望远镜爱好者的威廉·拉塞尔设计的“旋转哨塔”。后者将原本设计中的“舒适的箱式座舱”替换成一个近 40 英尺高的观测台。这个哨塔同样可以将观测者安置在一个箱体里。按照拉塞尔的设计，这个箱体位于他那台焦距达 40 英尺的反射望远镜的牛顿焦点旁。）[86] 内史密斯的观测椅设计被认为是失败的作品。我们从中看到，当时人们认为天文观测椅最重要的功能，是动态地维持观测者聚集于眼睛的能量。这样一来，天文学家的身体和支撑它的椅子都会尽可能地“安静”下来。从设计和舒适的角度看，天文观测椅的本质是使天文学家的身体不在场。观测椅的功能便是利用、调节并集中天文学家体内躁动不安的能量，将能量转移到眼睛，从而使天文学家自己的身体“消失”。如果观测者的身体感官确实重新进入了他的意识世界——无论是因为紧张的肌肉、尴尬的身体姿势、疼痛、过度的运动还是缺乏休息和安全感——这种姿势都会被认为是一种阻碍能量流动的摩擦力，如果不能对此进行积极管理，那将会对观测结果产生负面影响。时人认为，正是通过椅子的资产阶级式的舒适感——表现在观测椅的设计、功能、姿势和图像上——阻力会被最小化，从而保证观测者注意力的最大化。椅子干预并管控着这一脉络庞杂的经济系统。在此过程中，椅子还参与到了范围更大的帝国建构和工业建设的动态回路之中。

扶手椅上的科学

以上诸多见解揭示了一个问题，任何想要解释 19 世纪观测椅上的天文学家图像的学者，都会面临这个重大难题：那些坐姿舒适的天文学家的照片似乎掩盖了天文学中这些针对特定任务而设计的椅子的正常功能，并且让人看不见其中涉及的天文学劳动（图 5.15）。换句话说，这些强调舒适感的椅子似乎阻断了躁动不安的精能的流动，而精能对于理解天文观测椅的目的和设计至关重要。现在的困难在于，我们无法通过经常在画中被描绘的天文学家的身体，来展示天文观测椅所要求的观测者身体的最小化在场，这种在场是至关重要的（图 5.16）。图像中的身体以笨拙的姿势懒散地躺着，似乎助长了误解，这正是我试图纠正的看法。观测者的身体越是处于图片的中心位置，椅子在当时天文学中的作用就越不明显，至少在我们现在看来是这样的。但通过将这些图像放在有关无用功和有用功的 19 世纪经济框架内，我们已经可以看到，对观测椅的功能来说至关重要的并不是观测者身体的“存在”（在场），而是对身体的精细管控的“缺位”（图 5.17）。然而，我们不能否认或忽视

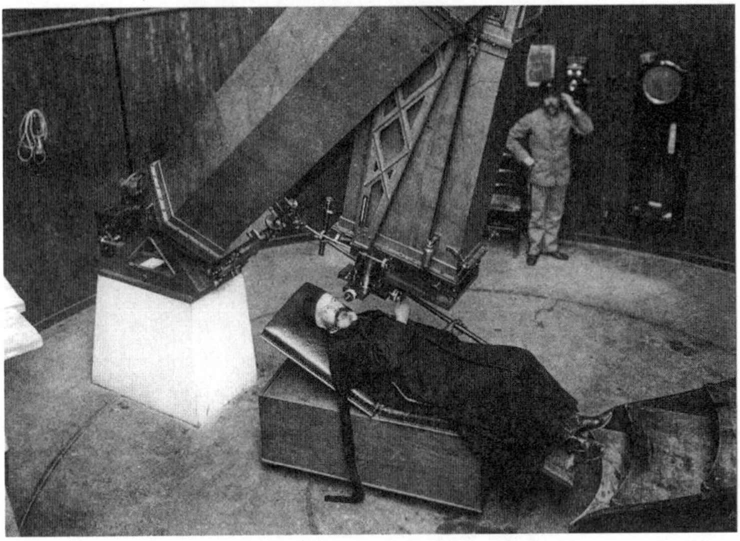

图 5.15　奥拉托利会会友、神父朱塞佩·莱斯（Giuseppe Lais, 1845—1921）是一位天文学家。梵蒂冈贡献的大部分“天空地图”照片由莱斯拍摄。[①] **在这张未注明日期的照片中，莱斯神父正在使用梵蒂冈狮子塔（Leonine Tower）的天体照相仪（astrograph）摄影。（图片来源：Courtesy of the Vatican Observatory.）**

① “天空地图”（Carte du Ciel）和“星图目录”（Astrolographic Catalogue）是 19 世纪末发起的一项大型国际天文项目，也译“照相天图”。1887 年法国巴黎天文台率先倡议“天空地图”计划，该项目旨在使用当时划时代的干版摄影技术，为数百万颗星光微弱至 11 或 12 等的恒星绘制星图。先后有来自多国的 20 多个天文台参与其中，得到了 22 000 多张照片。虽然项目并未持续下去，也没有达成最初的目标，但在 20 世纪末被天文学家重新发现，成为现代天文知识的重要来源之一。

图 5.16　科诺特（W. C. Kernot）坐在椅子上观测的木刻版画。他正在墨尔本天文台操作达美尔牌太阳照相仪（Dallmeyer photoheliograph）观测金星凌日的现象。[图片来源：*Illustrated Australian News for Home Readers* (December 30, 1874.)]

图 5.17　如果不能保持稳定的平衡性，肯定会引起观测者对于身体的过多关注，精力分散对观测是有害的。[图片来源：Paul Couteau, *Ces astronomes fous du ciel ou l'histoire de l'observation des étoiles doubles* (Aix-en-Provence, France: Édisud, 1988), 97.]

构成这些图像的人体部分，否则也会导致误解。

由于观测中存在各类限制因素，天文学家的身体往往看起来更像是一种“负债”，而不是一种“资产”。尽管这些图像传递给当时观者的，是充满活力而现代的劳动中的男性元素，但它们同时带来另一种感觉，即这种工作是现实中的体力劳动，与牛顿或拉普拉斯等“天才”的纯粹脑力劳动并非同一类型。这种认识引发了有关这一时期天文观测的一系列假设，即科学男性应当重视并组织起手上的工作，而不是头脑中的工作。乔治·艾里当然不是唯一积极捍卫并制定严格的科研工作等级体系的人。当时，他让观测工作当中单调乏味的体力劳动者退居二线，只让他们扮演这门归纳科学中的信息收集者的角色；与此形成对照的是，他又专门划分出了理论家的工作，也就是在归纳科学中，将各类数据汇总整理成有意义的解释、理论和系统。[①]（例如，我们在英国科学促进会的各个部门的结构里就可以看到这样的等级体系。）从这一自上而下的角度，我们得以开始理解坐在椅子上的天文学家的图像为何与“扶手椅上的科学”的概念有真正的不同。

如果考虑一下 1846 年海王星的戏剧性发现，我们在看待关于劳动和身体的表现方式的各类记载时，会得到新的认识。当时，这颗行星只存在于人们的推测当中，法国巴黎天文台的于尔班·勒威耶（Urbain Le Verrier）和英国剑桥天文台的约翰·库奇·亚当斯（John Couch Adams）分别通过计算预测了它的存在和位置。勒威耶和亚当斯是两位理论天文学家（theoretical astronomers）——如果当时就有

① 根据作者前文的描述，艾里建立了一套低级学徒收集数据，高级研究员（尤其是他自己）分析数据、得出结论的“等级体系”。在这套制度里，艾里自己的椅子甚至被称作“王座”。

这样的称呼的话。勒威耶对这颗以前从未被确认的行星的预测，被德国柏林天文台的实测天文学家首次用在了对海王星的实际定位上。于是，理论计算先于实际观测，这种关系对于天文学中的观测者的身体及其姿势产生了诸多影响。法国天文学家卡米尔·弗拉马里翁在对这些事件的生动叙述中介绍道，勒威耶就是在如“扶手椅上的科学”般的环境中工作的（图 5.18）：他就坐在书房里，在壁炉旁边一张摆满书的桌子上伏案工作。从这张图片呈现的方式来看，图中引人注目的是天文学家的心灵，而不是任何观测行为或身体的能

图 5.18　海王星的发现者之一勒威耶正坐在他那舒适的书房壁炉边。[图片来源：Camille Flammarion, *Astronomie Populaire: Description Générale du Ciel*, vol. 2 (Paris, 1880), 74.]

力。“正如前人所说，”弗拉马里翁写道，“天文学研究正是可以让人类的心灵能力获取最高地位的那类工作。人类仅仅依靠计算的力量就发现了海王星，便是这一真理最有说服力的证明之一。”他继续写道，可以肯定的是，“做出计算者本身［勒威耶］”，正是“一位卓越的数学家，他甚至懒得用望远镜去观察天空，去看看这个行星是否真的存在于那里！我甚至认为，勒威耶从未见过它。对他来说，直到生命的尽头，天文学都会被完全地包含在公式之中”[87]。也就是说，勒威耶虽然只是坐在他的办公桌前思考，但他运用自己心灵的眼睛穿透了天空。这幅画作的核心便是他做研究时的舒适氛围，以及扶手椅和桌子的结合。这一幕仿佛是在说，天文学最神圣的一幕就发生在这个时刻。

如果这算是一种“扶手椅上的科学”，并以天文学的最高规格的例子为标志，那它并不具有现在这个短语所包含的贬义；事实上，我们发现“扶手椅上的科学”在演讲中的形象还在继续发展变化，其中还有一些例子，与弗拉马里翁描述的勒威耶的形象相反。正如我们在罗德里克·麦奇生爵士的形象中所看到的，是科学将他从体内充沛的动物般的能量中拯救了出来。尽管在许多与他同时代的人看来，麦奇生爵士的形象是不屈不挠、充满活力的，但这种形象也会遭受挑战。在一篇 19 世纪 50 年代末来自非洲内陆的报道中，我们竟然看到戴维·利文斯通（David Livingstone）对麦奇生的强烈抱怨。“他［麦奇生］在伦敦学习时……就坐在他的安乐椅上”，却得出与利文斯通基本相同的关于非洲平原的地理学理论，他还将理论发表了。而这一理论是利文斯多年来“穿越丛林、沼泽，还多次生病”[88]之后才建立的。在这里，我们看到的是现在我们更熟悉的“扶手椅上的科学家”形象，以及批评家们同样对像麦奇生这样的人做出的讽刺。当然，这一方面表明了科学家之间的代际差异，另一方面也表明了 19 世纪“科学家”概念之中蕴含的不同期望和固有的内在张力。

然而，在利文斯通和弗拉马里翁的观点之间，我们还看到了另一种关于扶手椅的观点，它将我们的讨论带回到观测椅本身以及坐在其上的天文学家的身体上。戴维·布儒斯特这位典型的勤奋观测精神的捍卫者，曾描述他自己对海王星的发现，他的观点更进一步，代表了希望从身体中完全解放出来的那一类天文学家：

> ［海王星的发现］不仅是天文学编年史上最伟大的智力成就，而且是牛顿哲学最高尚的胜利。用眼睛探测一颗行星，和用心灵追踪它的位置，这两种行为的关系就像肌肉活动和智力活动的关系，彼此是大相径庭的。一位实测天文学家躺在他的安乐椅上，只能不断盯着旋转屋顶上的缝隙，他在观测恒星运动的过程时就像一个朝圣者；要不然，他必须依靠高倍望远镜，才能看到天体……相反，物理天文学家不会用这样的辅助手段：他可以在中午时计算，即便星星会消失在正午的太阳之下；他也可以在午夜时计算，哪怕云彩和黑暗笼罩着天空；他是在自己大脑的穹顶内进行观测的，那里没有开放的天空，只有理性的眼睛……如果一个人被允许通过这样的眼睛观看，这时，他那理性的洞察力就会穿透自己身体的屏障，借由包围周身的数字和量化的抽象概念，抓住那些崇高的现实，不必使用最敏感的触觉和视觉。[89]

在以上这段描述中，两种天文学劳动的等级得到了区分：与仰卧姿势和使用肌肉截然相反的，是利用智力和感受虚空（ethereal）。前者需要坐在天文台环境中的安乐椅上，后者则与地点和时间无关；前者在观测时需要身体在场，后者则似乎不需要身体的存在。这些二元性——身体和精神、肉体和灵魂——反映了一种更广泛的文化区分和劳动关系，这些区分方式在几个世纪里不断得到呼应，并且体现在天文台之中。[90] 上文我们介绍过一种本质上希望依靠身体来对抗心灵的观点，布儒斯特对观测椅的描述则是对这种理解的反叛。

然而，尽管在布儒斯特看来心灵优先于身体，但他依然证实了天文学家坐在安乐椅上时身体的重要性。因此，弗拉马里翁在舒适的壁炉旁平静身体并让心灵漫游，利文斯通却质疑将心灵与外界隔绝的做法。布儒斯特暗示道，观测者的身体需要保持舒适，并不是为了让心灵大放异彩，而是为了让观测者的视觉感官尽可能以理想的方式运作——不论这种实践性劳动的认识地位或社会地位如何。虽然优先次序不同，但天文学观测中关于肉身的一面，依然是从观测椅层面看待天文工作的一个视角，可以说，这种视角既符合天文观测者看待其劳动的方式，也符合更一般情境下中产阶层理解为产生有用功而消耗能量的方式，同时他们也都有意识地参与了这种消耗。在这个视角下，观测椅作为一种机械化的观测仪器，被设计出来的目的就是积极地调节并放松身体的肌肉，从而增强天文学家的视觉能力和注意力。最后，正如我们在本章所看到的，与安乐椅、办公椅、书桌旁的椅子或扶手椅相比，专门设计的机械观测椅在整个 19 世纪都是最常用的表现天文学家工作的椅子。中产阶层基于一种共同的品味和对舒适感的认知，更容易与坐在观测椅上的天文学家形象——甚至是被赋予了精能的天文学家的劳动——产生共鸣，而不是更易与另一种评价体系中空想的天才形象产生共鸣。

在观测椅上工作的天文学家及其身体，尽管看起来不像在海上、荒野中或高山上工作的科学家那般，具有英雄主义和男性主义形象，但人们依旧认为，天文学家的形象表现了同样躁动不安的精能。在某些情况下，这种精能要借助不舒适感表现出来；而在有些情况下，这种精能被认为是身体劳动的重要组成部分；要是没有这种能量，从椅子本身的功能到天文学家坐在椅子上的工作，就全都毫无意义了。这些描绘观测椅的图像显示，天文学家在努力工作时，他消耗的能量是由专用的椅子积极调节、训导和管理的——天文观测椅的图像和实物通过共同的设计品味和对舒适感的认知，畅通无阻地相互共享这一信息。中产阶层人士家中的扶手椅，是为了帮助人在漫长的一天工作后恢复自身能量而设计的，而天文观测椅则不同，它是管理摩擦力并实现能量消耗的最佳方式。家中的座椅家具为工作了一天的人们提供喘息之机，观测用的座椅则为科学家提供了缓解疲劳的机会。在一些情况下，天文观测椅的舒适感能确保天文学家对“外在的宇宙”（outer universe）和深空进行适当观测；而在另一些情况下，用瓦尔特·本雅明（Walter Benjamin）的话来说，舒适感管理着“内心的幻象”（phantasmagorias of the interior）。但对于一个人私人的一面而言，“幻象”就代表了“宇宙”本身。他可以在心中把遥远的东西和很久以前的东西结合在一起。从这种观点出发，他的客厅便是“世界”剧场里的一个“盒子”

（见图 6.8）。[91]① 在这两种情况下，舒适感对于实现现代性的共同目标是至关重要的，因为两种情况的框架是相同的，也就是说，那些被种族化和性别化的、被誉为文明和进步驱动力的精能，事实上正是历史本身。

这一切都与前一章我们讲述的东方天文学家形成了鲜明的对比。正如我们已经看到的，西方人认为，东方天文学家被一种静止的、盘腿的平衡状态困住了。这种平衡状态让东方天文学家们无精打采、难以躁动，他们甚至无法进行生产性的劳动，因此他们不可能为现代性及相关科学技术形式的不懈进步做出任何努力。在这种视角下，东方天文学家那永恒的平衡感正是懒惰的根源，需要外界的破坏和煽动（如果那不是彻底的暴力行为的话）来唤醒他们——我们已经看到了，这正是整个 19 世纪各种帝国代理人对于东方的政策。相比之下，西方天文学家是活跃的、动态的，也就是说，人们认为躁动不安的不平衡性是惊人的劳动和浪费的来源。因此，西方天文学家需要一种能够在生产工作时积极管理内在能量的设备，这种设备同时还要减少不可避免的浪费。这种仪器便是天文学家专用的观测椅，它不仅通过装饰和长毛绒坐垫，还通过许多细致入微的差异化调节装置，使身体得到休息和放松——观测椅的舒适感是完全机械化的、符合资产阶级品味的。为了充分理解天文观测椅在天文学中的作用，我们必须将它放在一个特定的文化背景中，这个文化背景为理解工作中的天文学家的图像提供了一个有意义的框架。观测椅也是一种差异化的设备，它将天文学观测与当时更广泛的技术、设计、文化与帝国力量相协调，从而在身体层面强

① 在原文中，这几句话中的“人”均指男性。

化了科学的天文观测能力，也在认识层面保障了天文学的科学观测。与此同时，天文观测椅也象征着一种得到认可的、专业的认识现代宇宙的途径，而与普通人无异的东方天文学家的盘腿姿势，是无法代表这一切的。

普通椅子的回归

现在我们已经大致勾勒出，19 世纪观测椅的图像和实物所属的表征之场的主要特征。接下来，我将简要介绍一下这个表征之场的基本变化。让我们把视线转向 19 世纪末和 20 世纪，在那里，我们不仅会发现人们开始向外寻求能量来源，也会看到天文观测椅又迎来了一次突然的转折：普通的座椅回归天文台。1883 年，匈牙利天文学家孔科伊–泰格 · 米克洛什（Miklós Konkoly-Thege）参观了欧洲的许多主要天文台，他注意到各地天文学家不再一致认可观测椅的有效性。他看到，在德国的一些天文台里，走廊四周摆放着很多业已闲置或被拆开的大型机械观测椅。（不过他也指出，在对观测椅日益增长的不满情绪中，英国人的确是一个例外。）[92] 但至迟到 1891 年，利物浦天文学家威廉 · 丹宁（William F. Denning）等英国天文学家也开始抱怨，尽管“《天文登记簿》（*Astronomical Register*）和《英国机械与科学世界》时常介绍并描述许多有用的观测座椅装置，但我相信一把好观测椅应当考虑到观测者的许多细微要求，所以我会等待新设备的出现”[93]。然而，在随后的几年里，为天文台设计的新机械观测椅反而减少了，现实并没有响应丹宁的号召。在他们的观测位置上，我们看到简陋、普通的椅子回归了，这种现象在欧洲和美国各地的天文台中非常普遍（图 5.19）。人们开始发现，天文学家这时已经在使用一些造型简单的椅子了，比如温莎椅（Windsor chair）、普通的木椅或软垫无扶手椅，当然还有在咖啡馆和家里常用的曲木椅，这些椅子是当时坐姿的民主化的缩影。[94] 发生这种变化的原因有很多。

早在 1881 年，哈佛大学天文台有远见的台长爱德华·皮克林（Edward Pickering）就在一篇关于大型望远镜未来设想的文章中建议，望远镜的目镜端应当被安置在一个独立的、专用的房间里：

图 5.19　雅各布·考恩（Jacob Kohn）和约瑟夫·考恩（Josef Kohn）设计的曲木椅（奥地利维也纳，1895—1905）。它曾在悉尼天文台被使用过。（图片来源：Photographed by Marinco Kodjanovski. Museum of Applied Arts and Sciences, New South Wales, Australia. Ex-Sydney Observatory stock, 2008.）

“在寒冷的冬天，如果能够在温暖的房间里舒适地工作，使用大型望远镜观测的天文学家们会由衷地感激。这肯定会提高观测的精度，并使观测者在更长的时间段内进行高精度的观测。让视线长时间地保持在观测方向上，会带来同样的效果。”他补充说：“并不需要特制的观测椅。”[95] 一旦摄影技术能够为天文学研究服务，这种让观测者和望远镜相隔遥远的观测方式将在哈佛大学天文台等天文台成为惯例。皮克林还雇了一个由女性组成的团队，她们专门坐在办公桌前的椅子上，手里拿着放大镜，以检查数百块由世界各地的望远镜拍摄的玻璃底片。正如其他国际性的天体摄影项目所证实的那样，在摄影学和光谱学成功结合并得到应用以后，天文实践最重要的转变之一，就是天文学家如何以及在何处坐下来工作。

普通椅子回归的另一个原因便是，新设计的仪器和新型天文台得到了应用。它们对天文学家的身体产生了诸多影响。例如，巴黎天文台台长莫里斯 · 勒维（Maurice Loewy）在 1884 年制造了他的第一个赤道式反射望远镜（焦距 13.84 英尺），1891 年他又制造了放大版的同型望远镜（焦距 59 英尺）（图 5.20）。[96] 尽管他的建造早在前文的皮克林发言的 10 年前就开始了，但我们几乎可以说它回应了皮克林的愿景。勒维的望远镜结构在技术上源于内史密斯设计的光学设备的变体，它将观测者安置在一个供暖的房间里，观测者可以坐在自己挑选的任何一把普通椅子上，然后向下对着望远镜的目镜观测。这种设计我们现在应该已经很熟悉了。据描述，它允许观测者“将仪器对准任何目标，而无须离开椅子，观测是在观测者自己感觉最舒适、对观测者最有利的条件下进行的。这种装置类似于自然博物学的学生所使用的显微镜”[97]（图 5.21）。于是，在尼斯、维也纳、

图 5.20　巴黎天文台的赤道式反射望远镜。[图片来源：G. F. Chambers, *A Handbook of Descriptive and Practical Astronomy*, vol. 2, 4th ed. (Oxford, 1890), figure 78, plate 20.]

图 5.21 一个观测员正舒适地坐在室内一张普通的木椅上，巴黎天文台赤道式反射望远镜的调焦装置就在他面前。[图片来源：Camille Flammarion, "L'Équatorial Coudé de L'Observatoire de Paris," *La Science Illustraée* (1888): 153.]

阿尔及尔和剑桥等地，许多天文台都采用了勒维的设计。

普通座椅的回归也促进了许多机械平台或升降装置的出现。在19世纪与20世纪之交，人们设计出机械平台或升降装置，与那些体型巨大、具有里程碑意义的望远镜配套使用。其中最具创新雄心的便是巴黎默东天文台（Meudon Observatory）建造的观测平台（图5.22）。这个平台与大型圆顶（直径66英尺，重达80吨，由一个12马力的燃气发动机驱动）相连，平台升高后，只要人们按下按钮，平台就可以与圆顶一起旋转。平台本身重达13 227磅（约6吨），即使有20人在上面，它也可以“立即”升高或降低。[98]平

图5.22 默东天文台使用的由大型发动机驱动的机械观测平台。［图片来源：Jules Janssen, *Oeuvres scientifiques*, ed. Henri Dehérain, vol. 2 (Paris: Société d'éditions géographiques, maritimes et colonials, 1929–1930), 415, figure 1.］

台上也有放置各种桌椅的空间。1893 年，当威廉·皮克林从欧洲天文台旅行结束后返回美国，向同事提出天文台圆顶的规划时，他所想的应当就是这样一种建筑：在天文台的大圆顶之上，遮光器的对面有一个空间可放置"'椅子'，说是椅子，却是更接近于一个小房间的庞大结构，如果能更像剧院包厢那样就更好了。'椅子'配有一把医院患者用的那种带书架的倾斜躺椅，用来观测天顶附近。上面还应该有几把普通的椅子，一个装目镜的抽屉箱，等等。还要有一张桌子，一个放置录音机、电控表盘的平时钟和恒星钟等物品的架子……在圆顶、遮光器和'椅子'运动起来时，圆顶另一端上移的重物可抵消并平衡'椅子'的部分运动，圆顶、遮光器和'椅子'的运动必须由一个电动马达驱动，而人可以在'椅子'上操控马达"[99]。这种设计不禁让人想起第三章介绍过的罗伯特·斯特林·纽沃尔的手动可调平台，当时，人们就将这些电动平台归入"椅子"的类别，这些电动平台从这时开始，就在世界各地的天文台以各种形状和大小出现在世人面前，它们出现在包括斯特拉斯堡、波茨坦、汉堡、弗拉格斯塔夫（Flagstaff）、格丁根、尼斯、普尔科沃（Pulkovo）在内的多地的天文台，以及位于好望角的皇家天文台（图 5.23）。

这时，霍华德·格拉布（Howard Grubb）又引入了另一种新奇的设备：机械升降地板（mechanically elevating floors）。这将进一步减少对专业观测椅的需求，即便这种椅子我们今天还在使用。1886 年，格拉布在英国皇家学会发表了一次公开演讲，讨论了在加州汉密尔顿山的利克天文台设计并建造世界上最大的折射望远镜的计划（图 5.24）。这台著名望远镜尺寸巨大（物镜口径为 36 英寸，焦距为 57 英尺），目镜距离地面的高度有时可达 25 英尺。格拉布的解决方案是采用液压装置，以机械方式升降整个天文台的地板，让观测者在目镜旁观测任何高度角的天体。[100] 格拉布曾在早些时候提出一个构想，不管机器有多大，天文学家"只需在几个电子按钮中按下其中一个"，就可以操控整台望远镜。"这不只是一个乌托邦式的想法，"他补充说，"这样的想法已经实现，甚至在我们许

图 5.23　波茨坦天文台的大型折射望远镜，上面装有配套的机械平台，还有一把便于观测者工作的普通木椅。另外值得一提的是，此处也遵循了在天文台这样的大型空间里使用无扶手座椅的传统惯例，目的是展示天文台的内部空间。[图片来源："Äquatorial II," *Meyers Großes Konversations-Lexikon* vol. 1, 6th ed. (Leipzig, Germany, 1908), 646–647.]

图 5.24　利克望远镜长 57 英尺，玻璃物镜口径 36 英寸，总重达 40 吨。正在上升的地板与有意设置在地板上各处的普通椅子形成了鲜明的对照。（图片来源：Courtesy of the Library of Congress Prints and Photographs Division, Washington, DC.）

多伟大的工程企业中已得到普遍应用。"[101] 尽管格拉布已经明确阐述了这种设计的可能性，但是在实际建造天文台及其升降地板时，这项工程的合同还是签给了一家美国公司：俄亥俄州的华纳与斯瓦西公司（Warner & Swasey Company）。工程完工于 1888 年，这个类型的天文台第一次出现在世人面前。利克天文台的升降地板的直径为 61.5 英尺，重达 5 万磅（约 23 吨），可以被抬升到距地面 37 英尺的位置。凭借三缸 8×6 水压机的动力，整块地板可以以每分钟 4 英尺的速度移动。几年之后，华纳与斯瓦西公司又为叶凯士天文台建造了一套升降地板装置。叶凯士天文台的望远镜是一台 40

英寸的折射望远镜，焦距为62英尺，如果没有可升降的地板，观测者几乎不可能总是安全地到达目镜处（图5.25）。天文台台长对此自豪地说："观测室的整个地板都可通过液压装置进行升降。这样一来，曾经广为流行的杂乱无章的观测椅就此消失，从而为天文学家提供最大的便利。"[102]

图5.25　1901年，乔治·里奇（George W. Ritchey）正坐在曲木咖啡椅上，使用叶凯士天文台40英寸折射望远镜，这台望远镜带有双滑动板支架。（图片来源：University of Chicago Photographic Archive, apf6–00046. Special Collections Research Center, University of Chicago Library.）

于是，附有升降地板装置的现代望远镜在公开的展示当中自成一类，这种新型望远镜不再具体地展现精能，只能借由巨大的望远镜和随意摆放在天文台地板上的普通椅子之间明显的视觉对比，来暗示精能的存在。观测平台和升降地板则展示了另一种能量。这种能量不再只为盎格鲁–撒克逊男性所发掘和利用，它来自外部，来自被藏匿起来的功率强大的液压机或电动发动机。这是一种可以被精确计算和量化的能量。热力学已经满足了资产阶级对天文台里的舒适感的要求。

当然，普通的椅子也在巨大的反射望远镜的牛顿焦点附近找到了自己可以发挥作用的位置。就拿威尔逊山天文台（Mount Wilson Observatory）的100英寸望远镜（图5.26）来说，它需要平台将坐在椅子上的观测者升至半空中。然而，专门的观测椅并没有完全消失。20世纪最具创新性的机械观测椅都是为新一代反射望远镜设计和保留的。一个值得注意的例子便是嵌套在98英寸艾萨克·牛顿望远镜（Isaac Newton Telescope）的卡氏焦点（Cassegrain focus）[①]处的全动力椅子（图5.27）。这把椅子可以体现当时最先进的观测椅技术，它可以把观测者和机器完全整合在一起，并让观测者在望远镜的底部用电子仪器控制这台重达87吨的机器。这是不列颠群岛有史以来最大的望远镜，1967年，它在英国皇家天文台位于东苏塞克斯的赫斯特蒙苏（Herstmonceux）的新址建成。观测者被紧凑地嵌入望远镜的力学结构当中，以至于其中一位使用者描述，它的操作空间“非常狭窄……坐在里面，就像被塞进了战斗机的驾驶舱……也有一种做手术时产生的幽闭恐怖的感觉”[103]。

另一个典型的例子是帕洛玛天文台（Palomar Observatory）的黑尔望远镜（Hale Telescope），它是一台口径达200英寸的巨大的反射望远镜（建成于1949年）。它的座椅与上述英国望远镜的完全不同，为观测员设置的座椅在主焦点上方的高空，后来人们称这种座椅为观测笼（observing cage）。观测者坐在离地面75英尺的地

① 1672年，法国人卡塞格林发明了一种由一主一副两块反射镜组成的反射望远镜，通常在主镜中央开孔观测，成像于主镜之后。这种望远镜的焦点便被称为卡氏焦点。这台反射望远镜以牛顿命名，但从结构来说应当为卡塞格林式。

图 5.26　约 1922 年，埃德温·哈勃坐在离地面几英尺高的普通的曲木咖啡椅上，对摄影装置的支架进行微调。他当时正位于威尔逊山天文台的 100 英寸反射望远镜的牛顿焦点旁。（图片来源：Courtesy of the Observatories of the Carnegie Institution for Science Collection at the Huntington Library, San Marino, CA.）

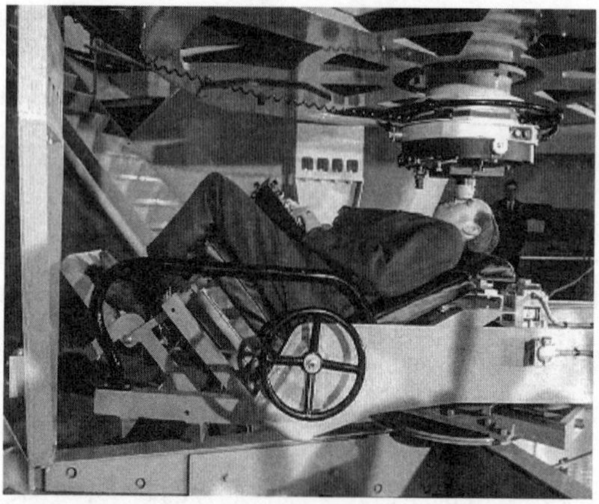

图 5.27　这张照片拍摄于在赫斯特蒙苏英国皇家天文台 98 英寸艾萨克·牛顿望远镜的观测椅旁边。观测者可以保持这个坐姿，并使用他膝盖上的控制面板来操控整个望远镜和椅子。[图片来源：Still-frame from the film *Britain's Biggest Telescope Sir Isaac Newton* (1967). © British Pathé.]

方，以便沿着长长的镜筒向下观测，主镜则会将天体的光反射到位于主焦点的照相机镜头上（图 5.28）。[104] 观测笼里面有一张专门设计的座椅，观测者可以通过一台电梯抵达那里。利克天文台 120 英寸沙恩（Shane）反射望远镜于 1959 年开始调试使用，这台望远镜也有为观测笼配套设计的观测椅。观测者在使用时，会坐在离地面较远的高处，位于这台仪器主焦点的上方，直接在这台巨型望远镜的“嘴里”做观测，然后大约在那里停留数小时（通常是 8~10 小时）。因为观测者还需要操作玻璃照相板进行曝光处理，所以经常要对照相机的板架进行微调。[105]

到 20 世纪中期，荷兰天文学家、历史学家以及马克思主义理论家安东·潘尼科克（Anton Pannekoek）在描述观测笼和观测平台的过程中，指出了设计中的一个重要因素。在描述威尔逊山天文台的 100 英寸反射望远镜时，潘尼科克说道：“在望远镜焦点附近的

图 5.28　在帕洛玛天文台的 200 英寸黑尔望远镜的主焦点观测笼，观测者正在调整成像镜片。（图片来源：Postcard Collection, Anna Maria College. © The Charles Blumsack Collection of Astronomy.）

狭小舱室里，天文学家几乎什么也看不见。可以说，天文学家就是这台庞大的钢铁生物的小型大脑，他们只要按下按钮，就能指挥庞大机器的所有运动。可见，电气化控制大型仪器的技术精度是现代天文学的物质基础。”[106] 这表明，望远镜和观测者的相对位置不再是天文学家的眼睛的附属物，而是大脑的附属物，而原本属于眼睛的职责成了摄影机和照相机的机械性工作。视觉能量对于 19 世纪的天文学家来说是如此重要，那时的天文学家将自己的身体舒适地安置在与观测工具相配套的座椅当中，以管理视觉能量。而到了 20 世纪中期，他们将自己的大脑整合到了复杂的电子系统当中。但是大脑——而不是眼睛——被置于这些“庞大机器”的操作中心，清楚地表明了另一个表征之场：它蕴含了一套新的劳动概念，曾经存在于理论和观测、大脑与身体之间的制度化了的二分法，现在早已改变，便是这种新概念的典型特征之一。和过去一样，天文学家在观测中的位置，就是由历史和文化语境所定义的独特价值观的具现——20 世纪中期的历史文化语境正是控制论。

到了 20 世纪 70 年代，数字电子耦合器件照相机（digital CCD camera）被引入天文台。这种照相机与一系列远程控制传感器相配合，取代了坐在主焦点旁的人类观测者，从而允许天文学家的身体进入气温得到调节的控制室，坐在符合人体工程学的办公椅上。于是，天文学家的身体被放到了电脑屏幕旁，而不是被放在目镜边。[107] 如今天文学家不再坐在望远镜前，而是坐在大众所熟知的办公椅上。这种椅子体现了一种标准化的有序性，我们几乎无法指出它和更晚些时候出现的“监控资本主义”（surveillance capitalism）的现代性与功能性设计有何区别。[1]考虑以上多种环境因素，现在的天文学家很少会在望远镜的前面摆出姿势或者摆放家具以供公众消费，因为在当代人看来，天文学家们的工作环境几乎与其他行业的办公空间完全相同。

让·鲍德里亚在系统地研究了现代商品体系之后坚持认为，19世纪的人们“痴迷”于家具的道德性，而当代人则不同，他们被室内装潢的功能性吸引。室内装潢失去了“符号”（signature）和“象征价值”（symbolic value），取而代之的是“组织价值”（organizational values）。在“组织价值”中，“我们不再赋予物‘灵魂’，物的象征性存在也不会侵入我们的内在：这种关系已经成为客观的关系”[2]，这种透明的、功能性的关系是为了实现“信息的完美循环”，而不是能量的循环。虽然20世纪晚期天文学家的公众形象与本书探索的表征之场关系甚远，但由此可以看到，它依赖的是一个完全不同的场域，它与当代公众对那些光鲜亮丽的最终成品的极度偏爱有关，比如，人们更加喜欢欣赏星云观测图经过深度加工后形成的“漂亮图片”，或者经过数字渲染后令人震撼的黑洞图片，而在办公桌旁、电脑前和椅子上劳动的天文学家幕后照片，不再受他们喜爱。换句话说，就像工厂里连续制造出来的均质化的单元模块一样，当今那些不起眼的天文工作场所的座椅家具同样“意味着对肌肉能量或劳动能量的抑制”，连带着它的科学产品也是如此。用

① “监控资本主义”概念由哈佛大学教授肖莎娜·扎波夫（Shoshana Zuboff）等学者创立，用于描述在西方大型互联网平台上监控、追踪用户并以此牟利的商业模式。

② 此处原文完整翻译可参考：“象征价值、使用价值，在此皆为组织价值所掩盖。老家具的实质和形式被决绝地放弃了，以便以一个极自由的功能游戏取代之。我们不再赋予物品‘灵魂’，物品也不再给您象征性的临在感，关系成为客观的性质，它只是排列布置和游戏的关系。它的价值也不再属于本能或心理层面，它只是策略层面的价值。”参见鲍德里亚：《物体系》，林志明译，上海人民出版社，2001年，第18页。此处表述较为晦涩，希望脚注有助于读者理解此段内容。

鲍德里亚的话来说，由于新的能量来源的引入，我们已经从“劳动型姿势体系”（gestural system of labor）转向了“控制型姿势体系”（gestural system of control）。在现代家具体系当中，意义问题本身就被“建立在完全抽象基础上的计算实践和概念化取代，甚至是被废除了。关于世界的观念不再由人赋予，而是被生产出来，也就是被控制、操纵、装订、约束。简而言之，我们得到了一个必须被建构的世界”[108]。考虑到这些巨大的变化——不仅包括天文学家在工作领域的变化，也包括当今文化对家具看法的巨变——天文观测椅的重要性已经被我们彻底遗忘，功能主义的“雷达”上再也显示不出它的身影，这并不令人感到奇怪。

本章小结

查尔斯·奈特（Charles Knight）在其著作《知识即权力：论现代社会的生产力与劳动、资本和技能所导致的结果》（*Knowledge is Power: A View of the Productive Forces of Modern Society, and the Results of Labour, Capital, and Skill*，1855）之中，引用了苏格兰哲学家和历史学家大卫·休谟的句子：“我们不能合理地指望一个不懂天文学或不重视伦理的国家，可以完美地做好一块羊毛布料。”[109]站在19世纪的立场上，这是令人振聋发聩的发言，奈特在阐述中详细介绍了天文学对于航海和经商的重大作用：它可以帮助西方人减少可靠地穿越地球所需的时间和资源。在这一观点看来，无用的劳动是一种道德上的“退化”，科学则不可阻挡地减少了这种无用功的产生。休谟自己最初是在一篇论述中提出这种主张的。他讨论了如何用最好的办法激活“永久的工作”、“活力”和“权力”，以及如何通过工业和“机械艺术”的手段避免“嗜睡”、“疲劳”和“懒惰”。[110] 奈特总结道：“由此看来，天文学和航海学这两种科学都是人们长期耐心探究的结果，它们已经开启了地球两端之间的相互交流；因此，这两种科学对于财富的生产，以及文明生活的一切必需品、舒适性和便捷性的持续扩散，都产生了缓慢而确定的影响。”[111] 今天，奈特的结论几乎成了科学史学家的标准观点，他们已经在天文学、航海学、商业和帝国等多重要素之间提出并建立了许多交互重叠的问题。[112]

我所展示的是，这些全球性的关系被具体地铭刻在了天文观测椅等看似平凡的物件上。当我们可以观察这些关系和价值观是如何体现在椅子上时，我们就可以更好地理解椅子的功能和设计。通过在道德和认识层面利用那些帝国化、性别化和种族化的能量，天文学家的观测得到了优化。而椅子和舒适地坐在其中的天文学家，也由此嵌入了更广泛的时空网络（spatiotemporal networks）中，这些网络配合着望远镜及圆顶的变化，亦步亦趋，正如它们跟随进步、现代性和工业化基础的历史节奏而跃动。因此，当时的人们才会看到，视觉经济、认识经济和道德经济同时在天文观测椅上得到了表达。天文观测椅证明，天文学不仅参与了历史进程，也参与到伴随着恰当能量流动的全球力量之中。

最后，我们从 19 世纪中期的视角，看到“文明生活的舒适感和便捷性”如何支撑了“良好”科学的实现——这与奈特的结论正好相反。换句话说，在物质材料、身体姿势、设计和功能等方面体现的文明化的舒适感，也可能通过同样的、共享的、诸种关系的全球连接（global nexus）获得。这反过来又支持天文观测实现预定的认识价值。19 世纪的观测椅是天文学实现高产而有用的劳动的关键，观测椅通过差异化的设计舒适地管理着浪费和疲劳；而且在更长远、更根本的层面上，它控制了闲散和懒惰行为，从而在两类人之间维持着认识界限和政治界限：一种被认为是清醒、积极、充满不眠不休的能量的人，另一种则被认为是消极地处于做梦状态、在另一个时代（比如说，在伽利略时代之前）“无可救药地静止不动”的人。上述经济要素虽出自想象，却具有重要的历史和文化意义，一方面，以天文观测为目的的观测椅的日常操作支持和维系了这些经济，另一方面，观测椅的存在暗中制约了这些经济，并使之成为可能。总而言之，这是一个专属于 19 世纪的独特的表征之场，但它现在依然深刻地影响着我们所处的时代。

本杰明–康斯坦特（Jean-Joseph Benjamin-Constant）绘，《奥斯曼宫廷女侍者》，约1880年，布面油画，88.9cm×139.1cm。（图片来源：Courtesy of the Metropolitan Museum of Art, New York.）

第六章

尾声：弗洛伊德的精神分析椅

就像流行的欧洲诗歌那样，在波德莱尔之前的法国诗歌当中，东方式的风格和音韵只不过是一种带点孩子气的捣乱游戏……而在《恶之花》里面，波德莱尔创造的诗歌色彩带有一种强烈的逃避感……波德莱尔在生成这场旅行时，带给我们这样一种感受，是关于……未被探索的自然的感受。在诗中，这位旅行者将自己从同行者中剥离了……他从一个崭新的视角呈现自己的灵魂，也就是一个属于热带的、非洲的、黑人的、被奴役的灵魂。它描述了一个真实的国度，你可以说它指的是现实中的非洲，也可以说它指的是真正的印度。

——安德烈·苏亚雷斯。此系夏尔·波德莱尔《恶之花》（1933）前言，转引自瓦尔特·本雅明的《拱廊街计划》（*The Arcades Project*）

现在让我们做一个奇妙的假设吧：罗马并不只是一个人类的居住场所，而是一个和过去的历史一样漫长而多变的精神实体。也就是说，在这一精神实体当中，曾经的人类建造过的任何事物都不会消失，所有早期发展阶段的文明都伴随着最新发展阶段的文明一起幸存下来。这就意味着，在罗马，罗马皇帝的宫殿仍然矗立在帕拉丁山上，而塞普提米·塞维鲁（Septimius Severus）的七神大殿（Septizonium）仍然以它原来的高度耸立着……可见，观察者也许只需要转移一下眼睛的焦点，或者改变他的站位，就可以唤醒一个又一个观察视角。

——西格蒙德·弗洛伊德：《文明及其不满》（*Civilization and Its Discontents*）①

到了19世纪末，欧洲人已经厌倦了现代性的不断要求，他们为此已经筋疲力尽了。“现在的这代人啊，”法国精神病学家菲利普·蒂西（Philippe Tissié）在1887年写道，“生来就如此疲劳；这是一个世纪以来社会动乱的产物。”[1] 对他来说，这代人的精能已经耗尽了。有充分的历史记录表明，19世纪末人们的显著特征就是“厌世”（world-weariness），这在欧洲尤其明显。当时，欧洲社会普遍洋溢着恶性的悲观主义情绪，由此加剧了厌世情绪或者说萎靡不振。西方已经耗尽了那种可以推动人类进步、驱动历史发展的躁动不安的能量。他们认为，自己的文明劳累过度了，已经消耗了如此多的精能，现在它将面临最终丧失自身未来和独特地位的风险——虽然这个独特地位是西方自封的。然而，过去也有各类预先

① 弗洛伊德（1856—1939），奥地利精神病学家，现代心理学的重要奠基者和精神分析学派创始人，代表作有《梦的解析》。《文明及其不满》于1929年首次出版，作者在其精神分析理论的基础上，发展出新理论：个体行动出于自我的本能和欲望，文明的发展却得益于对自然本性的压抑和扭曲，由此人类便置身于永恒的不满、困境甚至痛苦之中。这里他以罗马为例说明。罗马城的七座山峰被称作“罗马七丘”，其中帕拉丁山位于罗马城正中央，传说为罗马文明起源之处。大约自公元前8世纪始，罗马贵族与统治者基本均将宫殿安置于此，英文的“皇宫”（palace）一词也由此得名。塞普提米·塞维鲁于193—211年担任罗马皇帝，他上台后于帕拉丁山的南角为自己修建了壮丽的皇宫。这一新宫殿的翼楼是太阳神庙，被称为“七神大殿”，因层高为七层，所以也被称作“七节楼”，今天英文的“七楼”也沿用了该称呼。

警告，纵观整个19世纪，各种古怪的现象和异常的征兆似乎都预示着疲惫感终有一日将倾泻而下，它有时表现为日常生活中对精能的浪费性消耗。正如最近的研究所显示的那样，这种情况包括当时被广泛报道的“闹鬼”家具，据说，有人看到家具按照自己的意愿移动。在这一时期的文化想象中，自主行动的家具是制造商和工人所消耗的剩余精能被浪费的结果，他们的精能远远超出了生产家具所需要的范围；于是，残留的能量便在家中的“幽灵行动”里被毫不留情地释放出来。[2] 当时有许多记录表明，不仅是热力学理论所预言的宇宙热寂（heat death）——宇宙的停滞使做功在宇宙中不可能实现——引起了大量悲观情绪，能量的过度浪费同样表现为人类身心的诸多症状，这些症状在当时通常被诊断为神经能量失衡。

起初，疲惫感被看作一种病理性的倦怠，许多欧美哲学家、作家、诗人和退化理论家（degeneration theorists）都承认并提到这一点；心理学家则称之为“神经衰弱”（neurasthenia）。它开始被认为是一种“世纪病”，后来被认为是现代性和进步主义幻想破灭的表现。作为一种直接攻击患者意志力并使其紊乱的疾病，其症状不仅反映了一种心理和生理状况，也反映了一种社会、道德和历史状况。患者的精能被消耗殆尽，这甚至可能导致道德堕落、不作为、昏睡，以及——或许最成问题的——懒惰。为了对抗这些“精能疾病”，专家们研发并推荐了许多新奇的疗法，包括休息疗法、工作疗法、谈话疗法、给出建议或不给建议的催眠疗法，甚至包括定期到现代精神病院居住。但是，疲惫感所带来的危险性远远超出了个体的限制或当前的范围。除了懒惰带来的经济损失外，还有一种更深层次且更直接的威胁：它会使通常来自富裕家庭的患者精疲力竭，甚至可能使其回归更原始的状态，被历史进步理所当然地超越和碾压。也就是说，他们担心的是，在西方文明之中，返祖现象（atavism）很可能以原始的乃至东方的形式被释放出来。人们可以看到，当时的西方艺术已经出现了原始主义（例如保罗·高更的作品），而在19世纪与20世纪之交突然涌现许多受到东方哲学启发的通灵与秘传异教［例如海伦娜·布拉瓦茨基（Helena Blavatsky）的神智学（Theosophy）理论］，这些便是“威胁”的例证。弗里德里希·尼采的表态非常典型，他敏锐地把握到了那个时代的脉搏。1888年，尼采提出了一个问题，这个问题将一直困扰现代人直到下个世纪，那便是：“我们的现代世界究竟归于何处——是精疲力竭，还是继续上升？”[3] 在这个充满乐观情绪的世纪里，人们头一次无法清楚地回答这一问题。

然而与此同时，欧洲和美国的上层人士和中产阶层正在按照他们所认为的东方化的舒适感来设计并装修自己的房屋（图6.1）。虽然在19世纪更早的时候，一种在建筑、设计和家具方面与之类似的东方主义就已经出现了——特别是在法国（尤其是在19世纪30年代）。然而到了19世纪末，正如齐格弗里德·吉迪翁所说，“这种东方化的影响变得如暴君般专横”。多亏了19世纪末的大规模生产，东方式家具在西方繁荣发展，甚至得到了最为广泛的接受和消费。[4] 让我们以1880年左右开始流行的一种带垫座椅为例进行说明。这是一种用东方式的鞍囊和毯子装饰的座椅。它的流行时间比一个世代还要长，在此期间，那些使用裹毯家具的中产阶层家庭通常被西方人直呼为“土耳其人”。尽管一些欧洲公司，如科赫和特科克公司（Koch und te Kock），会利用机械生产本土的“东方”毛

图 6.1 弗拉霍·布科瓦茨（Vlaho Bukovac）绘，《厚垫睡榻》（*Divan*），1905 年，布面油画，150cm × 201cm。（图片来源：Museum of Fine Art, Split, Croatia, via Wikimedia Commons.）

毯，以满足国内的高需求，但在当时，大多数欧洲室内装潢所用的毯子都是从中东或高加索、土耳其，有时还包括印度的村庄进口的。[5]为西方消费者制作的这类座椅家具，其特点便是过度填充、笨重、具有弹性、没有尖角或锐利的边缘，座椅通常还有一道流苏花边遮住椅子或沙发的腿。配套的毯子一般都是缝、套或只是铺在椅子、沙发、长榻和躺椅上的。如此制作座椅，显然是为了舒适，也就是承诺可以给予人们急需的短暂休息。

当时西方流行将东方风格融入住宅，裹毯家具只是这个大趋势中的一小部分。东方化的各类家具、屋内固定设施、造型装饰和建筑空间营造了一种奢华的格调，同时也表达了一种随意的氛围。这些家具与所谓的“东方式颓废感”联系在一起，装饰着上层人士用于非正式场合的各种房间，比如绅士们的台球室、吸烟室、休息室、书房和图书馆等。这种家居装潢风格也被称为“摩尔风格”（Moorish style），它逐渐进入中产阶层家庭的各个角落，从走廊、壁龛、隐蔽角落、闺房到客厅，当时的这种热潮被称为对“土耳其之角”（Turkish corner）的狂热。[6]随着东方式睡榻、软垫凳（ottoman）和沙发开始越来越频繁地出现在西方家庭之中，为了使西方人的姿势、品味和服装与之相适应，欧美各地又出现了接受相应指导和训练的需求。在《如何坐在沙发上》（1891）一文中，作者指导女士以符合西方礼仪规范的方式坐在东方的家具上，尤其要注意如何选配服装。[7]客厅或大厅等一些更正式的空间也发生了类似的改变。特别是在美国，那里日益厌恶旧欧洲的装饰风格，有时旧风格甚至会被东方主义取代。这种情况不仅发生在家庭空间里，公共空间也是一样的。比如纽约华尔道夫酒店就有著名的“土耳其沙龙”（图 6.2）。然而欧洲旧世界的宫殿和庄园也同样被这种时尚吸引了，比如法兰克福的莱辛巴赫宫（Palais Reichenbach）华丽的大厅、斯德哥尔摩哈尔维尔（Hallwyl）伯爵和伯爵夫人的宫殿、法国的费里耶尔城堡（Château de Ferrières），以及维多利亚女王的避暑别墅——怀特岛的奥斯本庄园（Osborne House），其宴会厅完全采用了印度风格。[8]不同于早些时候东方主义风格在欧洲家具领域时隐时现的情况，东方主义风格在 19 世纪晚期的欧洲得到了大规模生产和广泛商业应用，其流行达到空前的程度。[9]典型的例子如英国伦敦的利伯蒂（Liberty）百货公司，它于 1880 年在巴黎开设了分店。根据一位历史学家的说法，这家分店“实际上成为整个受东方影响的西方先锋派的商业之翼”[10]。这种东方风格不但刺激

图 6.2　华尔道夫酒店里的土耳其沙龙。[图片来源：George C. Boldt, *Waldorf-Astoria, New York* (New York, 1903).]

了贵族的住宅领域和公共空间，还作为“整体”被资产阶级吸收了。东方主义趋势的诸多特点在欧洲被传播得如此普遍，以至于“土耳其式”裹毯家具出现在了一些最让人意外的地方，比如说天文台（图 6.3），甚至是医生的办公室（图 6.4），莉迪亚·玛蒂内利（Lydia Martinelli）的论述便很好地展示了这一点。[11] 尽管这些装饰遵循了西方自身的条规，但现代性的私密空间依然由此被东方化了。

当整个西欧和美国开始感受到一种病态的疲惫感时，东方风格被（重新）引入西方文明的核心。在这里，我们确实可以看到在前面章节已经概述的表征之场的一些要素。由于明显的疲惫感，19 世纪与 20 世纪之交的西方人已经改变了历史意识和自我意识，但我们将转而关注**另一种**表征之场，它保存自己的配置，也存在维持

图 6.3 在卡米尔 · 弗拉马里翁天文台的图书馆里，有覆盖着东方式毛毯和其他织物的睡榻和枕头。该天文台位于法国奥尔日河畔的瑞维西（Juvisy-sur-Orge）。（图片来源：Monuments historiques, Conservation des antiquités et objets d'art de l'Essonne. © Société astronomique de France.）

图 6.4 医生咨询室的推荐家具，包括一张铺有土耳其毛毯的睡榻。[图片来源：*Medicinisches Waarenhaus Actien-Gesellschaft* (Berlin, 1910), ix.]

之前种种要素的可能性。在 20 世纪 40 年代，吉迪翁带着一种对现代主义者的反感写道，这种东方对西方内部空间的影响，暗示着 19 世纪晚期与 20 世纪早期一系列重要文化格局的形成。这种东方风格不仅隐含着“冒险、浪漫和传说”等意义，它的存在中还回荡着一种怀旧的情绪（图 6.5）。“西方式的生活，”他接着上面的话说，“倾向于紧张和压力；东方的生活则追求闲适和放松。可见，东方人的影响必须被视作西方人争取逃避和解脱的众多努力手段之一。这些努力呈现了 19 世纪西方人情感生活中的阴暗和忧郁，并做了一个悲剧性的注解。”[12] 然而，目前我们还不清楚，究竟是当时的人们无意识地认为这种东方主义可以用来缓解疲惫感，还是东

图 6.5 “电话影像机”（telephonoscope）是一种能够将“世界上最重要或最有趣的事件变得随处可见、尽人皆知”的设备，它只用“一个开关便可立即将一个人（的感官）传送到亚洲的尽头，然后为我们展示在锡兰或加尔各答的节日上舞蹈的女孩。它不仅能让我们在远处听到并看到它们，还可以通过对我们大脑的影响，远程传递触觉和嗅觉”。[图片来源：Camille Flammarion, *La fin du monde* (Paris, 1894), 249, 251.]

方主义无意中诉说了这个时代暗藏的疲惫感。也就是说，这种独特的风格采用可以被明确识别出来的东方主题和联想，它能否为西方人提供恰如其分的休息剂量，并成为一种反抗现代性的集体厌倦的幻想解药呢？或言之，这种东方风格只是表现了西方哲学家、心理学家和医生已经确诊并广泛发出警告的颓废、厌倦和绝望吗？

弗洛伊德的椅子和天文学家

西格蒙德·弗洛伊德的精神分析椅为我们提供了一条调查线索，这种座椅正是通过他所赋予和认识到的意识沉积（sediments）的独特重构，建立在 19 世纪末的标志性的表征之场中。在弗洛伊德创立了一门关于精神的新科学之后，一种明显带有东方化特征的椅子也被整合到了让患者们宣泄情绪的仪式之中，并被用作一种治疗精神疲惫人群的灵药。弗洛伊德的病人兼友人玛丽·波拿巴（Marie Bonaparte）甚至直接在信中称其为“（精神）分析椅”（analytic divan）[13]。这种椅子通过其东方式的图案、联想和历史，减缓了 19 世纪西方狂飙突进的紧迫感，椅子所提供的启迪心灵般的减速感，对于弗洛伊德的治疗来说非常重要。事实上，弗洛伊德利用的正是椅子和深入人心的“内在望远镜”（internal telescope），也就是穿透资产阶级内心的精神分析，这种谈话方法也被视为治疗“世纪病”的良药。进行这场扶手椅旅行的前提是要承认，东方的“他者”不仅被资产阶级放在他们的房屋中，也一直住在资产阶级自己的内心里，而为了识别这个在历史上与西方相隔遥远的“他者”，比喻意义上的“望远镜”和观察患者的椅子之间的舒适连接是必不可少的，这让弗洛伊德可以穿透患者那朦胧不清、层累堆叠的深层内心。

1933 年，定居英国的美国诗人希尔达·杜丽特尔（Hilda Doolittle，笔名 H. D.）躺在了贝克巷 19 号①那张著名的长榻上接受诊疗，就像她先前多次做过的那样。在弗洛伊德的咨询室里，长榻或躺椅的使用代表着 19 世纪晚期医学催眠疗法的“残留”。当时，特别是在德语国家，私人咨询室的设计是为了促进“催眠与睡眠之间等式”[14]的实现。尽管弗洛伊德已经不再用催眠术，但他还是将椅子重新用于精神分析，其环境非常类似一个资产阶级家庭最私密的内部房间（图 6.6）。这把著名的弗洛伊德椅是一份礼物，是在 1890 年左右由他的患者本维尼斯蒂夫人（Madame Benvenisti）送给他的。但是，这把椅子在精神分析中的应用细节，直到 1904 年才首次在出版物中公开。在那里，弗洛伊德建议病人躺在椅子上，而分析师坐在病人头后的一把椅子上，坐于“患者的视线之外”[15]。从弗洛伊德位于维也纳的咨询室的照片中可以看到，该椅子的一个惊人的特征是，上面铺着一张土耳其风格的奢华东方毛毯；同样也是出于某种意图和目的，弗洛伊德还把椅子转换成了东方式的。

这张毛毯是西格蒙德·弗洛伊德最年长的堂兄莫里茨·弗洛伊德（Moritz Freud）送给西格蒙德一家的订婚礼物。这位堂兄作为一名买卖东方古董的商人，走遍了中东各地。虽然毛毯被认为起源于士麦那，但这张毯子实际上来自加什盖伊族

① 维也纳贝克巷 19 号为弗洛伊德故居，在欧洲现代思想史、文化史上非常著名。

图 6.6 这便是弗洛伊德的咨询室里那张著名的“分析椅”，由埃德蒙·恩格尔曼（Edmund Engelman）拍摄。就在此后不久，1938 年，弗洛伊德被迫逃离维也纳，前往伦敦。（图片来源：© Thomas Engelman.）

（Ghashghai）——一个位于伊朗的法尔斯省（Fars province，与土耳其接壤）的游牧部落。但它肯定不是这房间里唯一的东方式毛毯。除了地毯，在病人使用的椅子旁边的墙上，还挂着一块很大的东方式毛毯。除了毯子，弗洛伊德的咨询室及其相邻的书房里，还陈列了大约 2000 件文物。这些古董有的在玻璃橱柜和架子上，有的放在他的桌子上，有的堆到地板上，它们中有相当一部分来自东方的某个地方。“东方”形象在弗洛伊德的治疗空间中是如此显眼，以至于杜丽特尔女士在她的日记中写道：“今天，我躺在了那张著名的精神分析椅上……无论现在我的幻想把我的意识带向何方，我都会以这个房间为中心和目标进行想象，因为它是安全的。也就是说，我会以这个房间为基点，集中精神或重新定向，去想象那些神秘的龙潭虎穴或者阿拉丁的藏宝洞。”[16] 多亏了这种具有舒适体验的东方主义，弗洛伊德的精神分析椅可以帮助患者承认潜意识当中失去的记忆，并作为一种静止的载体，等候患者重新检索、上传回忆。

然而，杜丽特尔女士的意识仍然被夹在两种椅子之间：精神分析椅和天文观测椅。这里就不得不提到她的父亲查尔斯（Charles Doolittle，1843—1919），他是一位重要的美国天文学家。查尔斯曾是美国里海大学塞尔天文台（Sayre Observatory）的第一任台长，他从此开始了他的职业生涯。后来，他又担任宾夕法尼亚大学弗劳尔天文台（Flower Observatory）的台长。几十年来，他已经习惯于斜躺在他的观测椅上。查尔斯从事常规的方位实测天文学研究，也就是单调地记录从望远镜得到的测量数据，经过计算，剔除大量冗余数据，然后整理编目，发布数据。这些数据对于确定地球自转轴在旋转时极其微小但有规律的偏差是至关重要的。就如同许多当时典型的天文台一样，查尔斯担任领导的这两个天文台，其建筑都是能够容纳天文学家的整个家庭的。即便他们在物理距离上已经很近了，查尔斯也不愿离开他的家人单独工作。杜丽特尔家族的一位熟人曾如此描述查尔斯："那是一个高大、瘦削的人，即使在餐桌上他也很少关注比月亮更近的东西。"[17] 正是父亲与宇宙的距离拉近了杜丽特尔女士与弗洛伊德的关系。

在弗洛伊德椅上治疗期间，杜丽特尔女士的意识经常被传送到她父亲的天文台办公室里。她小时候经常和斜躺在观测椅上的父亲玩耍，父亲也会借机在漫长的观测后休息一会儿。作为一个高个子女人，杜丽特尔女士时常抱怨弗洛伊德的椅子太短，咨询室太冷，尽管有瓷炉，但不太顶用。于是，弗洛伊德在治疗中便经常用东方式毛毯为她的双手取暖，他把杜丽特尔女士的抱怨和行动解释为一种移情式的反抗。事实上在她看来，父亲和弗洛伊德的两种办公室之间存在着不可思议的相似之处——比如有些家具相似，这些家具被用于工作和休息的方式也相似——也就是说，在杜丽特尔女士的心中，两者的差异反而放大了两者的相似。她如此写道：

> 在［弗洛伊德的］长榻脚下有一个老式的瓷炉。在我们第一个家的花园里，我的父亲就曾有一个那种炉子，它被摆在父亲之前造好的户外办公室或者说书房里。那儿还有一张榻，末端叠着一块毯子。那长榻的头部也有一个略高出来的部分。我父亲的书房里摆满了书，就像这个房间一样。那儿也有一股皮革的味道，炉子里传来木头噼里啪啦的声音，就和这里一模一样。我记得那儿还有一张画，是一张伦勃朗画的《解剖学课》。我父亲的最高的书架上还摆着一个头骨。在一个玻璃钟罩下有一只白色猫头鹰。我可以坐在地上玩我的洋娃娃，或者玩一整个文件夹的纸娃娃。但是，当父亲在书桌上工作写字时，我是一定不能和他讲话的。他“写下”的是一排又一排的数字，但我几乎分辨不出那些数字和字母的形状有什么差别，我也无法知道这个数字和那个数字之间有什么区别。我只知道，当父亲斜躺在那把观测椅上时，我不能跟他说话。因为每当入夜，他都在工作，所以他白天闭上眼睛躺在长榻上时是不能被打扰的。但现在，轮到我躺在这种长榻上了，四周的房间都摆满了书。[18]

也就是说，弗洛伊德那东方化的椅子唤起了杜丽特尔女士对于儿时的联想，并把她的思绪带回天文学家使用的躺椅上。当她躺在长榻上，观察到内心深处的联想和图像逐渐走入自己的视线时，她便可以毫无顾忌地向坐在她身后的医生大声描述自己的感受。而除了雪茄散发的烟雾外，那位医生表面上并不会被患者看到，然后医生再把这些原始的观察结果收集到一个笔记本里。就像查尔斯在观测椅上观看了一夜之后，坐在他的办公桌前记录分析一样，弗洛伊德同样会在观察之后分析实践（postanalysis practice）。那时，他也会坐在自己的书房里，并在随后的过程中处理原始记录，删减那些无足轻重的观察结果，最后使其变成一种因果性的描述。换句话说，这是一种“后事实行为”①（post factum）。杜丽特尔女士体验过的两种椅子——精神分析椅和天文观测椅——表明了她的父亲和弗洛伊德之间存在一种无意识的联系：这两者的相互融合，就发生在精神与天文学相互融合的地方。当她试图寻找并抓住两者的区别时，她写道：“人类的灵魂指挥着西格蒙德·弗洛伊德。”而她的父亲则是被天体指挥了。她断言，自己的无意识领域正好处在这两种椅子之间，被放在“西格蒙德·弗洛伊德的‘显微望远镜’下”[19]经受无情的审视。由此可见，弗洛伊德的观测椅——精神分析椅——是一种东方化的仪器，它可以促进对内心的观察而不是对外部的搜寻，他通过这种观测椅进入的，是人类灵魂的历史，而不是恒星的过往。但就像查尔斯的观测椅一样，弗洛伊德也使用了专门的家具以配合其“望远镜”的操作（图 6.7）。

① 也称“事后行为”，本是一种法学术语，指某种行为发生后按照法律的判定结果，此处被引申为科学观测后的数据处理、分析、验证等工作。

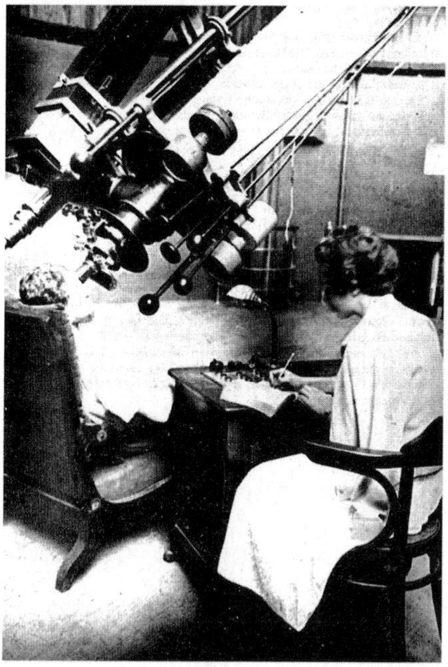

图 6.7　和弗洛伊德一样，天文观测者的观测视野之外也会坐着一位记录员，前者则会在其观测椅上把观测结果告诉记录员。[图片来源：Paul Couteau, *Ces astronomes fous du ciel ou l'histoire de l'observation des étoiles doubles* (Aix-en-Provence, France: Édisud, 1988), 99.]

弗洛伊德的望远镜

在其开创性著作《梦的解析》(1899) 一书中，弗洛伊德使用了“望远镜”的比喻来阐明精神分析的一些基本概念。[20] 作为一个由透镜和焦点组成的复合系统，望远镜可以被人们操作、控制，将光线导向不同的方向。弗洛伊德以“望远镜”为例，系统解释了人类的精神结构，以及清醒生活和做梦状态之间的各种区别。通过这个挑战固有观念的类比，弗洛伊德试图说明，他避免将心理位置（或按他的说法，是一系列系统或部门）按照其解剖学或生理学基础做简单阐释，这样他就可以让精神分析保持在纯心理学的层面，从而为精神提供一个心理动力学模型，而不是一个纯粹的机械模型。就像天文图像可以在望远镜的焦点上形成，而不需要使用任何物理器械（比如一个透镜）来接收它，在精神装置（mental apparatus）当中，一系列系统无论有没有透镜（即不需要定位）都可以运作。望远镜的类比主要是被用来解释精神的方向性——区分清醒状态和做梦状态。在这里，弗洛伊德使用了望远镜光学仪器的类比来解释这种差异，因为人们正是通过这些望远镜一端的光学仪器才能看到图像。

望远镜的一端被弗洛伊德比作精神系统的知觉端口，它可以接收人在清醒时输入的各类意识。然后，就像光线一样，这些输入的意识会通过管道逐渐传递到另一端，这个过程也被弗洛伊德视作一个动态的心理运动过程，或者输出。这种特殊的方向性——从感知（perceptual）到心理运动（motor）——被弗洛伊德称为“进发”（progression），它与清醒时的多种状态有关。他认为，在精神望远镜的两端之间——感知和心理运动之间——存在着许多堆叠的或复合的“系统”，这些系统类似于望远镜中的反射镜和透镜系统。所以在感知端附近存在着一系列记忆系统，而在精神装置的运动端，则堆叠着意识、前意识和无意识（潜意识）系统。在“望远镜”的镜筒中，这些系统是有序排列的，比如无意识更加接近记忆端而不是运动端。因此，与清醒状态不同的是，在做梦的状态（或者与做梦非常相似的状态，如幻觉、幻视或幻想）下，输入和输出的方向是**相反的**，也就是从心理运动端到感知端，如此，“兴奋”（excitations）就会绕过前意识的审查，以我们无意识领域中记忆痕迹（memory traces）里的知觉图像的形式出现。这一过程就是弗洛伊德所说的“退行”。当患者对“进发”产生“抵抗”，也就是在记忆或无意识领域受到压制（suppression）和压抑（repression）的情况下，退行就会发生。这一理论不但解释了梦、幻觉、幻视和幻想的非理性特征——即使这些情况都发生在正常人或神经症病人清醒的状态下——还将上述“非理性”特征的共同根源定位在无意识领域之中，而且最终都指向了最基本、最原始的“婴儿场景”（infantile scene）。

因此，对弗洛伊德来说，折射望远镜模拟了一种对于正常人的清醒生活来说至关重要的进发方向。在这一过程中，前意识修正无意识对意识的影响，就像望远镜的物镜先将进入的光线弯曲并折射，再将其送达目镜端一样。然而，在退行（如做梦状态）的情况下，它更像是观测者向下看着反射望远镜的镜口，原本接收反射光线的副镜（或心理上的前意识）就会被移除，观测者可以直接查看在主镜中反射的虚拟图像。根据光学装置的排列方式和观测者的眼睛位置，这种“望远镜”可以模拟出精神分析的接受者的精神中的进发或退行特征。但它可以做的不只这些：“望远镜”还允许人们进入灵魂的过去进行观察。弗洛伊德的精神分析椅就是这样一种可以同时进行治疗和观察的技术物。

内心深处的时间

就像天文学家的望远镜一样，我们也可以使用弗洛伊德的装置来深入心灵的时间，以达到一种不仅属于个人，也属于集体的童年心理状态。用弗洛伊德的话来说：

> 总体来说，做梦便是做梦者退行到其最初状态的一个例子，这个状态也就是他的童年的重生（revival）……在个体童年的背后，我们得到了一幅系统发育（phylogenetic）的童年图景，也就是关于人类群体发展的图景。实际上，个体的发展是人类生活受到各种环境偶然因素的影响而产生的一种概括性重演……我们可以期望，梦的解析会带领我们了解人类的古老遗产，或者发现人类心理上的天然属性。梦和神经症似乎保存了比我们能想象到的更多的精神古物；因此，在重建人类最原初、最模糊的起源时期的科学当中，精神分析可能占据很高的地位。[21]

就像天文学家使用望远镜穿越浩瀚宇宙中遥远的空间距离和深邃的时间尺度一样，精神分析不仅深入了人类内心的精神时间，而且可以回溯遥远的历史时代。这让我们不禁联想到那些欧洲殖民者的科学探险活动，他们冒险进入未知的地理空间进行科学探索。据研究，弗洛伊德的精神分析方法，尽管没有像前者一样穿越物理意义上的宇宙，却允许人类精神的观察者穿越遥远历史时代的不同地层，进入人类的过去，最终面对存在于其中的“野蛮人”。弗洛伊德的“概括性重演”论点只是将当时的启蒙历史主义内化之后修改而成的一个版本。而启蒙历史主义正是我们在整本书中始终讨论的主题。

弗洛伊德认为自己是一个进入无意识领域、深入人类心灵未知领域的探索者。在一篇关于女性性行为的文章中，他曾称这一领域为“黑暗大陆”（dark continent）；这个词组是在欧洲诸国对非洲大陆的争夺最为炙热那些年，由英国殖民者亨利·莫顿·斯坦利（Henry Morton Stanley）鼓吹并推广开来的。但弗洛伊德使用这个词是在呼应其更早的来源，比如19世纪早期的德国浪漫主义作家让·保罗（Jean Paul）的一个著名说法，他曾把无意识称为“人类内心当中真正的非洲区域”（true inner Africa）。[22] 于是，为了到达那个区域，弗洛伊德的患者躺在铺有东方毛毯的椅子上。到了“黑暗大陆”，他们就可以“抛锚固定”、“集中精神”或者“重新定向”，沿着望远镜向内观察。弗洛伊德的咨询室和书房里陈列的两千多件古物灿若繁星，成为向着内心旅行的参照点，患者在内心旅行时表面上所遭遇的“精神古物”远比他们个人的记忆更古老。[23] 东方化的椅子被弗洛伊德用作一种载体——实际上，更像是一种护身符——当椅子载着患者进入无意识的梦境，它便揭示了资产阶级的现代的记忆以及他们所共有的“古老遗产”的层累历史，椅子上满载着沉积，但它们非但没有沉睡，反而被一种我们在书中看到的类似的历史主义激活了。弗洛伊德的精神分析椅作为一种以治疗为目的的基础手段，促成了昏昏欲睡的清醒状态的出现，这与在东方被普遍接受的睡眠状况遥相呼应。精神分析学家的椅子有着东方化的外表和环境，它可以轻轻地把一个横卧的病人引入另一段层级更低的历史时期，然后医生利用精神的望远镜对病患展开分析。一种原初的潜意识被召唤出来，通过精神分析椅和它所暗示的一切历史化的文化习俗与隐喻——这些习俗和隐喻不仅广泛存在于西方的凝视之中，也体现在他们的家具上——这种潜意识得到了东方化和定向。但是，随着超现代主义的出现，活动躺椅（chaise longues）在许多当代的精神分析实践中取代了弗洛伊德的长榻，不止一位认真的评论者注意到这种差异："如今的精神分析者社群承载并包含着理想中的精神分析椅的断裂表征。"[24]

1929年，在马克斯·恩斯特的超现实主义拼贴画《安静》（*Quiétude*）（图6.8）中出镜的安乐椅也是一种无意中被用来传达弗洛伊德式历史主义的载体。它遵循与弗洛伊德的精神分析椅完全相同的设计路线，并且与弗洛伊德的椅子共享一个表征之场。对于19世纪的中产阶层来说，斜躺就是足以实现舒适的姿态。而对恩斯特这位后弗洛伊德时代的20世纪男子来说，他不再简单地追

图6.8 马克斯·恩斯特《安静》，拼贴画，载于其作品集《女人头像百图》（*La Femme 100 têtes*，1929年出版于巴黎）。（图片来源：© VG Bild-Kunst, Bonn 2020. Bpk/CNAC-MNAM/Jacques Faujour.）

求恢复活力或重新变得专注。相反，当他进入他的父辈习以为常并传承下来的休息状态时，不管喜不喜欢，他都面临未知领域的诸多危险。对于恩斯特这代人来说，斜躺的身影越"安静"，未被探索的深层内心就会遭越多的暴风雨的侵扰，一切心理防卫，他的超我（super-ego），他的道德意识，都会像画作背景中的灯塔一样被暴风雨禁锢。甚至连天空也被乌云遮蔽，没有方位天文学——没有太阳，没有月亮，也没有星星——来帮助他导航，那么也许这场意料之外的或者他根本不想要的探险会带他走向"黑暗心灵"。于是，烦恼之水会被释放，奔涌着向他袭来；舒适感将他放到了水面之下的原始状态中，这就像是在精神分析中一样，他不仅与个人历史相连，显然也与人类历史产生了联系。

许多年后，富有影响力的英国精神分析学家威尔弗雷德·R. 拜昂（Wilfred R. Bion）在他著名的《意大利研讨会》（*The Italian Seminars*，1977）中提出一个观点，这可能是对恩斯特的拼贴画的回应。他说："精神分析的情境刺激产生了各种非常原始的感觉……因此，如果［患者或分析师］中至少有一人发现，他们在咨询室里紧紧抓住的精神分析木筏，只是一个外表漂亮的赝品，而且自己乘坐的木筏在波涛汹涌的海上其实是非常危险的，那么这种情况并不令人吃惊。当然，咨询室有舒适的椅子和现代生活所有的便利设施……但我们需要意识到，这两个人实际上是在进行一场危险的冒险活动。"[25] 可见，到了 20 世纪，舒适感已经变得模糊不清，甚至让人充满忧虑。

就像弗洛伊德的理论一样，马克斯·恩斯特的超现实主义画作也依赖于这个假设：在现今的欧洲中产阶层中，存在着如海洋般深邃的无意识的历史深度，其中沉积的正是被他们傲慢地视为被抹除、被征服、被灭绝的东西——这正是被修正的历史主义发挥作用的结果，而非西方人引以为傲的自由主义的结果。从这个角度来看，尽管以前的历史主义教给欧洲人，通过彻底驱逐不成熟、非理性、原始的东方人或非洲人，可以达到成熟的、理性的、文明的地位，但这种无条件的、完全的进步方式实际上是不存在的。相反，这些事物正潜伏在欧洲未知自我的无意识海洋之中。启蒙历史主义引导我们走到今天这一步，但一种不可磨灭的存在、一种不被需要的沉积，堵塞了对西方文明的进步和扩张至关重要的能量流动，不可避免地改变了启蒙历史主义。恰恰是安乐椅的舒适感，引发了西方人隐秘的忧虑和不安："我们都是非洲人。"

疲惫的西方中产阶层尤其认为，这种令人不安的存在是神经症的来势汹汹的源头，哪怕这种焦虑不安的感觉是遥远的、象征性的，也可能成为疼痛、恐惧、浪费和疲惫感的深不见底的来源。如此而言，弗洛伊德把"黑暗心灵"带进了欧洲资产阶级家庭的各个角落，甚至填补进了缝隙之中，即使那些房间已经被装饰成了土耳其风格和摩尔风格。然而，在动荡不安的现代性之中，这些原始的存在同样可以成为人们希望的灯塔。

例如，包豪斯学派试图以程式化的方法克服"被分割的人"，这个定义出自包豪斯学派开创人物之一的拉兹洛·莫霍利-纳吉（László Moholy-Nagy），用于描述现代人被过分差异化和过度专业化的存在特征。就像机械椅或中产住宅的房间被不断地分化和再分化，20 世纪的人类也为了满足工业化、现代民族国家和合理化官僚制度等纷繁复杂、永无止境的需求，而被不断地分割和再分割。

对人的种种异化，对于设计也有具体的影响。为了反抗异化，莫霍利-纳吉呼吁人们应该回归“完整的人”（whole man），这也恰好是“原始人”（primitive man）的同义词（图 6.9）。这是一个理想化的建构，它假定不同的职业身份可以在一个人身上统一，而一个人可以同时成为“猎人、工匠、建造者和医生等”。这样一来，坐在中心位置的变成了“原始人”，正是他们统一并重组了现代世界被分割得支离破碎的各个部分。对莫霍利-纳吉来说，向“完整的人”的回归，是审美真实性（aesthetic authenticity）的一个关键来源，也是社会经济潜能的一个重要源泉。与我在本书中勾勒的 19 世纪的表征之场相比，在 20 世纪两次世界大战中间的那段时期，曾经构成表征之场的一些线索又向完全相反的方向延伸，回到了现代人本身，而原始人正坐在那里（或许是盘腿坐着）。因此，与其让这个原始人中立，或者逃避、征服、教化甚至消灭原始人，现代人更愿意采取所谓“动觉感知”（kinaesthetic knowing）的方式，发自本心地获取知识，并以此有意识地回到原初的核心。基于

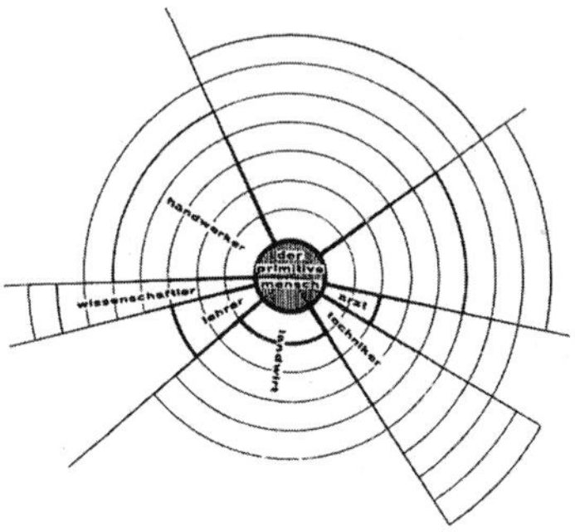
der primitive mensch
handwerker
wissenschaftler
lehrer
arzt
techniker
原始人是猎人、工匠、建造者和医生等，而如今人只从事一种特定的职业，所有其他技能都未得到使用。

图 6.9　位于包豪斯艺术理念中心的正是“原始人”，他将后来那些被现代性及其差异化与专业化不断撕裂的特质完满地集于一身。［图片来源：László Moholy-Nagy, *Von Material zu Architektur* (Munich, 1929), 10.］

这些通过直觉获得的知识——或莫霍利-纳吉所说的“基本经验”（Grunderlebnisse）和“原初经验”（Urerlebnisse）——包豪斯学派的学生学会了如何通过充满感性的手工和依靠触觉的技艺，来重新组合存在于他们自身的、内在的、原始的“完整的人”。[26]

因此，我们在这里不得不提到作为包豪斯学派早期学生和成员之一的马塞尔·布罗伊尔（Marcel Breuer），他于 1921 年设计的“非洲椅子”（African chair）（图 6.10）具有重要意义。该作品发表在包豪斯杂志的第一期，以一条胶卷或者说照片剪辑（photomontage）的形式呈现，它表现了布罗伊尔的作品在五年内的发展史，从他的非洲椅子开始，结束于被标注为“19？？年”的作品。在最后一张照片上，一位女士直接悬空坐着，是一把看不见

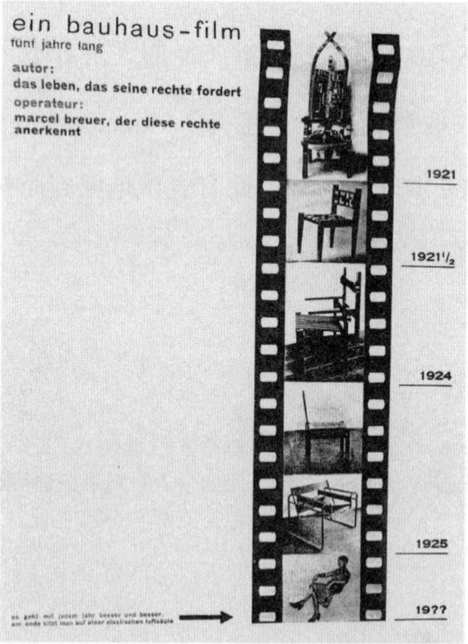

图 6.10　马塞尔·布罗伊尔的作品《一部包豪斯电影，为期五年》(Ein Bauhaus-Film, fünf Jahre lang)。这是对进步历史主义的戏仿，它始于所谓的非洲椅子，结束于根本没有椅子的未来。[图片来源：Bauhaus: Zeitschrift für Gestaltung 1 (1926).]

的椅子支撑着她。虽然这个作品表面上呼应了某种启蒙历史主义，但它实际上展示的是布罗伊尔用原始主义（primitivism）对他的原初经验的表达。这把非洲椅子是一个原初的起点，设计的历史进程从此处开始，但这个起点不是从想象中的东方地理景观里得到的，那些东方景观只能被保存在一些欧洲的博物馆里，或者被印刷在一些无人阅读的科学地图集中，而这把非洲椅子是从某种始终存在的内部资源中调动出来的；也就是说，它是从布罗伊尔内心的地层中得到的。这把椅子是布罗伊尔作为包豪斯学派的学生所创作的首批设计作品之一，它展现了布罗伊尔试图达到“完整的人”的努力，并且延伸出一道统一的、更加真实的设计史轨迹；包豪斯学派自我鼓吹的也正是这一点。尽管到了“19？？”这一年，进步主义的说法从表面上看仍然说得通——“一年更比一年好”——但我们要承认，任何进步都难免残余和过度浪费，因此我将这种向着“一无所有”——朝向某个没有椅子的地方——前进的行为，解读为一种对进步主义的讽刺，而非赞美。[27] 我们看到，第二次世界大战前夕的西方人根本性地修改了 19 世纪的表征之场，也就是本书呈现的首要主题。正如上文中弗洛伊德、恩斯特、莫霍利-纳吉和布罗伊尔等人所表现的那样，经过重新配置的 20 世纪的表征之场，容许并承认“他者”在西方文明内部的存在，但这样做只是为了适应西方人在如治疗、设计、艺术、知识和教育等领域的改变。西方人希望用这种方式重新连接“他者”，并重新运作自身的表征之场。在接下来的设计史与科学史上，这种新型的表征之场将再次作用于图像和实物两个层面，对 20 世纪的座椅家具产生多种独特的影响。

自始至终，我的意图都是辩证地对比各种他异性——无论是直白明了的，还是受到压抑的，是有意识的，还是无意识的，是相隔遥远的，还是近距离的——这些对比不仅存在于现代自我的形成过程之中，而且也存在于一般的科学研究客体及其表征形式上。尽管科学研究客体中“他者”的存在，并不像前者中那么明显，但其呈现的意义实则比我们用双眼能看到的更多。通过一系列的讲述，我们已经看到了弗洛伊德的精神分析椅和天文观测椅等图像和实物，是如何充当渠道与收集点的，在这些家具特有的理念和功能中，折叠着更广泛的历史分歧的痕迹，其中就包括自我与“他者”的纠缠——无论是想象中的，还是无意识的。19 世纪的座椅家具协调地融合了当时的殖民扩张主义、帝国主义、工业主义和现代主义，更不用说历史主义了，这种历史主义——沿着与其他各种“主义”相同的轨迹——与一个原本遥不可及但现在被拉近的、变得清晰可见的“他者”产生了共鸣。然而，正如西方任何其他的胜利征服与抛弃革除一样，哪怕在事后特意证明这些都是历史上不可避免的事件，其中依然有残余的留存，因此，一些“幽灵”依然在科学与设计的图像和实物层面久久萦绕，困扰着它们的道德经济、视觉经济和认识经济。在精神分析或天文学等科学化、差异化的语境中，为座椅家具操作打下基础的许多阶层，都是由它们与从属群体之间潜移默化的联系构成的，是由关于历史与自我的特定概念定义的，每个阶层都是由想象中的“他者”塑造的。我们发现，差异性正是以层累的特征存在于科学家具之中，特别是在万物有灵论（animist）的范式随着新原始主义的浮现而逐渐酝酿的时代，他异性比以往任何时候都更需要得到承认和释放。然而，不幸的是，19 世纪的他异性和以前一样，依然是以欧洲为中心的。[28]

现在，为了光明正大、开诚布公地面对他异性（而不只是通过我们自己来了解自己），也为了面对我们往往忽视却又太过熟悉的有关“接触地带”的老生常谈（而不是那些遥远而充满异国风情的、大名鼎鼎的事物），我们应当在有关科学、技术和设计的历史学与社会学研究客体中，将“他者”的多重幽灵驱逐（即去殖民化）。虽然这种相遇不可能是完全纯粹、毫无污点的，但它要求我们开始认识到，那些司空见惯的物品中包含着一个充满各种关系的宇宙，无论这些关系多么不平等，对自身多么有利或不利，也要从物品自身所处的特殊时代和地点，从特定的有利位置出发去看待它们。融入天文观测椅之中的，正是无声又鲜有人知的相遇，它揭示了一个涵盖广阔但东西方彼此共享的全球史。与那些更成熟的全球流通物品（如茶叶、棉花、火药、橡胶、香料、烟草等）研究类似，本书已经证明，被舒适地放置在帝国权力、精密计算和利润交织的核心地带的相对静止的椅子，并非单纯受控于复杂的电路和传导装置的物品，它可以在其持久稳固的内在属性中，具体表现大量的文化迁移、转译、能量和强制要求等内容。尽管天文观测椅是被驯化的产物，但它并不一定来自别处，也并不经常离开。然而，这些实物中充满各种联系和不平等。这些实物之所以包含了如此之多的意义，正是因为它们是在特定的背景下被孕育、被表达和被使用的：这就是我所说的“表征之场”，一套由权力和历史经纬交织构成的宇宙论。

注释

第一章

1. Galen Cranz, *The Chair: Rethinking Culture, Body, and Design* (New York: W. W. Norton, 1998); Clive D. Edwards, *Victorian Furniture: Technology & Design* (Manchester, UK: Manchester University Press, 1993); Hajo Eickhoff, *Himmelsthron und Schaukelstuhl: Die Geschichte des Sitzens* (Munich: Carl Hanser, 1993); John Gloag, *The Englishman's Chair: Origins, Design, and Social History of Seat Furniture in England* (London: George Allen & Unwin, 1964); Anne Massey, *Chair* (London: Reaktion Books, 2011); and Witold Rybczynski, *Now I Sit Me Down: From Klismos to Plastic Chair: A Natural History* (New York: Farrar, Straus, and Giroux, 2016).
2. Jacey Fortin, "Stephen Hawking's Wheelchair and Thesis Fetch more than $1 Million at Auction," *New York Times*, November 2018. 关于霍金的坐姿与椅子的更多社会学含义，见 Hélène Mialet, *Hawking Incorporated: Stephen Hawking and the Anthropology of the Knowing Subject* (Chicago: University of Chicago Press, 2012)。
3. R. G. Keesing, "The History of Newton's Apple Tree," *Contemporary Physics* 39 (1998): 377–391.
4. 关于科学史上的家具的更普遍论述，见 Anke te Heesen, *The World in a Box: The Story of an Eighteenth-Century Picture Encyclopedia*, trans. Ann M. Hentschel (Chicago: University of Chicago Press, 2002); Anke te Heesen, "Table," 1740, *Un Abrégé Du Monde. Savoirs Et Collections Autour De Dezallier D'Argenville*, ed. A. Lafont (Paris: INHA, 2012), 222–228; Staffan Müller-Wille, "Linneaus' herbarium cabinet: a piece of furniture and its

function," *Endeavour* 30 (2006): 60–64; Christoph Hoffmann, "Umgebungen Über Ort und Materialität von Ernst Machs Notizbüchern," *Portable Media: Schreibszenen in Bewegung zwischen Peripatetik und Mobiltelefon*, eds. M. Stingelin and M. Thiele (Munich: Fink, 2009), 89–107; Glenn Adamson, "The Labor of Division: Cabinetmaking and the Production ofKnowledge," *Ways of Making and Knowing: The Material Culture of Empirical Knowledge*, eds. P. H. Smith, A. R. W. Meyers, and H. Cook (New York: Bard Graduate Center, 2017), 243–279。另外，Edward Jones Imhotep 关于格连·古尔德（Glenn Gould）表演用椅子的讨论，参见"Malleability and Machines: Glenn Gould and the Technological Self," *Technology and Culture* 57 (2016): 287–321。

5. [Al-Farghānī], *Breuis ac perutilis cō[m]pilatio Alfragani astronomo[rum] peritissumi*, trans. (to Latin) H. Joannes (Ferrara, Italy: Andreas Belfortis, 1493).
6. 拉丁文写作 Messahalah。
7. 我要感谢 Philippe Cordez 注意到这幅托勒密的画像。
8. 关于科学图像的创建的例子，见 Rebekah Higgitt, *Recreating Newton: Newtonian Biography and the Making of Nineteenth-Century History of Science* (London: Pickering & Chatto, 2007); 关于科学人格更具体的论述，见 Lorraine Daston and Peter Galison, *Objectivity* (New York: Zone Books, 2007); Mario Biagioli, *Galileo, Courtier: The Practice of Science in the Culture of Absolutism* (Chicago: University of Chicago Press, 1993); Steven Shapin, *A Social History of Truth: Civility and Science in Seventeenth-Century England* (Chicago: University of Chicago Press, 1994)。
9. W. Clarke, *Academic Charisma and the Origins of the Research University* (Chicago: University of Chicago Press, 2005), 42–43. 另请参阅关于梵蒂冈的圣彼得宝座在 19 世纪成为英国新教徒和天主教徒之间争议焦点的有趣文章 , Brian H. Murray, "The Battle for St. Peter's Chair: Mediating the Materials of Catholic Antiquity in Nineteenth-Century Britain," *Word & Image* 33 (2017): 313–323。
10. 在 *Himmelsthron und Schaukelstuhl* 中，Eickhoff 主张最早的椅子实际上是王座。这些椅子后来成为教皇的圣椅，修道士们在 10 世纪时将其用作唱诗班的台座。到法国大革命时期，椅子被民主化了，人人都可拥有。Eickhoff 称这种转变也是从神圣向世俗的转变。
11. 关于这一点的讨论，见 Mari Hvattum, *Gottfried Semper and the Problem of Historicism* (New York: Cambridge University Press, 2004), 2–5。
12. John Tresch, "Cosmologies Materialized: History of Science and History of Ideas," *Rethinking Modern European Intellectual History*, eds. D. M. McMahon and S. Moyn (Oxford: Oxford University Press, 2014), 153–171.

13. Carole Stott, "Observatory Chairs," *Vistas in Astronomy* 27 (1984): 291–302; and Martin Beech, "A Brief History of the Astronomical Chair," *Bulletin of the Scientific Instrument Society* 127 (2015): 2–9.
14. 我要感谢 Susan Splinter 让我注意到 C. G. Kratzenstein 的船椅（如图像所示）。参见 Susan Splinter, *Zwischen Nützlichkeit und Nachahmung: Eine Biographie des Gelehrten Christian Gottlieb Kratzenstein* (Frankfurt am Main: Peter Lang, 2007), 139–141。
15. Ludmilla Jordanova, *Defining Features: Scientific and Medical Portraits 1660–2000* (London: Reaktion Books, 2000), 164. 关于科学家的图像志的更多内容，见 Deborah Warner, *Franklin and His Friends: Portraying the Man of Science in Eighteenth Century America* (Washington, DC: Smithsonian National Portrait Gallery, 1999); and Marco Beretta, *Imaging a Career in Science: The Iconography of Antoine Laurent Lavoisier* (Sagamore Beach, MA: Science History Publications, 2001); Soraya de Chadarevian, "'Portraits of a Discovery,' Watson, Crick, and the Double Helix," *Isis* 94 (2003): 90–105; Patricia Fara, *Newton: The Making of a Genius* (New York: Columbia University Press, 2003); Milo Keynes, *The Iconography of Sir Isaac Newton to 1800* (Suffolk, UK: The Boydell Press, 2005); Christine MacLeod, *Heroes of Invention: Technology, Liberalism, and British Identity, 1750–1914* (Cambridge: Cambridge University Press, 2008); Janet Browne, "Looking at Darwin: Portraits and the Making of an Icon," *Isis* 100 (2009): 542–570。
16. Mary Cowling, *The Artist as Anthropologist: The Representation of Type and Character in Victorian Art* (Cambridge: Cambridge University Press, 1989), 1.
17. Erwin Panofsky, *Studies in Iconology: Humanistic Themes in the Art of the Renaissance* (New York: Icon Edition, Harper & Row, 1972).
18. Marcel Mauss, "Techniques of the Body," *Economy and Society* 2 (1973): 70–88.
19. 关于天文观测技术的概念，见 David Aubin, Charlotte Bigg, and H. O. Sibum, "Observatory Techniques in Nineteenth-Century Science and Society," *The Heavens on Earth: Observatories and Astronomy in Nineteenth-Century Science and Culture*, eds. David Aubin, Charlotte Bigg, and H. Otto Sibum (Durham, NC: Duke University Press, 2010), 1–32。
20. Bernhard Siegert, *Cultural Techniques: Grids, Filters, Doors, and Other Articulations of the Real*, trans. G. Winthrop-Young (New York: Fordham University, 2015).
21. Asa Briggs, *Victorian Things* (London: B. T. Batsford, 1988), 31.
22. Sebastian Conrad, *What is Global History?* (Princeton, NJ: Princeton University Press, 2016), 16, 225–226. 另见 John-Paul A. Ghobrial, "Introduction: Seeing the

World like a Microhistorian," *Past & Present* 242 (2019): 1–22 的讨论。

23. W. J. T. Mitchell, *Iconology: Image, Text, Ideology* (Chicago: University of Chicago Press, 1987).

24. 最近，同样的挑战又迎面而来，只不过是从艺术史学家的角度出发。参见 Anca I. Lase, ed., *Visualizing the Nineteenth-Century Home: Modern Art and the Decorative Impulse* (Burlington, VT: Ashgate, 2016) 的绪论；Hannah Baader and Ittai Weinryb, "Images at Work: On Efficacy and Historical Interpretation," *Representations* 133 (2016): 1–19; and also W. J. T. Mitchell, *What do Pictures Want?: The Lives and Loves of Images* (Chicago: University of Chicago Press, 2005)，尤其是第二部分。还应指出的是，我有意识地对汉斯·贝尔廷或米切尔所阐述的图画（picture）与图像（image）之间的任何区别持模糊态度。如果有的话，他们对图像的理想主义理解可以在我的表征之场中找到类比。

25. Siegert, *Cultural Techniques*, 15. 不过谈到视觉文化，Norman Bryson, "The Gaze in the Expanded Field," Vision and Visuality, ed. Hal Forster (Seattle: Bay Press, 1988), 87–114 中有对这些观点的经典总结。

26. Nicholas Mirzoeff, *The Right to Look: A Counterhistory of Visuality* (Durham, NC: Duke University Press, 2011).

27. W. J. T. Mitchell, "Showing Seeing: A Critique of Visual Culture?" *Journal of Visual Culture* 1 (2002): 165–185.

28. 另见 Mrinalini Sinha, *Colonial Masculinity: The 'Manly Englishman' and the 'Effeminate Bengali' in the Late Nineteenth Century* (Manchester, UK: Manchester University Press, 1995); and Heather Ellis and Jessica Meyer, eds., *Masculinity and the Other: Historical Perspectives* (Newcastle upon Tyne, UK: Cambridge Scholars Publishing, 2009)。

29. 20 世纪的例子更多，例如 1926 年 Eleanor A. Lamson 坐在海军天文台的组合沙发上的照片，以及 Margarete Güssow 博士坐在波茨坦巴贝尔斯堡天文台梯椅上的照片（摄于 1941 年）。

30. Elizabeth Green Musselman, *Nervous Conditions: Science and the Body Politic in Early Industrial Britain* (New York: State University of New York Press, 2006), 17, 48.

31. Naomi Oreskes, "Objectivity or Heroism? On the Invisibility of Women," *Osiris* 11 (1996): 87–116; and Rebecca Herzig, *Suffering for Science: Reason and Sacrifice in Modern America* (New Brunswick, NJ: Rutgers University Press, 2005).

32. 埃米莉与夏特莱侯爵的婚姻使她得到一项殊荣，她觐见王后时可坐在一张凳子上，并陪同王后旅行。

33. "Review of *Vie Privée de Voltaire et de Madame du Châtelet, pendant un*

Séjour de Six Mois à Cirey ..." *Quarterly Review* 23 (1820): 154–166, on 162.
34. "Observations on Some Recent Objections to Phrenology, Founded on a Part of the Cerebral Development of Voltaire," *Phrenological Journal* 3 (1826): 564–578, on 577.
35. Harold Koda and Andrew Bolton, *Dangerous Liaisons: Fashion and Furniture in the Eighteenth Century* (New Haven, CT: Yale University Press, 2006).
36. In Eugène Asse, *Lettres de la Mse du Châtelet, réunies pour la premìere fois. Revues sur les autographes et les éditions originales* (Paris, 1882), 189（我自己的译文）。
37. Robyn Arianrhod, *Seduced by Logic: Emilie Du Châtelet, Mary Sommerville, and the Newtonian Revolution* (Oxford: Oxford University Press, 2012); Mary Terrall, "Emile du Châtelet and the Gendering of Science," *History of Science* 33 (1995): 283–310; Ira O. Wade, *Voltaire and Madame du Châtelet: An Essay on the Intellectual Activity at Cirey* (Princeton, NJ: Princeton University Press, 1941).
38. Soraya De Chadarevian, "Laboratory Science Versus Country-House Experiments: The Controversy Between Julius Sachs and Charles Darwin," *The British Journal for the History of Science* 29 (1996): 17–41. 另外参见 D. R. Coen, "The Common World: Histories of Science and Domestic Intimacy," *Modern Intellectual History* 11 (2014): 417–438; and Simon Schaffer, "Physics Laboratories and the Victorian Country House," *Making Space for Science: Territorial Themes in Shaping Knowledge*, eds. Crosbie Smith and Jon Agar (Houndsmills, UK: Macmillan Press, 1998), 149–180。
39. Tycho Brahe, *Astronomiae Instauratae Mechanica*, 1598. 英语译文来自 H. Ræder, E. Strömgren, and B. Strömgren, *Tycho Brahe's Description of his Instruments and Scientific Work* (Copenhagen: Ejanar Munksgaard, 1946)。
40. Robert S. Westman, "The Astronomer's Role in the Sixteenth Century: A Preliminary Study," *History of Science* 18 (1980): 105–147, on 124–125; 另外参见 Adam Mosley, *Bearing the Heavens: Tycho Brahe and the Astronomical Community of the Late Sixteenth Century* (Cambridge: Cambridge University Press, 2007)。
41. Maria Mitchell, *Maria Mitchell: Life, Letters, and Journals*, compiled by Phebe Mitchell Kendall (Boston: Lee and Shepard, 1896), 96. 关于本初子午线最新的一般性介绍，见 Charles W. J. Withers, *Zero Degrees: Geographies of the Prime Meridian* (Cambridge, MA: Harvard University Press, 2017)。更具批判性的记述，见 Vanessa Ogle, *The Global Transformation of Time 1870–1950* (Cambridge, MA: Harvard University Press, 2015)。
42. 引自 Simon Schaffer, "Babbage's Calculating Engines and the Factory System,"

Réseaux: The French Journal of Communication 4 (1996): 271–298, on 274–275。

43. 见 G. E. Satterthwaite, "Airy's Transit Circle," *Journal of Astronomical History and Heritage* 4 (2001): 115–141。
44. Edwin Dunkin, *A Far Off Vision: A Cornishman at Greenwich Observatory, 'Auto-biographical Notes,'* transcribed and edited by P. D. Hingley and T. C. Daniel (Cornwall, UK: Royal Institution of Cornwall, 1999), 71.
45. E. Walter Maunder, *The Royal Observatory Greenwich: A Glance at its History and Work* (London: Religious Tract Society, 1900), 137.
46. Musselman, *Nervous Conditions*, 34. 另见 Timothy L. Alborn, "The Business of Induction: Industry and Genius in the Language of British Scientific Reform, 1820–1840," *History of Science 34* (1996): 91–121。
47. Jordanova, *Defining Features,* 39 (in caption for figure 20).
48. Pierre Bourdieu, *Photography: A Middle-Brow Art,* trans. Shaun Whiteside (Stanford, CA: Stanford University Press, 1990), 80.
49. Alphonse Esquiros, *English Seamen and Divers* (London: Chapman and Hall, 1868), 47.

第二章

1. M. De Voltaire, *A Philosophical Dictionary*, with notes by Abner Kneeland, vol. 1 (Boston: J. Q. Adams, 1836), 166. 更早的英语翻译版本见 T. Smollett, *The Works of M. De Voltaire* (London, 1762)。
2. 引自 M. De Voltaire, *A Philosophical Dictionary*, 166 当中 A. 尼兰德（A. Kneeland）的评论。
3. 见 J. A. Fleming, "The Semiotics of Furniture Form: The French Tradition, 1620–1840," *Journal of the Canadian Historical Association* 10 (1999): 37–58, see 45–46; and Leora Auslander, *Taste and Power: Furnishing Modern France* (Berkeley: University of California Press, 1996)。
4. Mark Girouard, *Life in the English Country House: A Social and Architectural History* (New Haven, CT: Yale University Press, 1978).
5. Thad Logan, *The Victorian Parlour: A Cultural Study* (Cambridge: Cambridge University Press, 2001), 27; Stefan Muthesius, *The Poetic Home: Designing the 19th-Century Domestic Interior* (New York: Thames and Hudson, 2009).
6. British Parliament, *First Report of the Royal Commission on the State of Large Towns and Populous Districts*, Irish University Press Series of British Parliamentary Papers 17 (Dublin: Irish University Press, 1844), 572.
7. Theodor Fontane, *Ein Sommer in London* (Tübingen, Germany, 2015 [1854]), 30–31（由我个人翻译）。

8. Jane Hamlett, "'The Dining Room Should be the Man's Paradise, as the Drawing Room is the Woman's': Gender and Middle-Class Domestic Space in England, 1850–1910," *Gender and History* 21 (2009): 576–591.
9. 引自 Logan, *The Victorian Parlour*, 32–33。
10. J. C. Loudon, *Encyclopaedia of Cottage, Farm and Villa* (London, 1836), 1014.
11. Katherine C. Grier, *Culture & Comfort: Parlor Making and Middle-Class Identity, 1850–1930* (Washington, DC: Smithsonian Books, 1988), 70.
12. Norbert Elias, *The Civilizing Process: Sogiogenetic and Psychogenetic Investigations*, trans. Edmund Jephcott, rev. ed. (Oxford: Blackwell Publishing, 2000).
13. Mimi Hellman, "Furniture, Sociability, and the Work of Leisure in Eighteenth-Century France," *Eighteenth-Century Studies* 32 (1999): 415–445, on 423–424.
14. 例如 Thomas Sheraton, *The Cabinet-Maker and Upholsterer's Drawing-Book in Three Parts* (London, 1793); Thomas Webster, *An Encyclopaedia of Domestic Economy* (London, 1844); George Smith, *The Cabinet-Maker and Upholsterer's Guide* (London, 1828); Henry Whitaker, *The Practical Cabinet Maker & Upholsterer's Treasury of Designs* (London, 1847); Thomas King, *The Modern Style of Cabinet Work Exemplified* (London, 1829); Thomas King, *The Cabinet Maker's Sketchbook, of Plain and Useful Designs* (London, c. 1835–1836); Henry Wood, *A Useful and Modern Work on Chairs, in Twelve Plates, Containing Forty-Two Designs* (London, 1835); P. Thomson, *The Cabinet-Maker's Sketchbook* (Glasgow, Edinburgh, and London, c. 1852–1853)。另见 Akiko Shimbo, *Furniture-Makers and Consumers in England, 1754–1851: Design as Interaction* (London: Routledge, 2016)。
15. Robert De Valcourt, *The Illustrated Book of Manners: A Manual of Good Behaviour and Polite Accomplishments* (Cincinnati, 1866), 57.
16. Henry P. Willis, *Etiquette, and the Usages of Society: Containing the most Approved Rules for Correct Deportment in Fashionable Life...* (New York: Dick & Fitzgerald Publishers, n.d.), 15–16.
17. In [E. C. Bayley] Elisabeth Celnart, *The Gentleman and Lady's Book of Politeness and Propriety of Deportment, dedicated to the youth of both sexes* [in French] (Boston, 1833), 66.
18. John Trusler, *Principles of Politeness, and of Knowing the World: By the late Lord Chesterfield with Additions by the Rev. Dr. John Trusler...*(Worcester, MA: Isaiah Thomas, 1798), 29.
19. Thomas E. Hill, *Hill's Manual of Social and Business Forms: Guide to Correct Writing* (Chicago: M. Warren, 1881), 145.
20. 康德在普鲁士王国时期的评价，反映了当时更广泛的倾向，比如福柯所指出的"纪律权力制度"，这种制度控制了整个欧洲的学校、医院、工厂和军队组织。见 Michel Foucault, *Discipline and Punish* (New York: Vintage Books, 1991)，特别是第三部分。

21. Immanuel Kant, "Lectures on Pedagogy," *Anthropology, History, and Education*, ed. and trans. Robert B. Louden and Günter Zöller (Cambridge: Cambridge University Press, 2007), 430–485, especially 437–438. 康德关于儿童的坐姿与教育的更详细论述，见 Sander L. Gilman, *Stand Up Straight: A History of Posture* (London: Reaktion Books, 2018)。
22. 这些数字参见 Gordon W. Hewes, "World Distribution of Certain Postural Habits," *American Anthropologist* 57 (1955): 231–244。
23. Immanuel Kant, "An Answer to the Question: What is Enlightenment?" *Practical Philosophy*, trans. and ed. Mary J. Gregor (Cambridge: Cambridge University Press, 2008), 17–22. 令人费解的是，英文版译者选择将康德文中所用的"Unmündigkei"翻译成"少数"而不是明显更恰当的"不成熟"。
24. Pauline Kleingeld, *Kant and Cosmopolitanism: The Philosophical Ideal of World Citizenship* (Cambridge: Cambridge University Press, 2012), 111–117.
25. C. B. Wadstrom, *An Essay on Colonization, Particularly Applied to the Western Coast of Africa with some free thoughts on Civilization and Commerce* (London: 1794), 19. Pauline Kleingeld, "Kant's Second Thoughts on Colonialism," *Kant and Colonialism: Historical and Critical Perspectives,* eds. Katrin Flikschuh and Lea Ypi (Oxford: Oxford University Press, 2014), 43–67.
26. Thomas Webster, *An Encyclopedia of Domestic Economy...* (London: Longman, Green, Longman, and Roberts, 1861), 242.
27. [Élisabeth-Félicie Bayle-Mouillard] *The Gentleman and Lady's Book of Politeness and Propriety of Deportment, Dedicated to the Youth of Both Sexes*, translated from the 6th Paris ed. (Boston: Allen and Ticknor, 1833), 84.
28. Gaspard Lavater [Johann Kaspar Lavater], *L'Art de Connaître les Hommes Par La Physionomie*, vol. 8 (Paris, 1807), 143 and Plate 487（由我个人翻译）。
29. Hippolyte Bruyères, *La phrénologie, le geste et la physionomie démontrés par 120 portraits...* (Paris, 1847), 332（由我个人翻译）。
30. 见 Roger Cooter, *The Cultural Meaning of Popular Science: Phrenology and the Organization of Consent in Nineteenth-century Britain* (Cambridge: Cambridge University Press, 1984); Lucy Hartley, *Physiognomy and the Meaning of Expression in Nineteenth-Century Culture* (Cambridge: Cambridge University Press, 2001); Christopher Rivers, *Face Value: Physiognomical Thought and the Legible Body in Marivaux, Lavater, Balzac, Gautier, and Zola* (Madison: University of Wisconsin Press, 1994)。
31. Mary Cowling, *The Artist as Anthropologist: The Representation of Type and Character in Victorian Art* (Cambridge: Cambridge University Press, 1989); Norbert Boormann, *Kunst und Physiognomik: Menschendeutung und*

Menschendarstellung im Abendland (Cologne, Germany: DuMont, 1994); Jo Briggs, *Novelty Fair: British Visual Culture between Chartism and the Great Exhibition* (Manchester, UK: Manchester University Press, 2016); B. M. Lane, ed., *Housing and Dwelling: Perspectives on Modern Domestic Architecture* (London: Routledge, 2006); Richard Leppert, *Art and the Committed Eye: The Cultural Functions of Imagery* (Boulder, CO: Westview Press, 1996).

32. Elias, The Civilizing Process, 6–8. 另参见 Robert E. Norton, "The Myth of the Counter-Enlightenment," *Journal of the History of Ideas* 68 (2007): 635–658。
33. Deborah Cohen, *Household Gods: The British and Their Possessions* (New Haven, CT: Yale University Press, 2006), 30.
34. 见 Grier, *Culture & Comfort*; 另外参见 Edward T. Joy, *The Country Life Book of Chairs* (London: Littlehampton Book Services, 1980), 88; Franco Moretti, *The Bourgeois: Between History and Literature* (London:Verso, 2013), 25–66。关于舒适感的长期记载，见 John E. Crowley, *The Invention of Comfort: Sensibilities and Design in Early Modern Britain and Early America* (Baltimore: Johns Hopkins University Press, 2003)。
35. 另见 John F. Kasson, *Civilizing the Machine: Technology and Republican Values in America, 1776–1900* (New York: Grossman Publishers, 1976)。
36. 引自 Grier, *Culture & Comfort*, 106。另见 David Yosifon and Peter N. Stearns, "The Rise and Fall of American Posture," *The American Historical Review* 103 (1998): 1057–1095；更一般性的评论，John F. Kasson, *Rudeness and Civility: Manners in Nineteenth-Century Urban America* (New York: Hill and Wang, 1990)。
37. Moretti, *The Bourgeois*, 50.
38. John Gloag, *The Englishman's Chair: Origins, Design, and Social History of Seat Furniture in England* (London: George Allen & Unwin, 1964), 5; and chapter 11.
39. John Gloag, *Victorian Comfort: A Social History of Design 1830–1900* (Newton Abbot, UK: David & Charles, 1973), 60.
40. 例如 Suzanne Marchand, "Popularizing the Orient in Fin-de-Siècle Germany," *Intellectual History Review* 17 (2007): 174–202; Gloag, Victorian Comfort, 70–83。
41. 引自 Grier, *Culture & Comfort*, 142。
42. 参见 Anthony Pagden, *The Enlightenment and Why It Still Matters* (Oxford: Oxford University Press, 2013), 205–211。另外参见 Brett Bowden, *The Empire of Civilization: The Evolution of an Imperial Idea* (Chicago: University of Chicago Press, 2009)。
43. J. S. Mill, "Civilization," *The London and Westminster Review* 25 (1836): 1–28, on 2.
44. 引自 Grier, *Culture & Comfort*, 1。
45. Shirley Forster Murphy, ed., *Our Homes, and How to Make Them Healthy*

(London, 1883), 62.

46. H. W. Bellows, *The Moral Significance of the Crystal Palace* (New York: G. P. Putnam, 1853), 14–15.

47. Samuel Smiles, *Character: A Book of Noble Characteristics*, 29th ed. (London: John Murray, 1905), 208. 另见 Rosemary M. George, "Homes in the Empire, Empires in the Home," Cultural Critique 26 (1993–1994): 95–127。

48. 引自 Gloag, *The Englishman's Chair*, 208；原文来自 Robert Kerr, *The Gentleman's House* (1864)。

49. 对于这一点的论述，见 Muthesius, *The Poetic Home*, 173。

50. L. P. Brockett, ed., *Our Country's Wealth and Influence*... (Hartford, CT: L. Stebbins, 1882), 376. 关于这一节，更一般性的论述见 Paul R. Mullins, "Racializing the Parlor: Race and Victorian Bric-a-Brac Consumption," *Race and the Archeology of Identity*, ed. Charles E. Orser Jr. (Salt Lake City: University of Utah Press, 2001), 158–176。

51. 关于历史逐段发展理论或猜测史学理论的设想，见 H. M. Hopfl, "From Savage to Scotsman: Conjectural History in the Scottish Enlightenment," *Journal of British Studies* 17 (1978): 19–40; Robert Wokler, "Anthropology and Conjectural History in the Enlightenment," *Inventing Human Science: Eighteenth-Century Domains*, eds. Christopher Fox, Roy Porter, and Robert Wokler (Berkeley: University of California Press, 1995), 31–52; 这些理论的科学史关联，见 Peter Bowler, *The Invention of Progress: The Victorians and the Past* (Oxford: Basil Blackwell, 1989)。更近期的著作，见 Frank Palmeri, *State of Nature, Stages of Society: Enlightenment Conjectural History and Modern Social Discourse* (New York: Columbia University Press, 2016)。作者清楚地阐述了这些历史是猜测性的，但同时也构成了一系列新兴学科如政治经济学、艺术史和社会学的基础。他还提到重要的一点，在猜测史学的一些较早的版本中——如 18 世纪法兰西、德意志和苏格兰的多位启蒙思想家提出的那些——关于这种历史的发展天性有更多的自相矛盾之处。然而这在 19 世纪发生了改变，可能是因为 19 世纪乐观主义盛行，并迎来了前所未见的帝国扩张。

52. Benjamin Butterworth, ed., *The Growth of the Industrial Arts* (Washington, DC: Government Printing Office, 1892), 80.

53. Nicholas Mirzoeff, *The Right to Look: A Counterhistory of Visuality* (Durham, NC: Duke University Press, 2011), 2.

54. A. H. Andrews, *The Evolution of the Chair* (Chicago: A. H. Andrews, 1895), 4–6. 与之形成对照的是一本天文学史著作，其英国作者在书中断言道："本土的埃及人……其亲缘关系……与亚洲人而非希腊人相关……埃及人属于东方人这一类。" George Cornewall Lewis, *A Historical Survey: Astronomy of the Ancients* (London, 1862), 340.

55. 关于世界上存在失落的白人部落的“含米特假说”（The Hamitic Hypothesis）为线性的历史逐段发展模型增加了循环的部分。这一循环将白人的“至高无上”推向更早的时候。这个假说常被用来解释其他许多“种族”拥有更先进文明的迹象，其中也包括埃及人，他们在 19 世纪为帝国辩护的话术中，被归类为高加索人。见 E. R. Sanders, “The Hamitic Hypothesis: Its Origins and Functions in Time Perspective,” *The Journal of African History* 10 (1969): 521–532; and Michael F. Robinson, *The Lost White Tribe: Explorers, Scientists, and the Theory that Changed a Continent* (New York: Oxford University Press, 2016)。
56. In J. Forbes Royle, “The Arts and Manufactures of India,” *Lectures on the Results of the Great Exhibition of 1851* (London, 1852), 441–538, on 533, 534, 537.
57. 欧文·琼斯写给《泰晤士报》的信，翻印自 *The Journal of the Society of Arts, and of the Institutions in Union* 15 (1867): 409。人们对此有大量不同的反应，见 Paul Young, “‘Carbon, Mere Carbon’: The Kohinoor, the Crystal Palace, and the Mission to Make Sense of British India,” *Nineteenth-Century Contexts* 29 (2007): 343–358。
58. 引自 Logan, *The Victorian Parlour*, 55。
59. Richard Yeo, *Defining Science: William Whewell, Natural Knowledge, and Public Debate in Early Victorian Britain* (New York: Cambridge University Press, 1993); and Laura J. Snyder, *Reforming Philosophy: A Victorian Debate on Science and Society* (Chicago: University of Chicago Press, 2006).
60. William Whewell, “The General Bearing of the Great Exhibition on the Progress of Art and Science,” *Lectures on the Results of the Exhibition: Delivered for the Society of Arts, Manufacturers, and Commerce, at the Suggestion of H. R. H. Prince Albert* (London: D. Bogue, 1852), 1–34, on 13.
61. Whewell, “The General Bearing of the Great Exhibition,” 17–18.
62. Whewell, “The General Bearing of the Great Exhibition,” 19. 另见 Zeynep Çelik, *Displaying the Orient: Architecture of Islam at Nineteenth-Century World's Fair* (Berkeley: University of California Press, 1992); and Nicky Levell, *Oriental Visions: Exhibitions, Travel, and Collecting in the Victorian Age* (London: Horniman Museum and Gardens, 2000)。
63. “东方暴君”的观点一定不是胡威立独有的新观点，实际上这个看法相当古老，并且在启蒙时代还有更新该观点的学术支持。我们在政治经济学著作中能够找到对“东方暴君”的态度，例如约翰·斯图亚特·穆勒和卡尔·马克思，他们的观点与胡威立大相径庭，彼此也并不相同。我们可以在启蒙时期作家的著作中追溯有关“亚洲人”或东方人制造模式的观点，特别是 Joseph de Guignes, *General History of the Huns, Turks, Mongols, and Other Western Tartars* (1756); and Nicolas Antoine Boulanger, *Oriental Despotism* (1762)。对于本书的研究目的而言，最值得注意的是本条注释中提到的所有作者，尽管有许多基础性的差异，但都共享一种（如我所称的）特殊的启蒙历史主义，或者说这是一种猜测史学，这种历史观构成了他们各自学说的支柱。见 Palmeri, *State of Nature, Stages of Society,* 75, 85。

64. 见 Michael Adas, *Machines as the Measure of Men: Science, Technology, and Ideologies of Western Dominance* (Ithaca, NY: Cornell University Press, 1989)。

第三章

1. Franco Moretti, *The Bourgeois: Between History and Literature* (London: Verso, 2013), 50.
2. Henry Mayhew, *London Labour and the London Poor; a Cyclopaedia of the Condition and Earnings*...vol. 3 (London: Griffin, Bohn, and Company, 1861), 221–231. 另 见 Patricia A. Kirkham, "Furniture-Making in London c. 1700–1870: Craft, Design, Business, and Labour" (PhD diss., Queen Mary University of London, 1982)。
3. 引文来自 Clive D. Edwards, *Victorian Furniture: Technology & Design* (Manchester, UK: Manchester University Press, 1993), 8. 另见一项经典案例研究，在其中机械化并不像通常所说的那样普遍：Raphael Samuel, "Workshop of the World: Steam Power and Hand Technology in Mid-Victorian Britain," *History Workshop Journal* 3 (1977): 6–72。
4. Edwards, *Victorian Furniture,* 90–143.
5. Edward H. Knight, *Knight's American Mechanical Dictionary* (New York, 1874), 522.
6. 关于专利家具的更多讨论，见 Jennifer Pynt and Joy Higgs, "Nineteenth-Century Patent Seating: Too Comfortable to be Moral?" *Journal of Design History* 21 (2008): 277–288。
7. Siegfried Giedion, *Mechanization Takes Command: A Contribution to Anonymous History*, trans. S. von Moos (Minneapolis: University of Minnesota Press, [1948] 2013), 396.
8. Giedion, *Mechanization Takes Command,* 390.
9. Edwards, *Victorian Furniture*, 144–157.
10. 出自 Jean Gaspard Lavater, *Essai sur la Physiognomie, Destiné a faire Connoître l'Homme & à le faire Aimer*, vol. 2 (Paris: Imprimé à la Haye, 1783), plate 26, 160–161。另见 Ross Woodrow, "Lavater and the Drawing Manual," *Physiognomy in Profile:Lavater's Impact on European Culture*, eds. Melissa Percival and Graeme Tytler (Newark: University of Delaware Press, 2005), 71–100。
11. Jenny Pynt and Joy Higgs, *A History of Seating: 3000 BC to 2000 AD* (Amherst, NY: Cambria Press, 2010), 153–206 中有许多很好的例子。
12. Jean-Martin Charcot, "Vibratory therapeutics: The application of rapid and

continuous vibrations to the treatment of certain diseases of the nervous system," *The Journal of Nervous and Mental Disease* 19 (1892): 880–886.

13. Usher Parsons, "Fiske Fund Prize Dissertation of the Rhode Island Medical Society," *The New England Quarterly Journal of Medicine and Surgery* 1 (1843): 333–383, especially 348–350.
14. Sander L. Gilman, *Stand Up Straight: A History of Posture* (London: Reaktion Books, 2018), chapter 4.
15. James Snell, *Practical Guide to Operations on the Teeth* (London, 1831), 57; 另见 Henry Gilbert, *On the Extraction of Teeth: With an Account of a New and Much Less Painful Mode of Operating* (London, 1849)，这种"痛苦少得多的模式"中包含一种新椅子的设计（62–63）。关于这一时期的"专业人士"，见 Jan Golinski, *Science as Public Culture: Chemistry and Enlightenment in Britain, 1760–1820* (Cambridge: Cambridge University Press, 1992), 196–197; 284–285。
16. N. David Richards, "Dentistry in England in the 1840s: The First Indications of a Movement Towards Professionalization," *Medical History* 12 (1968): 137–152; Eric G. Forbes, "The Professionalization of Dentistry in the United Kingdom," *Medical History* 29 (1985): 169–181; and Ellen Kuhlmann, "The Rise of German Dental Professionalism as a Gendered Project: How Scientific Progress and Health Policy Evoked Change in Gender Relations, c. 1850–1919," *Medical History* 45 (2001): 441–460.
17. Thomas Sheraton, *The Cabinet Dictionary* (London: 1803), 336.
18. In R. Ackermann *The Repository of Arts; Literature, Commerce, Manufactures, Fashion and Politics,* series 1, (1811), caption for plate "Merlin's Mechanical Chair." Also, Marie-France Weiner and John R. Silver, "Merlin's 'invalid or gouty chair,' and the origin of the self-propelled wheelchair," *Journal of Medical Biography* 24 (2016): 412–417.
19. James Makittrick Adair, *An Essay on Diet and Regimen, as Indispensable to the Recovery and Enjoyment of Firm Health: Especially to the Indolent, Studious, Delicate, and Invalid; with Appropriate Cases* (London: printed for James Ridgway, 1812), 69. See also Akiko Shimbo, *Furniture-Makers and Consumers in England, 1754–1851: Design as Interaction* (London: Routledge, 2016); Herman L. Kamenetz, "A Brief History of the Wheelchair," *Journal of the History of Medicine and Allied Sciences* 24 (1969): 205–210; and Maria Frawley, *Invalidism and Identity in Nineteenth-Century Britain* (Chicago: University of Chicago Press, 2004).
20. Nathan Kravis, *On the Couch: A Repressed History of the Analytic Couch from Plato to Freud* (Cambridge, MA: MIT Press, 2017), 91.
21. An advertisement By Her Majesty's Letters Patent, "Comfort for Invalids,"

The Lancet (March 1856): 330.

22. Asher & Adams, *New Columbian Rail Road Atlas and Pictorial Album of American Industry, Comprising a Series of New Copper Plate Maps Exhibiting the Thirty-Seven States...*(New York, 1875).
23. G. Lowell Austin, *The Physicians' Pocket Manual and Year-Book* (Boston, 1880), 163. 关于此后类似交叉的记载，见 Margaret Campbell, "From Cure Chair to *Chaise Longue:* Medical Treatment and the Form of the Modern Recliner," *Journal of Design History* 12 (1999): 327–343.
24. "Doctors and Astronomy," *North Carolina Medical Journal* 7 (1881): 70.
25. Henry Lawson, *A Paper on the Arrangement of an Observatory for Practical Astronomy & Meteorology* (Bath, UK: J. Hollway, 1844), 5.
26. John Gloag, *The Englishman's Chair: Origins, Design, and Social History of Seat Furniture in England* (London: George Allen & Unwin, 1964), 245.
27. W. R. Dawes, "Descriptions of an Astronomical Observatory at Camden Lodge, near Cranbrook, Kent," *Memoirs of the Royal Astronomical Society* 16 (1847): 323–328; on 328.
28. "Obituary Henry Lawson, Esq., F. R. S.," *Gentlemen's Magazine, or Monthly Intelligencer* 62 (1856): 249.
29. J. Sperring, G. Bishop, and G. Dollond, "No. VI. Observatory Chair," *Transactions of the Society, Instituted at London, for the Encouragement of Arts, Manufactures, and Commerce* 53 (1839–1840): 66–72.
30. W. R. Dawes to George Knott, August 19, 1859, "Letters from the Rev. W. R. Dawes to Mr. George Knott," *The Observatory* 33 (1910): 343–358; on 353–354.
31. George F. Chambers, *A Handbook of Descriptive and Practical Astronomy,* 3rd ed. (Oxford, 1877), 729. 我们还会发现德国的天文学手册同样推荐了这种椅子，例如 L. Ambronn, *Handbuch der Astronomischen Instrumentenkunde*, vol. 2 (Berlin, 1899), 1210–1215。
32. Miklós Konkoly-Thege, *Praktische Anleitung zur Anstellung astronomischer Beobachtugen mit besonderer Rücksicht auf die Astrophysik* (Brunswick, Germany, 1883), 532 (my translation).
33. "New Works, Periodicals, &c, &c," *Preston Chronicle*, December 17, 1842.
34. "Photographing the Moon," *Boston Daily Advertiser*, October 17, 1863.
35. 关于科学在中产阶层家装中的作用，见 Judith A. Neiswander, *The Cosmopolitan Interior: Liberalism and the British Home 1870–1914* (New Haven, CT: Yale University Press, 2008), chapter 3。要理解天文学与科学在维多利亚时期扮演的角色，见 James Mussell, *Science, Time and Space in Late Nineteenth-Century Periodical Press: Movable Types* (Aldershot, UK: Ashgate, 2007) 以及 Geoffrey Belknap, *From a Photograph: Authenticity, Science and the Periodical Press, 1870–1890* (London: Bloomsbury, 2016)。

36. *The Illustrated London*, August 24, 1861.
37. *Sydney Mail* January 12, 1895, 78; "Auf der Sternwarte," *Fliegende Blätter* 122 (1905): 146.
38. 例子可参见 P. Bailey, *Leisure and Class in Victorian England: Rational Recreation and the Contest for Control, 1830–1885* (London: Routledge, 1978); Hugh Cunningham, *Leisure in the Industrial Revolution c. 1780–c. 1880* (London: Routledge, 1980); Alison C. Marsh, "Greetings from the Factory Floor: Industrial Tourism and the Picture Postcard," *Curator: The Museum Journal* 51 (2008): 377–391; and Cathy Stanton, "Displaying the Industrial: Toward a Genealogy of Heritage Labor," *Labor* 16 (2019): 151–170。关于"科学观光"，见 Peter Hodgins, "Presenting Canada to the Scientific Gaze: The Handbook for the Dominion of Canada and the Eccentricity of Science Tourism," *International Journal of Canadian Studies* 48 (2014): 153–171。
39. [Robert Main], "The Observatories of London and its Vicinity," *London and its Vicinity: London Exhibited in 1851...*, ed. John Weale (London: John Weale, 1851), 630.
40. 为了很好地理解当时天文学家在英国文化中广受欢迎的地位，参见 Allan Chapman, *The Victorian Amateur Astronomer,* 2nd ed. (Leominster, UK: Gracewing, 2017)。另见 Ian Inkster, "Advocates and Audiences: Aspects of Popular Astronomy in England, 1750–1850," *Journal of the British Astronomical Association* 92 (1982): 119–123。
41. "The Necromancy of Science," *Chamber's Journal of Popular Literature, Science, and Arts* 84 (1855): 83–85, on 83, 84.
42. Maria Mitchell, *Maria Mitchell: Life, Letters, and Journals*, compiled by Phebe Mitchell Kendall (Boston: Lee and Shepard, 1896), 113–114, 119.
43. Mitchell, *Maria Mitchell*, 126, 96. 另见 Renée Bergland, *Maria Mitchell and the Sexing of Science: An Astronomer Among the American Romantics* (Boston: Beacon Press, 2008), 92, 105–106, 107, 114, 145。
44. Mitchell, *Maria Mitchell*, 120. 有一部精妙的研究，关于来自截然不同的社会背景和阶层的"科学人"（men of science）如何在英国科学界的社会与制度的艰难环境下寻找出路，见 Ruth Barton, *The X Club: Power and Authority in Victorian Science* (Chicago: University of Chicago Press, 2018), 135–146。
45. G. W. Myers in "Discussion of a National Observatory," *Science* 9 (1899): 468–476, on 475. See also Steven J. Dick, *Sky and Ocean Joined: The US Naval Observatory 1830–2000* (Cambridge: Cambridge University Press, 2003), 166–168 and 299–336.
46. 然而，如艾伦·查普曼（Allan Chapman）所说，子午环最初是为私人天文台的业余天文学家准备的。这种情况自 19 世纪 30 年代起发生改变，Chapman, *The Victorian Amateur Astronomer*, 36–39。

47. Thomas Dick, *The Practical Astronomer: Comprising illustrations of light and colours*... (London: Seeley, Burnside, and Seeley, 1845), 560.
48. William Cranch Bond, "Description of the Observatory at Cambridge, Massachusetts," *Memoirs of the American Academy of Arts and Sciences* 4 (1849): 177–188; on 183.
49. G. W. Hough, "Description of an Observing Seat for an Equatoreal," *Monthly Notices of the Royal Astronomical Society* 41 (1881): 309–311.
50. Sherburne Wesley Burnham, "Double-Star Observations made in 1879 and 1880 with the 18½-inch Reflector of the Dearborn Observatory, Chicago, USA," *Memoirs of the Royal Astronomical Society* 47 (1883): 166–325, on 169.
51. "Observing Seats," *The Astronomical Register* 7 (1869): 77–79, on 77–78.
52. Dionysius Lardner, *Handbook of Astronomy* (London, 1867), 22.
53. James Nasmyth, "Description of a New Arrangement of Reflecting Telescope, by which much comfort and convenience is secured to the Observer," *Journal of the Franklin Institute of the State of Pennsylvania for the Promotion of the Mechanic Arts* 21 (1851): 112–114, on 112–113.
54. James Nasmyth, *The Autobiography of James Nasmyth Engineer*, ed. Samuel Smiles (London, 1883), 329.
55. 引自 Chapman, *The Victorian Amateur Astronomer*, 68。
56. Thomas Robinson, "On Lord Rosse's Telescope," *Proceedings of the Royal Irish Academy* 3 (1847): 114–133, on 122.
57. 引自 Mrs. [Margaret Maria (Brewster)] Gordon, *The Home Life of Sir David Brewster*, 2nd ed. (Edinburgh: Edmonston and Douglas, 1870), 235。
58. Gordon, *The Home Life of Sir David Brewster,* 236–237.
59. David Brewster, "Address of Sir David Brewster Before the Twentieth Meeting of the British Association at Edinburgh, July 21, 1850," *The American Journal of Science and Arts* 10 (1850): 305–320, on 310.
60. 关于天文学在文学上的体现，见 Anna Henchman, *The Starry Sky Within: Astronomy & the Reach of the Mind in Victorian Literature* (Oxford: Oxford University Press, 2014)。
61. Mary E. Byrd, "Popular Fallacies About Observatories," *Sidereal Messenger* 5 (1886): 263–266; on 264–265.
62. Kenneth L. Ames, *Death in the Dining Room & Other Tales of Victorian Culture* (Philadelphia: Temple University Press, 1992), chapter 5.
63. Simon Newcomb, "The Place of Astronomy Among the Sciences," *Sidereal Messenger* 7 (1888): 65–73; on 69.
64. Charles E. Rosenberg, "Sexuality, Class, and Role in Nineteenth-Century America," *The American Man*, eds. E. H. Pleck and J. H. Pleck (Upper Saddle River, NJ: Prentice Hall, 1980), 219–254; M. S. Kimmel, "The Contemporary 'Crisis' in Masculinity in Historical Perspective," *The Making of Masculinities*, ed. Harry

Brod (Boston: Allen & Unwin, 1987), 121–154; and M. C. Carnes and C. Griffen, *Meanings of Manhood: Constructions of Masculinity in Victorian America* (Chicago: University of Chicago Press, 1990); and Catherine Cocks, "Rethinking Sexuality in the Progressive Era," *Journal of the Gilded Age and Progressive Era* 5 (2006): 93–118.

65. Joshua Nall, *News from Mars: Mass Media and the Forging of a New Astronomy, 1860–1910* (Pittsburgh: University of Pittsburgh Press, 2019), 89.
66. 见 Nall, *News from Mars*, chapter 1。
67. 引自 Nall, *News from Mars*, 70。

第四章

1. Sadiah Qureshi, *Peoples on Parade: Exhibitions, Empire, and Anthropology in Nineteenth-Century Britain* (Chicago: University of Chicago Press, 2011), 112–114, 193–208.
2. Robbie Richardson, *The Savage and Modern Self: North American Indians in Eighteenth-Century British Literature and Culture* (Toronto: University of Toronto Press, 2018). 另见 Michael Gaudio, *Engraving the Savage: The New World and Techniques of Civilization* (Minneapolis: University of Minnesota Press, 2008)。
3. Joseph Marie Baron de Gérando, *The Observation of Savage Peoples*, trans. F. C. T. Moore (Berkeley: University of California Press, 1969), 63. French original: *Considérations sur les méthodes à suivre dans l'observation des Peuples Savages* (Paris, 1800).
4. 关于这次远征的指导性与一般性记述，有 Nina Burleigh, *Mirage: Napoleon's Scientists, and the Unveiling of Egypt* (New York: Harper Books, 2007) 和 Juan Cole, *Napoleon's Egypt: Invading the Middle East* (New York: Palgrave Macmillan, 2007)。更加具体的记载，尤其是和丹达腊黄道十二宫浮雕相关的记载，见 Jed Z. Buchwald and D. G. Josefowicz, *The Zodiac Paris: How an Improbable Controversy over an Ancient Egyptian Artifact Provoked a Modern Debate between Religion and Science* (Princeton, NJ: Princeton University Press, 2010)。关于这次远征中"科学征服"的详细总结，见 Charles Coulston Gillispie, "Scientific Aspects of the French Egyptian Expedition 1798–1801," *Proceedings of the American Philosophical Society* 133 (1989): 447–474。
5. 引自 Anne Godlewska, "Map, Text, and Image. The Mentality of Enlightened Conquerors: A New Look at the Description de l'Egypt," *Transactions of the Institute of British Geographers* 20 (1995): 5–28, on 8。
6. 正如爱德华·萨义德所指出的，见 *Orientalism* (New York: Vintage Books, 1979)；但萨义德在书中更关注的是东方的文本表征，而非视觉表征。

7. 关于当时奥斯曼治下土耳其的天文学及其现代化，见 Daniel A. Stolz, *The Lighthouse and the Observatory: Islam, Science, and Empire in Late Ottoman Egypt* (Cambridge: Cambridge University Press, 2018)。
8. 关于视觉修辞的讨论，见 Linda Nochlin, *The Politics of Vision: Essays on Nineteenth-Century Art and Society* (New York: Harper & Row, 1989)，特别是第三章。
9. 欧洲人想象中关于“东方”表征的更常见的例证集合，见 Rana Kabbani, *Imperial Fictions: Europe's Myths of Orient*, new ed. (London: Saqi, 2008); Viktoria Schmidt-Linsenhoff, *Ästhetik der Differenz: Postkoloniale Perspektiven von 16. bis 21. Jahrhundret* (Ilmtal-Weinstraße, Germany: Jonas Verlag, 2014); 还有更新的一些，但集中在广告方面，如 Miriam Oesterreich, *Bilder konsumieren: Inszenierungen "exotischer" Körper in früher Bildreklame* (Munich: Wilhelm Fink Verlag, 2018)。
10. 见 Mary Louise Pratt, *Imperial Eyes: Travel Writing and Transculturation* (London: Routledge, 1992)。
11. 尽管人们认为《埃及志》在英国受众有限，但我还是想由此寻找线索，分析 19 世纪中产阶层读者看到这样一幅坐着的东方天文学家的图像时，他们会如何认知；而且正如我们看到的，这绝非一个关于东方的令人意外的独特描绘。见 Andrew Bednarski, *Holding Egypt: Tracing the Reception of the Description de l'Égypte in nineteenth-century Great Britain* (London: Golden House Publications, 2005)。
12. J. W. De Forest, *Oriental Acquaintance; or Letters from Syria* (New York, 1856), 4.
13. W. B. Harris, *The Land of an African Sultan: Travels in Morocco, 1887, 1888, and 1889* (London, 1890), 163.
14. August H. Mounsey, *A Journey Through the Caucasus and the Interior of Persia* (London, 1872), 83, 84.
15. Mounsey, *A Journey Through the Caucasus*, 125.
16. James Silk Buckingham, *Travels Among the Arab Tribes, Inhabiting the Countries East of Syria and Palestine ...* (London, 1825), 296–297.
17. Naufragus [Moffat James Horne], *The Adventures of Naufragus* (London, 1827), 165.
18. J. P. Fletcher, *Notes from Nineveh, and Travels in Mesopotamia, Assyria, and Syria* (Philadelphia, 1850), 213.
19. Lady Sheil [Mary Leonora Woulfe], *Glimpses of Life and Manners in Persia* (London, 1856), 116–117.
20. Isabel Burton, *The Inner Life of Syria, Palestine, and the Holy Land. From my Private Journal*, vol. 1 (London, 1875), 132.
21. John Crawfurd, *Journal of an Embassy from the Governor General of India to the Court of Ava*, 2nd ed., vol. 1 (London, 1834), 23.
22. James O. Noyes, *Roumania: The Border Land of the Christian and the Turk, Comprising Adventures of Travel in Eastern Europe and Western Asia* (New

York: Rudd & Carleton, 1857), 81.

23. [George William Curtis], *Nile Notes of a Howadji* (New York, 1851), 74.
24. Alexander Lindsay, *Letters on Egypt, Edom, and the Holy Land*, vol. 1 (London: Henry Colburn, 1838), 53–54.
25. Orville Justus Bliss, *Three Months in the Orient; also, Life in Rome, and the Vienna Exposition* (Chicago, 1875), 95–96.
26. W. T. Thornton, "Huxleyism: A Fragment," *Contemporary Review* 20 (1872): 666–691. 另见 Thomas H. Huxley, *Critiques and Addresses* (London: Macmillan, 1873), 283, 284。
27. 盘腿坐姿的德语是"Schneidersitz"，按其字面意义可翻译为"裁缝的坐姿"。
28. Joseph Simms, *Physiognomy Illustrated; or Nature's Revelations of Character*, 10th ed. [1st ed. 1874] (New York, 1891), 384.
29. Charles Dudley Warner, *Mummies and Moslems* (Toronto: Belford Brothers, 1876), 30.
30. Walter Keating Kelly, *Syria and the Holy Land: Their Scenery and Their People. Being Incidents of History and Travel, from the Best and Most Recent Authorities, Including J. L. Burckhardt, Lord Lindsay, and Dr. Robinson* (London, 1844), 7.
31. Vivant Denon, *Travels in Upper and Lower Egypt: During the Campaigns of General Bonaparte in that Country*, trans. A. Aikin, vol. 1 (New York, 1803), 144.
32. Noyes, *Roumania*, 483, 484.
33. Henry W. Bellows, *The Old World in its New Face, Impressions of Europe in 1867–1868*, vol. 2 (New York, 1869), 101.
34. Charles Macfarlane, *Constantinople in 1828: A Residence of Sixteen Months in the Turkish Capital and Provinces*, vol. 1 (London, 1829), 386.
35. Eliot Warburton, *Travels in Egypt and the Holy Land, or, The Crescent and the Cross* (New York, 1849), 44.
36. "Photography in Algeria," *The Photographic News* 1 (1858): 63–65, on 64. 关于 19 世纪阿拉伯世界中摄影术地位的详尽研究，见 Stephen Sheehi, *The Arab Imago: A Social History of Portrait Photography, 1860–1910* (Princeton, NJ: Princeton University Press, 2016)。
37. George Augustus Sala, *Lady Chesterfield's Letters to her Daughter* (London, 1860), 66–67.
38. Noyes, *Roumania*, 484.
39. Charles Macfarlane, *Kismet; or, The Doom of Turkey* (London, 1853), 24.
40. Mark Wilks, *Historical Sketches of the South of India, in an attempt to trace the History of Mysoor; from the origin of the Hindoo Government of that state, to the extinction of the Mahommedan Dynasty in 1799* ... vol. 2 (London: Longman, Hurst, Rees, Orme, and Brown, 1817), 314.

41. Denon, *Travels in Upper and Lower Egypt*, 143.
42. "Means of Interesting Primary School Children," *The Massachusetts Teacher, and Journal of Home and School Education* 10 (1857): 97–135, on 133.
43. Henry C. Barkley, *Between the Danube and Black Sea or Five Years in Bulgaria* (London: John Murray, 1876), 154.
44. André Chevrillon, *In India*, trans. William Marchant (New York: Henry Holt, 1896), 255.
45. William Beamont, *To Sinai and Syene and Back, In 1860 and 1861,* 2nd ed. (London: Smith, Elder, 1871), 121.
46. Harry Harewood Leech, *Letters of a Sentimental Idler, from Greece, Turkey, Egypt, Nubia, and the Holy Land* (New York: D. Appleton, 1869), 121–122.
47. 例证请见 Barbara F. Stowasser, *The Day Begins at Sunset: Perceptions of Time in the Islamic World* (London: I. B. Taurus, 2014)。
48. E. P. Thompson, "Time, Work-Discipline, and Industrial Capitalism," *Past & Present* 38 (1967): 56–97. 但参见 Paul Glennie and Nigel Thrift, "Reworking E. P. Thompson's 'Time, Work-Discipline, and Industrial Capitalism,'" *Time and Society* 5 (1996): 275–299。
49. 见 Giordano Nanni, *The Colonisation of Time: Ritual, Routine and Resistance in the British Empire* (Manchester: Manchester University Press, 2013); On Barak, *On Time: Technology and Temporality in Modern Egypt* (Berkeley: University of California Press, 2013)。
50. Charles Macfarlane, *Constantinople in 1828: A Residence of Sixteen Months in the Turkish Capital and Provinces*, vol. 1 (London, 1829), 92.
51. Frederick Henniker, *Notes During a Visit to Egypt, Nubia, Tehe Oasis, Mount Sinaï, and Jerusalem* (London, 1823), 104–105.
52. W. Robertson Smith, *Lectures and Essays,* eds. J. S. Black and G. Crystal (London: Adam & Charles Black, 1912), 492. Said, *Orientalism*, 237 也有引用。
53. Henry C. Barkley, *A Ride Through Asia Minor and Armenia: Giving a Sketch of the Characters, Manners, and Customs of Both the Mussulman and Christian Inhabitants* (London: John Murray, 1891), 333.
54. Richard Robert Madden, *Travels in Turkey, Egypt, Nubia, and Palestine* (London, 1829), 47.
55. Charles Augustus Goodrich, *The Universal Traveller: Designed to Introduce Readers at Home to an Acquaintance with the Arts, Customs, and Manners of the Principal Modern Nations on the Globe* (New York, 1840), 302.
56. Goodrich, *The Universal Traveller*, 302.
57. Denon, *Travels in Upper and Lower Egypt*, 276.
58. Macfarlane, *Kismet*, 4.
59. Macfarlane, *Kismet*, 51, 99, 101.

60. Ali Bey [Domingo Francisco Jorge Badía y Leblich], *Travels of Ali Bey in Morocco, Tripoli, Cyprus, Egypt, Arabia, Syria, and Turkey* (London, 1816), 75.
61. Beamont, *To Sinai and Syene*, 54–55.
62. Bliss, *Three Months in the Orient*, 7.
63. Chevrillon, *In India*, 105–106. 关于印度天文学，见 Joydeep Sen, *Astronomy in India, 1784–1876* (London: Pickering & Chatto, 2014)。更一般的讨论见 Pratik Chakrabarti, *Western Science in Modern India: Metropolitan Methods, Colonial Practices* (Delhi: Permanent Black, 2004)。
64. Beamont, *To Sinai and Syene*, 55.
65. Bey, *Travels of Ali Bey in Morocco*, 75–76, 76, 77, 85, 87. 关于非洲伊斯兰教育对待学术的情况，见 Rudolf T. Ware, *The Walking Qur'an: Islamic Education, Embodied Knowledge, and History in Western Africa* (Chapel Hill: University of North Carolina Press, 2014)。
66. Burton, *The Inner Life of Syria, Palestine, and the Holy Land*, 51.
67. Buckingham, *Travels Among the Arab Tribes*, 375.
68. "The Effect of Teaching Upon Teachers," *The Massachusetts Teacher, and Journal of Home and School Education* 10 (1857): 86–88, on 86.
69. Viscount Valentia George Annesley, *Voyages and Travels to India, Ceylon, the Red Sea, Abyssinia and Egypt, in the Years 1802, 1803, 1804, 1805, and 1806*, vol. 1 (London, 1809), 361.
70. William Hunter, "Narrative of a Journey from Agra to Oujein," *Asiatick Researches: or, Transactions of the Society Instituted in Bengal ...* 6 (1801): 24, 25. 另见 Simon Schaffer, "Instruments and Ingenuity between India and Britain," *Bulletin of the Scientific Instrument Society* 140 (2019): 2–13。
71. Bayard Taylor, *The Land of the Saracens; or, Pictures of Palestine, Asia Minor, Sicily and Spain* (New York: G. P. Putnam's Sons, [1854] 1873), 123.
72. Oscar L. Triggs, "The Outlook to the East," *The Sewanee Review* 11 (1903): 87–103, on 95–96. 需要注意的是，描绘西方人盘腿的模样，同样构成一种侮辱。比如 1851 年卡通画杂志《笨拙》(*Punch*) 描绘了教皇庇护九世盘腿坐在宝座上，穿着东方衣物、裹着头巾，还抽着水烟。座椅上刻着"穆罕默德是他的先知"字样。应从 19 世纪英国新教徒攻击天主教权威的背景来看这幅画。详细讨论见 Brian H. Murray, "The Battle for St. Peter's Chair: Mediating the Materials of Catholic Antiquity in Nineteenth-Century Britain," *Word & Image* 33 (2017), 318–319。
73. James Todd Uhlman, "Gas-Light Journeys: Bayard Taylor and the Cultural Work of the American Travel Lecturer in the Nineteenth Century," *American Nineteenth-Century History* 13 (2012): 371–401, on 385.
74. Arminius Vámbéry [Ármin Vámbéry], "Dervishes and Hadjis," *Intellectual Observer* (May 1865): 243.

75. Buckingham, *Travels Among the Arab Tribes,* 374.

76. John G. Playfair, "Remarks on the Astronomy of the Brahims," *The Works of John Playfair*, ed. James G. Playfair, vol. 3 (Edinburgh, 1822), 96–97. 另见 Rachel Laudan, "Histories of Science and Their Uses: A Review to 1913," *History of Science* 31 (1993): 1–34。

77. James Mill, *The History of British India* (London, 1817), 400, 404. 在 19 世纪，"阿拉伯人"对于启蒙观念中的种族等级而言是一个新近出现的问题，有些人甚至称阿拉伯人为"白人"。见 Ann Thomson, *Barbary and Enlightenment: European Attitudes toward the Maghreb in the 18th Century* (Leiden: Brill, 1987), 64–94。

78. Jean Sylvain Bailly, *Histoire de l'Astronomie Moderene*, vol. 1 (Paris, 1779): 第六卷标题为"阿拉伯人、波斯人和现代鞑靼人"，此卷开篇根据作者的观察写到，阿拉伯人的野蛮和幼稚天性只会在整个过程中延续下去。另见 Dhruv Rana, "Betwixt Jesuit and Enlightenment Historiography: Jean Sylvain Bailly's History of Indian Astronomy," *Revue d'histoire des mathématiques* 9 (2003): 253–306。

79. M. W. Harrington, "The Tools of the Astronomer," *Sidereal Messenger* (1884): 297–305, on 299.

80. John Hubbard Wilkins, *Elements of Astronomy* (Boston: Hilliard, Gray, 1836), 3.

81. H. Moseley, *Lectures on Astronomy, delivered at King's College*, 2nd ed. (London, [1839] 1846), 5, 6–7.

82. Robert Grant, *History of Physical Astronomy, from the Earliest Ages to the Middle of the Nineteenth Century* (London, 1852), iii.

83. William Whewell, *History of the Inductive Sciences*, vol. 1 (London, 1837), 12, 19, 223, 225, 236, 328.

84. Whewell, *History of the Inductive Sciences*, 276–277.

85. 胡威立对阿拉伯科学的特征的概括并非独一无二的，而是遵循猜测史学中的历史主义：从大卫·休谟的《论艺术与科学的崛起和进步》（1742）到让·西尔万·巴伊的《古代天文学史》（*History of Ancient Astronomy*，1771），从孔多塞的《人类智力进步的历史概观》（1795，也译《提纲》）一直到19 世纪的圣西蒙、孔德和胡威立。换句话说，甚至是科学史本身也吸收了这种进步史观。事实上，孔德论述社会在科学方面的成熟度时，直接引用了亚当·斯密的《天文学史》，亚当·斯密的学生杜加尔德·斯图尔特正是利用这部著作创造了"猜测史"的概念；见 Frank Palmeri, *State of Nature, Stages of Society: Enlightenment Conjectural History and Modern Social Discourse* (New York: Columbia University Press, 2016), 6, 7, 95, 100。总结来说，科学史，尤其是孔德之后的科学史，开始被视为一部人类心智渐进发展的历史，正是胡威立明确提出了这一观点。

86. Johannes Fabian, *Time and the Other: How Anthropology Makes its Objects*

(New York: Columbia University Press, 1983).

87. Matt Finn and Cheryl McEwan, "Left in the Waiting Room of History? Provincializing the European Child," *Interventions: International Journal of Postcolonial Studies* 17 (2015): 113–134.

88. George Sarton, *History of Science* (New York: Kireger, 1927), 50.

89. Dipesh Chakrabarty, *Provincializing Europe. Postcolonial Thought and Historical Difference* (Princeton, NJ: Princeton University Press, 2000), 8. 关于"西方科学"这一想法的历史，见 Marwa Elshakry, "When Science Became Western: Historiographical Reflections," *Isis* 101 (2010): 98–109； 与 Roshdi Rashed, "Science as a Western Phenomenon," *Encyclopaedia of the History of Science, Technology, and Medicine in Non-Western Cultures*, ed. H. Selin, 2nd ed. (New York: Springer, 2008), 1927–1933。

90. Whewell, *History of the Inductive Sciences*, 310.

91. 例子请见下面文章附带的彩色插图："Islam and Science: The Road to Renewal," *Economist*, January 2013, https://www.economist.com/international/2013/01/26/the-road-to-renewal。图片上展示了一位头戴头巾的学者，就像我们的天文学家一样，他在装饰华丽的环境中，在一个似乎是平板电脑的东西上书写。铺着地毯的地面上散落着《古兰经》，还有一台笔记本电脑和一台数字示波器。文章开头写道："沉睡是漫长而深沉的。"但这些修辞也牵涉近期的设计史。佛洛伦丝 · 德 · 丹皮埃尔（Florence de Dampierre）在撰写《椅子：一部历史》（*Chairs: A History*, New York: Abrams, 2006）时引用了 1532 年一个西班牙征服者的话，这个征服者将刚刚被消灭的摩尔人与他自己的同胞进行了对比："我们基督徒坐在适当的高度，而不是像动物一样坐在地上。"德 · 丹皮埃尔没有为这一惊人之语提供任何背景或批判性思考。

92. 关于鸠摩罗什王子的空椅子的精彩解读，见 Arthur C. Danto, "The Seat of the Soul: Three Chairs," *Grand Street* 6 (1987): 157–176。关于穆斯林祷告者，见 William C. Chittick, "The Bodily Positions of the Ritual Prayer," *Sufi* 12 (1991–1992): 16–18, 它提到了伊本 · 阿拉比（Ibn 'Arabi，1165—1240）关于这一主题的形而上学理论。当然了，关于瑜伽，可以参见 Edwin F. Bryant 翻译的《潘达伽利经》（*Sūtras of Pantañjali*, London: Farrar, Straus, and Giroux, 2015）和 Mark Singleton, *Yoga Body: The Origins of Modern Posture Practice* (Oxford: Oxford University Press, 2010)。

93. George Makdisi, *The Rise of Colleges: Institutions of Learning in Islam and the West* (Edinburgh: Edinburgh University Press, 1981). 作者完全轻视了"知识椅"。但另外参见 Nadia Erzini and Stephen Vernoit, "The Professorial Chair in Morocco," *AlQantara* 34 (2013): 89–122。更一般的讨论，见 A. L. Tibawi, "Origin and Character of Al-Madrasah," *Bulletin of the School of Oriental and African Studies* 25 (1962): 225–238 和 Sonja Brentjes, *Teaching and Learning the Sciences in Islamicate Societies (800–1700)* (Turnhout, Belgium: Brepolsm, 2018)。伊斯兰世界对这种知识椅的使用有一个很好的例子，训练有素的诵读《古

兰经》的阶层至今仍在使用这种椅子，请看这段视频：https://youtu.be/nP6-BEYGuyE。

94. Pratt, *Imperial Eyes*, 6–7. 另见 Kapil Raj, "The Historical Anatomy of a Contact Zone: Calcutta in the Eighteenth Century," *The Indian Economics and Social History Review* 48 (2011): 55–82。
95. 参见 Stolz, *The Lighthouse and Observatory*，该书比较了传统的（或"学者的"）天文学与现代的（奥斯曼帝国统治下开罗"总督的"）天文学。遗憾的是，作者罔顾学者的天文学知识及其文本往往依靠口耳相传的事实，坚持用"聋"和"听"这样的修辞下定义。穆斯林对西方科学的反应，见 Gulfishan Khan, *Indian Muslim Perceptions of the West During the Eighteenth Century* (Karachi, Pakistan: Oxford University Press, 1998) 和 Nile Green, *The Love of Strangers: What Six Muslim Students Learned in Jane Austen's London* (Princeton, NJ: Princeton University Press, 2016)。
96. Austen H. Layard, *Discoveries in the Ruins of Nineveh and Babylon* (London, 1853), 66. 我对这封长信做了缩略。
97. 关于伊斯兰世界历史悠久的"里赫拉"（Rihla）传统，即为了求知而旅行的传统，见 Roxanne L. Euben, *Journeys to the Other Shore: Muslim and Western Travelers in Search of Knowledge* (Princeton, NJ: Princeton University Press, 2006)。
98. 当华生医生震惊于福尔摩斯不知道太阳不是绕着地球转时，福尔摩斯回应说："这跟我有什么关系？"［福尔摩斯］不耐烦地打断道："你说我们绕着太阳转。如果我们绕着月亮转，我和我的工作也不会有任何区别。" A. C. Doyle, "A Study of Scarlet," *The Complete Sherlock Holmes: Authorized Edition in Eight Volumes*, vol. 8 (New York: P. F. Collier & Son, 1904), 16.
99. 例子参见 S. H. Nasr, *Islamic Science: An Illustrated Study* (London: World of Islam Festival Publishing Company, 1976)。还有一个观点，从纲领性的层面否定了伊斯兰科学史上的占星术和炼金学，见 Ahmad Dallal, *Islam, Science, and the Challenge of History* (New Haven, CT: Yale University Press, 2010)。有关这段历史上"超自然"科学的新近研究很难支持作者的立场，见 Liana Saif, Francesca Leoni, Matthew MelvinKoushki, and Farouk Yahya, eds., *Islamicate Occult Sciences in Theory and Practice* (Leiden, Netherlands: Brill, 2021)。
100. William James, *The Principles of Psychology* (London, 1891), fn. 640.
101. Walter D. Mignolo, "Delinking: The Rhetoric of Modernity, the Logic of Coloniality, and the Grammar of Decoloniality," *Cultural Studies* 21 (2007): 449–514.
102. Mirzoeff, *The Right to Look*.

第五章

1. Elizabeth Green Musselman, *Nervous Conditions: Science and the Body Politic*

in Early Industrial Britain (Albany: State University of New York Press, 2006); and Naomi Oreskes, "Objectivity or Heroism? On the Invisibility of Women," *Osiris* 11 (1996): 87–116. 还有更新近的研究，Vanessa Heggie, *Higher and Colder: A History of Extreme Physiology and Exploration* (Chicago: University of Chicago Press, 2019)。

2. 这种男子气概观念的变化反映了东方（the East）是如何遭遇西方、如何被西方理解的，尤其是与 18 世纪对比。见 Jürgen Osterhammel, *Unfabling the East: The Enlightenment's Encounter with Asia* (Princeton, NJ: Princeton University Press, 2018), 57–65。
3. John Tosh, "Gentlemanly Politeness and Manly Simplicity in Victorian England," *Transactions of the RHS* 12 (2002): 455–472, on 460. See also John Tosh, *Manliness and Masculinities in Nineteenth-Century Britain: Essays on Gender, Family, and Empire* (Harlow, UK: Pearson Longman, 2005); Heather Ellis, "'Boys, Semi-Men and Bearded Scholars': Maturity and Manliness in Early Nineteenth-Century Oxford," *What is Masculinity? Historical Dynamics from Antiquity to the Contemporary World*, eds. John H. Arnold and Sean Brady (Basingstoke, UK: Palgrave Macmillan, 2011), 263–282; Michael Roper and John Tosh, eds., *Manful Assertions: Masculinities in Britain since 1800* (London: Routledge, 1991).
4. Tim Barringer, *Men at Work: Art and Labour in Victorian Britain* (New Haven, CT: Yale University Press, 2005). 另见 Amelia Yeates and Serena Trowbridge, eds., *Pre-Raphaelite Masculinities: Constructions of Masculinity in Art and Literature* (London: Routledge, 2017)。
5. 关于科学技术中的历史主义的详细论述，见 Christine MacLeod, *Heroes of Invention: Technology, Liberalism, and British Identity, 1750–1914* (Cambridge: Cambridge University Press, 2007)。
6. 关于戴维的各个方面，见 Jan Golinski, *The Experimental Self: Humphrey Davy and the Making of a Man of Science* (Chicago: University of Chicago Press, 2016)。
7. Humphry Davy, "A Discourse. Introductory to a Course of Lectures on Chemistry, Delivered in the Theatre of the Royal Institution, on the 21st January, 1802," *The Collected Works of Sir Humphry Davy...*, ed. John Davy, vol. 2 (London: Smith, Elder, 1839), 318–319.
8. 隆妲·施宾格（Londa Schiebinger）指出，培根学派攻击亚里士多德学术传统时，将后者描述为"娘娘腔"、"被动"和"软弱"。在《思想没有性别？现代科学起源中的女性》[*The Mind Has No Sex? Women in the Origins of Modern Science* (Cambridge, MA: Harvard University Press, 1989), 137] 一书中，她写道："培根在呼唤具有男子气概的哲学时，援引了亚里士多德的经典分类，即男性气质代表火热、活跃的精神，而女性气质则代表冰冷、迟缓的物质。培根反对被动的、投机的和娘娘腔的哲学，他呼唤一种积极的哲学，一种能够作用于女性气质天性的根本原则。”

9. 引自 Heather Ellis, *Masculinity and Science in Britain, 1831–1918* (London: Palgrave Macmillan, 2017), 53。另见 Steven Shapin, “The Image of the Man of Science,” *The Cambridge History of Science: Eighteenth-Century Science*, eds. D. C. Lindberg, M. J. Nye, and Roy Porter, vol. 4 (Cambridge: Cambridge University Press, 2003), 159–183; and Ruth Barton, *The X Club: Power and Authority in Victorian Science* (Chicago: University of Chicago Press, 2018), 24–25, 137–138, 140, 142–143。
10. 例如 Crosbie Smith and Ben Marsden, *Engineering Empires: A Cultural History of Technology in Nineteenth-Century Britain* (Basingstoke, UK: Palgrave Macmillan, 2005)。相关的视觉文化，见 John Bonehill and Geoff Quilley, eds., *Conflicting Visions: War and Visual Culture in Britain and France c. 1700–1830* (Aldershot, UK: Ashgate, 2005)。
11. Carolyn Merchant, “‘The Violence of Impediments’: Francis Bacon and the Origins of Experimentation,” *Isis* 99 (2008): 731–760. 19 世纪培根学说的更多论述，见 Richard Yeo, “An Idol of the Market-Place: Baconianism in Nineteenth-Century Britain,” *History of Science* 23 (1985): 251–298。另见 Steven Shapin, “‘A Scholar and a Gentleman’: The Problematic Identity of the Scientific Practitioner in Early Modern England,” *History of Science* 29 (1991): 279–327；尤其是 Schiebinger, The Mind Has No Sex?, 121, 136–144。
12. Ellis, *Masculinity and Science in Britain*, 1–19.
13. J. S. Mill, “The Spirit of the Age,” *The Examiner*, 5 (1831): 339–341.
14. Jack Morrell and Arnold Thackray, *Gentlemen of Science: Early Years of the British Association for the Advancement of Science* (Oxford: Oxford University Press, 1981).
15. In Archibald Geikie, *Life of Sir Roderick I. Murchison...*, vol. 1 (London: John Murray, 1875), 94; and R. A. Stafford, *Scientist of Empire: Sir Roderick Murchison: Scientific Explanation and Victorian Imperialism* (Cambridge: Cambridge University Press, 1989), 7. 另见 James Secord, “King of Siluria: Roderick Murchison and the Imperial Theme in Nineteenth-Century British Geology,” *Victorian Studies* 25 (1982): 413–442。
16. Robert A. Stafford, Sir Roderick Murchison, *Scientific Exploration and Victorian Imperialism* (Cambridge University Press, 2002), 7.
17. Roderick Impey Murchison et al., “The Geology of Russia in Europe and the Ural Mountains,” *The Quarterly Review* 77 (1846): 348–380, on 350.
18. Bruce Hevly, “The Heroic Science of Glacier Motion,” *Osiris* 11 (1996): 66–86.
19. Lord Alexander Lindsay to David Gill, November 4, 1875, Royal Geographical Society Archives, DOG 50. 然而吉尔的传记作者坚持认为，两人之间“完全

没有摩擦”，George Forbes, *David Gill, Man and Astronomer: Memories of Sir David Gill, K. C. B., H. M. Astronomer (1879–1907) at the Cape of Good Hope* (London, 1916), 80–81。

20. 这不禁让人想起法国人 1735 年艰苦卓绝的反英雄主义的南美探险，以及十年后在巴黎，关于谁能代表探险队的斗争和阴谋，尤其是探险队幸存者夏尔·德拉·孔达明、皮埃尔·布盖尔和路易·戈丹之间的斗争。见 Mary Louise Pratt, *Imperial Eyes: Travel Writing and Transculturation* (London: Routledge, 1992), 17。
21. 引自 Alex Soojung-Kim Pang, "Gender, Culture, and Astrophysical Fieldwork: Elizabeth Campbell and the Lick Observatory-Crocker Eclipse Expeditions," *Osiris* 11 (1996): 17–43, on 31。
22. 见 D. E. Osterbrock et al., *Eye on the Sky: Lick Observatory's First Century* (Berkeley: University of California Press, 1988)。
23. K. Maria D. Lane, *Geographies of Mars: Seeing and Knowing the Red Planet* (Chicago: University of Chicago Press, 2011), 85. 另见 Philipp Felsch, "Mountains of Sublimity, Mountains of Fatigue: Towards a History of Speechlessness in the Alps," *Science in Context* 22 (2009): 341–364。
24. T. H. Safford, "Astronomy in the United States," *The Sidereal Messenger* 8 (1889): 198–207, on 199.
25. John A. Paterson, "Sir David Gill, K. C. B.: the Growth, the Work, and the Charm of a Real Astronomer," *The Journal of the Royal Astronomical Society of Canada* 13 (1919): 343–359, on 344, 357.
26. 引自 Forbes, *David Gill, Man and Astronomer*, 130。
27. 下文与此形成了对比：Kevin Donnelly, "On the Boredom of Science: Positional Astronomy in the Nineteenth-Century," *The British Journal for the History of Science* 47 (2014): 479–503。
28. Samuel Smiles, *Self-Help: With Illustrations of Character and Conduct* (London, 1859), 152, 133. See also Anne Secord, "'Be what you would seem to be': Samuel Smiles, Thomas Edward, and the Making of a Working-Class Scientific Hero," *Science in Context* 16 (2003): 147–173.
29. 首先我必须明确的是，不管有什么样的神话传说，撒克逊精能是由无数黑皮肤与深色皮肤的人的劳动成果支撑的，他们在庞大的工业层面和全球范围内生产了英国精能所需的资源。在这些资源被开采、消耗之后，他们的尸体继续形成他们自己的地质层。我推荐阅读凯瑟琳·尤索夫（Kathryn Yusoff）令人大开眼界的著作，*A Billion Black Anthropocenes or None* (Minneapolis: University of Minnesota Press, 2018)。
30. Robert Knox, *The Races of Men: A Fragment* (Philadelphia, 1850), 44–45.
31. Knox, *The Races of Men*, 147. 关于更多的“条顿神话”，见 Reginald Horsman, "Origins of Racial Anglo-Saxonism in Great Britain before 1850," *Journal of*

the History of Ideas 37 (1976): 387–410; and R. Horsman, *Race and Manifest Destiny: Origins of American Racial Anglo-Saxonism* (Cambridge, MA: Harvard University Press, 1981)。

32. 查尔斯·达尔文的《人类的由来及性选择》(1871)表现得尤为明显，该书在很大程度上将文化简单归结为一系列生物特征，包括种族。
33. Francis Galton, *English Men of Science: Their Nature and Nurture* (London: Frank Cass, [1874] 1970), 75, 76.
34. Smiles, *Self-Help*, 158.
35. John William Kaye, *The Administration of the East India Company* (London, 1853), 268.
36. James Forbes, *Oriental Memoirs: A Narrative of Seventeen Years Residence in India,* 2nd ed., vol. 2 (London, 1834), 305.
37. Smiles, *Self-Help,* 161.
38. G. W. C., "Dry Leaves from Central India," *The Engineer's Journal* 1 (1858): 372–373.
39. Forbes, *Oriental Memoirs*, 305.
40. Richard Jones, *Literary Remains, consisting of lectures and tracts on Political Economy, of the late Rev. Richard Jones*, ed. William Whewell (London: John Murray, 1859), 216. 后来，人们在谈到政府形式时也表达了类似的观点："毫无疑问，一个民族所采用的社会形式既可能使其瘫痪，也可能释放其能量。在这方面，美国人尤为幸运，因为民主能最大限度地激发他们的能量。" 引自 Edward A. Ross, "The Causes of Race Superiority," *The Annals of the American Academy of Political and Social Science* 18 (1901): 67–89, on 72。
41. Jones, *Literary Remains*, 286.
42. Henry Edward Landor Thuilier, *A Manual of Surveying for India* (Calcutta, 1851), 238.
43. John Allan Broun, *Report on the Observatories of His Highness the Rajah of Travancore at Trevandrum, and on the Agustier Peak of the Western Ghats* (Trevandrum, India, 1867), 15.
44. "Astronomical Observations made at the Royal Observatory, in the year 1847," *The Edinburgh Review* 91 (1850), 184, 299–356, on 331.
45. Edwin Dunkin, "The Royal Observatory, Greenwich: A Night at the Observatory," *The Leisure Hour* 11 (1862): 55–60.
46. Alphonse Esquiros, *English Seamen and Divers* (London: Chapman and Hall, 1868), 32. 卡罗琳·赫歇尔曾说自己是哥哥的"指针犬"。引自 Musselman, *Nervous Conditions*, 47。
47. David Gill, "An Astronomer's Work in a Modern Observatory," *The Observatory* 14 (1891): 335–341, on 337, 341.
48. W. F. Denning, "The Rev. William Rutter Dawes," *The Observatory* 36 (1913): 419–423, on 422.
49. Lewis Swift, "Accidental Comets," *Popular Astronomy* 4 (1896): 138–141, on 139.
50. Anson Rabinbach, *The Human Motor: Energy, Fatigue, and the Origins of*

Modernity (Berkeley: University of California Press, 1992).

51. Rabinbach, *The Human Motor*, 47.
52. 引自 Rabinbach, *The Human Motor*, 48。
53. M. Norton Wise (with Crosbie Smith), "Work and Waste: Political Economy and Natural Philosophy in Nineteenth-Century Britain (part 1)," *History of Science* 27 (1989): 263–301, on 266.
54. M. Norton Wise (with Crosbie Smith), "Work and Waste: Political Economy and Natural Philosophy in Nineteenth Century Britain (part 2)," *History of Science* 27 (1989): 391–449, on 420.
55. William Whewell, *The Mechanics of Engineering: Intended for Use in Universities and in Colleges of Engineers* (Cambridge, 1841), 156.
56. Wise (with Smith), "Work and Waste" (part 2), 421.
57. Wise (with Smith), "Work and Waste" (part 2), 400.
58. Timothy L. Alborn, "The Business of Induction: Industry and Genius in the Language of British Scientific Reform, 1820–1840," *History of Science* 34 (1996): 91–121.
59. 例子见 Chris Otter, *The Victorian Eye: A Political History of Light and Vision in Britain, 1800–1910* (Chicago: University of Chicago Press, 2008); Jennifer Karns Alexander, *The Mantra of Efficiency: From Waterwheel to Social Control* (Baltimore: Johns Hopkins University Press, 2008); Thomas Le Roux, "Hygienists, Worker's Bodies and Machines in Nineteenth-Century France," *European Review of History* 20 (2013): 255–270; and Richard Gillespie, "Industrial Fatigue and the Discipline of Physiology," *Physiology in the American Context: 1850–1940*, ed. Gerald L. Geison (New York: Springer, 1987), 237–262.。
60. E. H. Linnell, "Spasm of Accommodation, with Illustrative Cases," *North American Journal of Homoeopathy* 34 (October 1886): 623–634, on 623.
61. R. Liebreich, *School Life in its Influence on Sight and Figure. Two Lectures* (London, 1878), 2, 35.
62. 卡拉汉的椅子也在此处被提到："Decoration Supplement" of the *Architectural Review* 82 (1937): 237。另见 Christopher Gilbert, *Furniture at Temple Newsam House and Lotherton Hall*, vol. 3 (Leeds, UK: Leeds Art Collections Fund and W. S. Maney and Son, in association with the National Art Collections Fund, 1998), 591–592。
63. William Kitchiner, *The Economy of the Eyes—Part II. Of Telescopes; being the Result of Thirty Years Experiments with Fifty-One Telescopes...* (London, 1825), 341. Richard A. Proctor, *Half-Hours with the Telescope*; (New York: G. P. Putnam's Sons, 1873), 28. 此书将望远镜作为娱乐与教学工具，属于普及指南。
64. Jonathan Crary, *Techniques of the Observer: On Vision and Modernity in the*

Nineteenth Century (Cambridge, MA: MIT Press, 1990).

65. Christoph Hoffmann, *Unter Beobachtung: Naturforschung in der Zeit der Sinnesapparate* (Göttingen, Germany: Wallstein Verlag, 2006).
66. Richard A. Proctor, "How to Work with the Telescope. Part II," *The Popular Science Review* 5 (1866): 462–472, on 464.
67. Kitchiner, *The Economy of the Eyes*, 134–135；但另外参见 William Kitchiner, "On the Size Best Adapted for Achromatic Glasses; with Hints to Opticians and Amateurs of Astronomical Studies, on the Construction and Use of Telescopes in General," *The Philosophical Magazine and Journal* 45–46 (1815):122–129, on 129。
68. George F. Chambers, *A Handbook of Descriptive and Practical Astronomy*, 3rd ed. (Oxford, 1877), 728.
69. Proctor, "How to Work with the Telescope. Part II," 464.
70. Kitchiner, *The Economy of the Eyes*, 333.
71. J. Sperring, G. Bishop, and G. Dollond, "No. VI. Observatory Chair," *Transactions of the Society, Instituted at London, for the Encouragement of Arts, Manufacturers, and Commerce* 53 (1839–1840): 68.
72. W. R. Dawes, "Description of an Astronomical Observatory at Camden Lodge, near Cranbrook, Kent," *Memoirs of the Royal Astronomical Society,* vol. 16 (1847): 323–328, on 328.
73. Rudolf Engelmann, *Über die Helligkeitsverhältnisse der Jupiterstrabanten* (Leipzig, Germany, 1871), 18.
74. Alvan Clark, "The Sun and Stars Photometrically compared," *The American Journal of Science and Arts* 37 (1863): 76–82, on 80–81.
75. Linea, "Performance of Telescope," *English Mechanic and World of Science* 16 (1873): 390.
76. Thomas Dick, "Description of a New Reflecting Telescope, Denominated the Aërial Reflector," *The Edinburgh New Philosophical Journal* 1 (1826): 41–51, on 47.
77. Samuel Varley, "An Account of a Telescope of a New and Singular Construction, Invented by the Right Hon. The Late Earl Stanhope," *London Journal of Arts and Sciences* 1 (1820): 31–51, on 33.
78. James Nasmyth, "Description of a New Arrangement of Reflecting Telescope, by Which Much Comfort and Convenience is Accrued to the Observer," *Civil Engineer and Architect's Journal, Scientific and Railway Gazette* 13 (1850): 328–329, on 329.
79. 更多关于内史密斯的观测方法及其帝国关切的内容，见 O. W. Nasim, "James Nasmyth on the Moon; Or on Becoming a Lunar Being Without the Lunacy," *Selene's Two Faces: From 17th Century Drawings to Spacecraft Imaging*, ed.

Carmen Pérez González (Leiden, Netherlands: Brill, 2018), 147–187。

80. B. Powell, "On a new Equatorial Mounting for Telescopes," *Notices and Abstracts of Communication to the British Association for the Advancement of Science at the Birmingham Meeting*, September 1849 (London, 1850), 2–3.

81. "A Model for Amateur Astronomers," *Science* 9 (1887): 502.

82. E. Schneider, "Der neue Kometensucher der Wiener Sternwarte," *Repertorium für Experimental-Physik, für Physicalische Technik* 16 (1880): 681–684. 阿根廷拉普拉塔天文台的 7.8 英寸蔡司望远镜，是另一项将旋转座椅与彗星搜寻器连接起来的创新设计，坐在椅子上的观测者不必离开目镜就能控制天文台圆顶。

83. 见 O. W. Nasim, *Observing by Hand: Sketching the Nebulae in the Nineteenth Century* (Chicago: University of Chicago Press, 2013), chapter 3。

84. Mr. Nasmyth to the Earl of Rosse, December 15, 1852 in *Correspondence Concerning the Great Melbourne Telescope: In Three Parts: 1852–1870, Part I* (London, 1871), 1–2（粗体是我所加）。另见 Richard Gillespie, *The Great Melbourne Telescope* (Victoria, Australia: Museum Victoria Publishing, 2011)。

85. John Herschel to Mr. Bell in *Correspondence Concerning the Great Melbourne Telescope: In Three Parts: 1852–1870, Part I* (London, 1871), 19–20.

86. 参见 Chapman, *The Victorian Amateur Astronomer*, 108。但也可以看看 J. 布朗宁阁下（J. Browning Esq）设计的岗亭，出自其 "On a Contrivance for protecting the observer when a reflecting telescope of large size is used in the open air," *Monthly Notices of the Royal Astronomical Society* 31 (1871): 172–174。

87. Camille Flammarion, *Astronomie Populaire: Description Générale du Ciel* vol. 2 (Paris, 1880), 581, 584 (my translation). 但在这一时期，人们对天文学家是不是数学天才的观点存在激烈争议；见 Jimena Canales, "The Single Eye: Re-Evaluating Ancien Régime Science," *History of Science* 39 (2001): 71–94。

88. John S. Roberts, *The Life and Explorations of David Livingstone* (Boston: B. B. Russell, 1875), 118.

89. 引自 Mrs. [Margaret Maria (Brewster)] Gordon, *The Home Life of Sir David Brewster*, 2nd ed. (Edinburgh: Edmonston and Douglas, 1870), 195–196。

90. 当然，这也呼应了从现代哲学诞生之初就存在的二元论，以及自此以后科学所受的影响，见 Christopher Lawrence and Steven Shapin, eds., *Science Incarnate: Historical Embodiments of Natural Knowledge* (Chicago: University of Chicago Press, 1998); Roy Porter, "History of the Body," *New Perspectives on Historical Writing*, ed. Peter Burke (Cambridge: Polity, 1991), 206–232; Roy Porter, "History of the Body Reconsidered," *New Perspectives on Historical Writing* (Cambridge: Polity, 2001), 232–260; Roger Cooter, "The Turn of the Body: History and the Politics of the Corporeal," *Arbor Ciencia* 186 (2010): 393–405。

91. Walter Benjamin, "Louise Philippe, or the Interior," *Selected Writings*

Volume 3 1935–1938, trans. E. Jephcott and Howard Eiland (Cambridge, MA: Belknap Press of Harvard University Press, 2002), 38。

92. Miklós Konkoly-Thege, *Praktische Anleitung zur Anstellung astronomischer Beobachtugen mit besonderer Rücksicht auf die Astrophysik* (Brunswick, Germany, 1883), 532（由我自己翻译）。
93. William F. Denning, *Telescopic Work for Starlight Evenings* (London: Taylor and Francis, 1891), 53.
94. Hajo Eickhoff, *Himmelsthron und Schaukelstuhl: Die Geschichte des Sitzens* (Munich: Carl Hanser, 1993), 186–192.
95. E. C. Pickering, "Large Telescopes," *Science* 2 (1881): 564–566, on 564–565.
96. 见 James Lequeux, "The Coudé Equatorials," *Journal of Astronomical History and Heritage* 14 (2011): 191–202。
97. [W. H. M. Christie], "M. Loewy's Inventions and Researches," *Nature* (February 28, 1889): 421–424, on 422.
98. 见 Audouin Dollfus, *The Great Refractor of Meudon Observatory* (New York: Springer Verlag, 2013), 12。
99. W. H. Pickering, "Telescope Mountings and Domes," *Astronomy and Astrophysics*, 13 (1894): 7.
100. Howard Grubb, "Telescopic Objectives and Mirrors: their Preparation and Testing," *Notices of the Proceedings at the Meetings of the Members of the Royal Institution of Great Britain...* 11 (1884–1886): 413–433, on 430.
101. 引自 J. N. Lockyer, *Stargazing: Past and Present* (London, 1878), 317–318。
102. George E. Hale, "The Yerkes Observatory of the University of Chicago," *Publications of the Astronomical Society of the Pacific* 4 (1892): 250–252, on 251. 另见 D. E. Osterbrock, *Yerkes Observatory 1892–1950: The Birth, Near Death, and Resurrection of a Scientific Research Institution* (Chicago: The University of Chicago Press, 1997)。
103. Iain Todd, "50 years of the Isaac Newton Telescope," *Sky at Night Magazine*, November7,2017,https://www.skyatnightmagazine.com/space-science/50-years-of-the-isaac-newton-telescope/. 另见 Lee T. Macdonald, "The origins and construction of the Isaac Newton Telescope, Herstmonceux, 1944–1967," *Journal of the British Astronomical Association* 120 (2010): 73–85。
104. 见 David Leverington, *Observatories and Telescopes of Modern Times: Ground-Based Optical and Radio Astronomy Facilities since 1945* (Cambridge: Cambridge University Press, 2017), 3–15。
105. 关于在观测笼中工作的一手资料，见 Jesse Greenstein, "A Night on Palomar Mountain," *Engineering and Science* May (1969), 12–14。我还要感谢鲍勃·阿吉尔（Bob Argyle），他确实在望远镜的观测笼中工作过，因此向我分享了一件逸事。在整夜于笼中工作时，他会利用电子通信设备播放音乐。

106. Anton Pannekoek, *A History of Astronomy* (New York: Interscience Publishers, 1961), 338.

107. 2012 年的一篇文章称，利用互联网的虚拟天文学会成为一种可用的新方法，见 Z. Tomi ć and J. Aleksi ć ，"'Astronomy from the Chair': A New Way of Doing Astronomy over the Internet," *Publications of the Astronomical Observatory of Belgrade* 91 (2012): 307–313。关于分析，见 Götz Hoeppe, "Astronomers at the Observatory: Place, Visual Practice, Traces," *Anthropological Quarterly* 85 (2012): 1141–1160。

108. Jean Baudrillard, *The System of Objects*, trans. James Benedict (London: Verso, 2005), 19, 28, 29.

109. 引自 Charles Knight, *Knowledge is Power: A View of the Productive Forces of Modern Society, and the Results of Labour, Capital, and Skill* (London, 1855), 296。

110. David Hume, "On Refinement in the Arts," in *The Philosophical Works of David Hume*, vol. 3 (Edinburgh, 1826), 302–316, on 304–305.

111. Knight, *Knowledge is Power*, 300.

112. 例子见 John McAleer, "'Stargazers at the world's end': telescopes, observatories and 'views'of empire in the nineteenth-century British Empire," *British Journal for the History of Science* 46 (2013): 389–413。

第六章

1. 引自 Anson Rabinbach, *The Human Motor: Energy, Fatigue, and the Origins of Modernity* (Berkeley: University of California Press, 1992), 22。

2. Aviva Briefel, "'Freaks of Furniture': The Useless Energy of Haunted Things," *Victorian Studies* 59 (2017): 209–234. 更多的例子见 Amelia Bonea, Melissa Dickson, Sally Shuttleworth, and Jennifer Wallis, *Anxious Times: Medicine and Modernity in Nineteenth-Century Britain* (Pittsburgh: University of Pittsburgh Press, 2019)。

3. Rabinbach, *The Human Motor*, 19.

4. Sigfried Giedion, *Mechanization Takes Command: A Contribution to Anonymous History,* trans. S. von Moos (Minneapolis: University of Minnesota Press, [1948] 2013), 378.

5. Rodis Roth, "Oriental Carpet Furniture: A Furnishing Fashion in the West in the Late Nineteenth Century," *Studies in Decorative Arts* Spring–Summer (2004): 25–58; and Gülen Çevik, "American Style or Turkish Chair: The Triumph of Bodily Comfort," *Journal of Design History* 23 (2010): 367–385.

6. Roth, "Oriental Carpet Furniture," 42. 另见 John Maass, *The Victorian Home in America* (New York: Dover Publications, 2000), 101, 109。

7. "How to Sit on a Divan," *The Decorator and Furnisher* 19 (1891): 8.

8. 更多的例子见 Charlotte Gere, *Nineteenth-Century Decoration: The Art of the Interior* (New York: Harry N. Abrams, 1989)。
9. 对于欧洲家具、设计和建筑中的东方主义的长期观察视角，见 Emmanuelle Gaillard and Marc Walter, *A Taste for the Exotic: Orientalist Interiors* (London: Thames & Hudson, 2011)。
10. John M. MacKenzie, *Orientalism: History, Theory and the Arts* (Manchester, UK: Manchester University Press, 1995), 128.
11. Lydia Marinelli, "Vorstellungen eines Möbels," *Die Couch: Von Denken im Liegen,* ed. Lydia Marinelli (Munich: Prestel, 2006), 7–30.
12. Giedion, *Mechanization Takes Command*, 370.
13. In Lothar Müller, *Freuds Dinge: Der Diwan, die Apollokerzen und die Seele im technischen Zeitalter* (Berlin: Die Andere Bibliothek, 2019), 93.
14. Andreas Mayer, *Sites of the Unconscious: Hypnosis and the Emergence of the Psychoanalytic Setting* (Chicago: University of Chicago Press, 2013), 163. 关于弗洛伊德的椅子的更多内容，见 Marinelli, "Vorstellungen eines Möbels"；Diana Fuss, *The Sense of an Interior: Four Writers and the Rooms That Shaped Them* (New York: Routledge, 2004) 和 Marina Warner, *Stranger Magic: Charmed States and the Arabian Nights* (Cambridge, MA: Harvard University Press, 2011), chapter 20。
15. 引自 Mayer, *Sites of the Unconscious*, 209。
16. H. D., *Tribute to Freud: Writing on the Wall* (New York: New Directions Books, 1974), 132.
17. William Carlos Williams, *The Autobiography of William Carlos Williams* (New York: New Directions Books, 1951), 67.
18. H. D., *Tribute to Freud*, 33.
19. H. D., *Tribute to Freud*, 116, 117.
20. Sigmund Freud, *The Interpretation of Dreams: The Complete and Definitive Text*, trans. and ed. James Strachey (New York: Basic Books, 1955), 538–550.
21. Freud, *The Interpretation of Dreams*, 550.
22. 见 Ludger Lütkehaus, ed., *"Dieses wahre innere Afrika": Texte zur Entdeckung des Unbewußten vor Freud* (Frankfurt am Main: Fischer Verlag, 1989); and Ranjana Khanna, *Dark Continents: Psychoanalysis and Colonialism* (Durham, NC: Duke University Press, 2003)。另见 Michael F. Robinson, *The Lost White Tribe: Explorers, Scientists, and the Theory that Changed a Continent* (New York: Oxford University Press, 2016), chapter 16。
23. 关于物品如何引导患者在精神内心的历史中旅行，具体的讨论见 Müller, *Freuds Dinge,* 217–239，另见 Tim Martin, "From Cabinet to Couch: Freud's Clinical Use of Sculpture," *British Journal of Psychotherapy* 24 (2008): 184–196。对弗洛伊德使用的有关考古与地层的比喻的更多讨论见 D. O'Donoghue, "Negotiation

of Surface: Archeology within the Early Strata of Psychoanalysis," *Journal of the American Psychoanalytic Association* 52 (2004): 653–671。

24. Nathan Kravis, *On the Couch: A Repressed History of the Analytic Couch from Plato to Freud* (Cambridge, MA: MIT Press, 2017), 139. 另见 Elena Molinari, "Seeking Comfort in an Uncomfortable Chair," *Psychoanalytic Quarterly* 86 (2017): 335–358。

25. Wilfred R. Bion, *The Italian Seminars*, trans. Philip Slotkin (London: Karnac Books, 2005), 24.

26. Zeynep Çelik Alexander, *Kinaesthetic Knowing: Aesthetics, Epistemology, Modern Design* (Chicago: University of Chicago Press, 2017), 183–184. 莫霍利–纳吉的理念明显体现了卡尔·爱因斯坦在1915年提出的观点："黑人"雕塑是一个连续的"整体"，在形式上客观地统一了"立方的"空间，这与欧洲雕塑中零碎的"分化"和分散的"混乱集合"形成了鲜明对比。在提出这一论点时，爱因斯坦首先排除了"被误导的"历史主义（或按他的说法，这是一种"模糊的进化假说"）和那些"让人心里舒服的进化规程"，这种进化规程简单地认为欧洲种族至高无上，因此阻碍了对非洲雕塑的正确解读。爱因斯坦所讨论的更加专业，莫霍利–纳吉在采用其理论结构时将它一般化了；也就是说，我们从"物"走向了"存在"。Carl Einstein, *"Negro Sculpture,"* trans. C. W. Haxthausen and S. Zeidler, *October* 107 (2004): 122–138。

27. Maria Stavrinaki, "The African Chair or the Charismatic Object," *Grey Room* 41 (2010): 88–110 和 Christian Wolsdorff, "Der Afrikanische Stuhl: Ein Schlüsselwerk des frühen Bauhauses," *Museums Journal* 3 (2004): 40。

28. 例子请见 Federico Luisetti, "Decolonizing Gaia: Or, Why the Savages Shall Fear Bruno Latour's Political Animism," *Azimuth* 5 (2017): 61–70。

译后跋

重回科学的日常世界

经过疫情期间在北京、西安、东京三地的辗转，这本《天文学家的椅子》的中译版终于要跟国内的读者朋友们见面了。这是一本看似普通平常、实则有着丰富内涵的研究性著作。作者奥马尔·纳西姆现为德国雷根斯堡大学教授，是21世纪初涌现的一位新锐科学史学家。其著作《手绘观察：19世纪的星云素描》（*Observing by Hand: Sketching the Nebulae in the Nineteenth Century*）曾在2016年获得美国科学史学会辉瑞奖。这本《天文学家的椅子》的原作在2021年由美国麻省理工学院出版社出版，并得到了德国马克斯·普朗克科学史研究所的主页推荐。可以说，纳西姆和《天文学家的椅子》代表了国际科学史学界最新的研究动向。单从英文版书名来看，它融合了科学仪器、家居设计、视觉研究、天文学史和文化史等多个研究门类和思想路径。而阅读本书后，读者会发现，作者实则有着更大的理论抱负和学术追求。依译者拙见，纳西姆试图通过这本书呈现一个被前人忽视而又被当代人熟视无睹的，作为隐秘日常的现代科学世界。那么，他是如何实现这一目标的呢？

一开始，作者便在序言中确立了此次历史考察的基调：表征之场。这是作者尝试创立的一种新的观察视角，应当受到了法国当代著名哲学家布迪厄的“场域论”与鲍德里亚的“物体系论”等前人研究的影响。简而言之，纳西姆尝试把天文观测椅这一被公众遗忘但专家司空见惯的科学仪器，放到“长19世纪”的文化背景中考察。通过回到历史现场，梳理天文观测椅及其周围事物、人物、社会、思想乃至文明之间的诸种联系，纳西姆希望发现，天文观测椅是如何出现并得到广泛应用的，社会大众又希望通过观测椅及人在观测椅上的姿势表达什么意义。具体而言，纳西姆尤其注重作为“舒适感”的身体感受，与19世纪西方的认识经济、道德经济、视觉经济的关系是怎样的，不同的社会关系又是如何统一在天文观测椅这一科学仪器的设计理念与传播形象之上的。

之后，作者便逐章论述，将一段对于国内读者朋友们来说陌生但又可能很熟悉的科学日常史徐徐展开。在第二章中，作者通过18世纪末欧洲普通座椅的分化，从室内空间到异域想象，对现代西方的差异观做了一番全景扫描。读者会看到，在现代西方，不断分化的家具功能与殖民主义的等级体系世界观，实则是一个整体的“认识连续统”，“舒适感”对当时的人来说，甚至就意味着“文明性”。这种观念与康德等人建构的启蒙历史主义一脉相承，从而为殖民扩张提供正当性和合法性。在第三章，作者进而敏锐地追踪了这一时期新兴的机械化座椅，尤其以理发师椅、手术椅为例，探讨了西方社会进一步的职业分化与机械化世界观的相互关系。随着作为“专家”的职业科学家群体的出现，机械化的天文观测椅也成了这一分化社会当中水到渠成的产物。

而到了第四章，作者放慢了脚步，没有急于围绕天文观测椅展开讨论，而是走到了它的“对立面”进行考察，那便是在当时的西方世界大量出现的、没有专用座椅的盘腿东方天文学家形象。这一章可谓是本书核心论点的集中展示：天文观测椅实则来自启蒙历史主义的技术凝结。纳西姆详细举例说明了，19 世纪西方帝国主义意识形态当中最关键的一点在于一种男性化、种族化、进步性的“精能”流动。因此，盘腿、静止、没有专用座椅的东方天文学家，便是嗜睡、落后、病态、女性化乃至文明停滞的象征。中国读者会发现，西方观察者对于近东、中东等地天文学家的“他者”偏见，与后来西方人对于中国人“东亚病夫”的表述是何其相似，我们不免会产生两者存在历史关联的猜想。

于是，“精能”便成为天文观测椅在西方出现、使用与传播的核心观念，也成为后文论述的重心。在第五章，作者回到了西方的观测椅，并说明了观测椅在当时的实质是一种管控“精能”、诱导“有用”知识产出的机械。再一次地，纳西姆没有将眼光局限于观测椅本身，而是紧抓观测椅设计体现的“有用功”与“无用功”观念，说明了西方天文学家为自己构建的科学文化，实则与工业生产、资本网络、帝国殖民等是一体的，甚至为后几者服务。在终章，纳西姆又别出心裁地剖析了弗洛伊德的另类天文观测椅——透视精神的精神分析椅，继续深化对 19 世纪启蒙主义、进步主义、种族主义科学观的讨论。读者们会看到，到了 20 世纪，就连“创造”现代概念的西方人自己都难以忍受无限制的差异化和“进步性”，以至于他们发现西方集体“自我”的内部，其实住着一个原始的“东方人”。到此，作者认为，贯穿“长 19 世纪”的启蒙历史主义以悖论为终结，画上了句号。

那么，启蒙历史主义真的终结了吗？回顾过去我们发现，似乎每一代人都渴望“历史”在自己手上“终结”。在科学史上，托马斯·库恩所著的《科学革命的结构》可谓一部划时代的巨著，引领了科学哲学的历史主义转向和科学社会史的研究路径。在他看来，作为“日常”的常规科学似乎是没有意义的，只有通过改变“世界观”，才能获得科学乃至文明的“进步”。但在库恩之后，科学史与科学哲学并没有“终结”，以《实验室生活》（*Laboratory Life*）与《利维坦与空气泵》（*Leviathan and the Air-pump*）等研究为典型代表，“日常”的科学实践甚至受到了越来越多学者的关注。《天文学家的椅子》也是一部关注日常科学的历史研究，但涵盖范围更广，尤其将东方的“他者”纳入西方科技史的考察之中，形成了一种独特的“对位”历史书写方式。

而直面现实，进入21世纪的第三个十年，一个充满他异性、破碎感和不确定性的世界再次呈现在我们面前。处于碎片化之中的我们又该如何观察自己与世界的关系呢？《天文学家的椅子》或许可以启发我们，即使是静态的、局部的、熟悉的日常事物，也隐藏着很多我们不熟悉却深刻的全球性联系。在这本书中，科学家作为个体的日常主观感受，与差异化的现代西方社会，乃至差序化的文明观和宇宙观，都是一个紧密相关的整体。而作为处于世界大变局中的中国科学史学者，我们同样需要回应时代需求，将作为“整体”的人类历史继续书写下去。

衷心感谢中信出版社能够给予我这个学术新人如此宝贵的信任。同时感谢清华大学科学史系的副教授王哲然、副教授蒋澈的悉心关怀和指导。对于一些欧洲人物的姓名翻译，我请教了在德国柏林自由大学读博的杨涛伊同学，在此谨表感谢。最后，请允许我感谢母亲张蕾华女士和父亲高宏伟先生，他们都是最普通的中国劳动者，却不遗余力地支持我的学术工作，谨以拙译献给你们。当然，由于能力和见识有限，译作的任何纰漏都由本人承担，恳请读者朋友们不吝批评指正。

2023 年 2 月 24 日

高旭东

于日本东京工业大学驹场留学生会馆